高职高专计算机任务驱动模式教材

C语言程序设计
与项目实践

陈建国 易永红 马宁 靳光明 黄明清 编著

清华大学出版社

北京

内 容 简 介

本书作为学习编程的入门教材,强化项目实践,重在逐步提高读者的编程能力。本书按照 CDIO 的模式编写,即按照构思(分析)、设计、实现、运行的结构来构建项目模块,将"学生成绩管理系统"贯穿到全书的每个项目中,项目基于工作任务,工作任务基于教学案例,将基础知识融入项目任务中。本书共有 11 个项目、34 个工作任务、32 个拓展任务、150 多个案例程序,每个项目有关键词(中英文对照)、小结和习题(含全国等级考试的精选试题)。

本书内容包括 C 语言概述、基本数据类型及运算、顺序程序设计、分支程序设计、循环程序设计、模块化程序设计;简单构造类型、复杂构造类型、指针、文件组织与使用;位运算、C 语言与汇编语言的混合编程、C51 程序设计基础。

本书可以作为计算机及相关专业程序设计课程的入门教材,也可以作为等级考试和其他从事计算机编程人员的参考用书。

图书在版编目(CIP)数据

C 语言程序设计与项目实践/陈建国等编著. —北京:清华大学出版社,2013.1(2019.8 重印)
(高职高专计算机任务驱动模式教材)
ISBN 978-7-302-29876-2

Ⅰ. ①C…　Ⅱ. ①陈…　Ⅲ. ①C 语言—程序设计—高等职业教育—教材　Ⅳ. ①TP312

中国版本图书馆 CIP 数据核字(2012)第 197318 号

责任编辑:刘　青
封面设计:常雪影
责任校对:袁　芳
责任印制:刘祎淼

出版发行:清华大学出版社
网　　　址:http://www.tup.com.cn,http://www.wqbook.com
地　　　址:北京清华大学学研大厦 A 座　　　　　邮　　编:100084
社 总 机:010-62770175　　　　　　　　　　　邮　　购:010-62786544
投稿与读者服务:010-62776969,c-service@tup.tsinghua.edu.cn
质量反馈:010-62772015,zhiliang@tup.tsinghua.edu.cn
课件下载:http://www.tup.com.cn,010-62795764
印 装 者:涿州市京南印刷厂
经　　　销:全国新华书店
开　　　本:185mm×260mm　　　印　张:26.5　　　字　数:644 千字
版　　　次:2013 年 1 月第 1 版　　　　　　　　印　次:2019 年 8 月第 5 次印刷
定　　　价:49.00 元

产品编号:045128-01

前　言

本书作为学习编程的入门教材,着重讲述 C 语言程序设计的基础知识、基本算法和结构化程序设计的基本方法。本书强化项目实践,重在提高学生的编程能力。本书具有如下特色。

(1) 知识体系层次分明。在内容上,从学生的思维方式、理解能力以及在后续课程中的应用等诸方面的因素出发,内容编排顺序与其他教材相比有较大的改变,其框架结构分为 3 个部分。

第一部分　C 语言基础

项目 1　分析学生成绩管理系统的结构——C 语言概述

项目 2　描述学生的特征信息——基本数据类型及运算

项目 3　系统的菜单程序设计——顺序程序设计

项目 4　学生成绩的分类处理——分支程序设计

项目 5　学生成绩的统计分析——循环程序设计

项目 6　模块化与团队协作——模块化程序设计

第二部分　C 语言应用编程

项目 7　学生成绩管理系统的设计(1)——简单构造类型

项目 8　学生成绩管理系统的设计(2)——复杂构造类型

项目 9　学生成绩管理系统的设计(3)——指针

项目 10　学生成绩信息的存储与管理——文件组织与使用

第三部分　C 语言的高级编程技术

项目 11　基于 51 单片机竞赛抢答器设计——C 语言的高级应用

包括位运算、C 语言与汇编语言的混合编程、C51 程序设计基础。

(2) 零起点,循序渐进,系统学习。从结构上看,做到循序渐进、系统学习、广泛实践,便于学生接受。通过第一部分的学习,使学生能基本掌握利用 C 语言进行结构化程序的设计,在学习程序的 3 种基本结构后,紧接着学习模块化程序设计技术(函数),让学生接受结构化、模块化的编程思想。通过第二部分的学习,逐步引入工程项目的实际例子,以提高学生分析问题和解决问题的能力。在第二部分中先学习数组,利用经典的案例,让学生学会如何利用 C 语言实现数据的处理,如信息系统设计中增加、删除、修改、查找等基本操作,为后面的工程项目实践打下基础。通过结构、共用体、枚举的学习,让学生掌握如何运用计算机来描述现实生活的实体对象,如何解决实际问题。指针是 C 语言的精彩部分,在通过前面的学习,学生已经具备一定的编程能力后,将指针与数组、函数、结构等结合起来,利用指针编写出具有更高效率的程序。最后利用 C 语言的文件处理,真正实现对数据的管理,结合前面的项目,完成一个完整的项目的设计。第三部分为选学部分,主要是为学生在工作中利用 C 语言实现实时控制的编程打下基础,达到学习引导的作用。

(3) 案例教学,任务驱动,项目实践。本书采用按照 CDIO(Conceive、Design、Implement、Operate)的模式编写,即按照构思(分析)、设计、实现、运作的结构来构建项目模块,将"学生成绩管理系统"贯穿到教材的每个项目中,项目的完成基于相关的几个工作任务,工作任务的完成基于各个"相关知识"中的案例,通过案例讲解相关知识点,将基础知识融入项目任务中。当所有项目完成后,一个完整的"学生成绩管理系统"程序就完成了。本书有 11 个项目、34 个工作任务、32 个拓展任务、150 多个案例程序,各个项目既有一定的独立性,又相互关联,如项目 8、项目 9、项目 10,其项目的任务基本相同,但解决问题的思路和方法不同。并充分考虑程序的共享性、可维护性,大量采用模块化编程、多人协作编程、N-S 算法描述工具等工程技术。程序中很多代码是通用的,每个模块的代码量较小,学生很容易理解和实现。采用这种方式,通过完成所有项目的程序设计,逐步掌握 C 语言程序开发的基本方法,培养良好的编程习惯。

(4) 讲练结合,自主学习。为避免现在的教学中学生只能"抄程序"不能"写程序"的弊病,必须让学生在掌握一定 C 语言语法的基础上多写程序。为了完成每个工作任务,采用提出问题、分析问题,然后讲授解决问题所需要的基本知识,最后实施任务、拓展训练等几个教学阶段进行学习。每个知识点中结合大量的案例,这些案例是为解决工作任务而精心编写的,教学上采用"讲练结合"的方式教学,让学生在实践中学习。学生通过相关案例的学习及拓展训练,在老师的指导下完成相关工作任务,最后完成"项目实践"中的项目。采用这种方法引导和帮助学生解决实际问题,提高学生解决具体问题及自我学习的能力。

(5) 重点突出,层次分明。在知识体系上按照高级语言程序设计本身教学特征的要求,分为 3 条线索:数据类型(基本数据类型、简单结构类型、复杂结构类型、指针)、程序设计的基本方法(顺序程序设计、分支程序设计、循环程序设计、模块化程序设计)、常用算法(算法及描述、数据处理、迭代、穷举、数据文件的存储与管理)。采用 VC++ 6.0 编程环境,并适当引入 C++ 的部分内容,如常量的声明、输入输出流、引用变量等。在"相关知识"中的重要部分用黑体表达,每个项目有关键词、小结,部分习题为全国等级考试的精选试题(注有考试的年份)。本书从多角度让学生掌握基础知识,通过知识体系的学习,让学生不但具有一定实践能力,还具有相应的专业理论基础,为提高学生的专业素质打下良好的基础。

本书内容翔实、层次分明、结构紧凑、叙述深入浅出、通俗易懂,适合作为计算机及相关专业程序设计课程的入门教材,也可作为等级考试和其他从事计算机编程人员的参考用书。

由于编者水平有限,书中难免存在疏漏,恳请专家和广大读者批评指正。

编 者

2012 年 5 月

目　录

项目 1　分析学生成绩管理系统的结构
——C 语言概述

技能目标　掌握 C 语言编程环境与程序调试的基本方法。

知识目标　C 语言是什么,如何编写 C 语言的程序,C 语言程序又如何执行,通过本项目任务的学习来回答这些问题。本项目涉及如下的知识点。

- C 语言的编程环境;
- 算法及其描述。

完成该项目后,达到如下的目标。

- 了解 C 语言的特点;
- 熟悉 C 语言的开发环境;
- 掌握算法的基本概念及表示方法。

关键词　编辑(edit)、编码(coded)、连接(link)、编译(compile)、解释(interpretation)、目标程序(object program)、模块化(modular)、结构化(structured)、流程图(flow chart)、高级语言(high-level language)、汇编语言(assembly language)、机器语言(machine language)、调试(debug)

本项目是完成对学生成绩管理系统的需求分析,为完成本项目,必须熟悉算法的描述方法、描述算法的常用工具,逐步提高分析问题与解决问题的能力。在实施项目任务中要注意几个方面的问题:①了解成绩管理系统的目标任务;②选择合适的算法描述工具;③理解模块化、结构化的概念。

任务 1.1　熟悉编程环境
——程序设计语言与 C 语言

问题的提出

在开始学习程序设计时,初学者首先遇到的问题可能是:"什么是程序?"、"什么是程序设计语言?"本项目任务首先讨论这方面的问题,以期帮助读者在比较直观的基础上建立起对程序、程序设计、程序设计语言的基本认识。而后将简单介绍本书讨论的一种程序设计语言——C 语言,并通过一个简单实例介绍 C 语言程序的基本结构和有关概念。

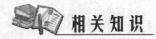 **相关知识**

1.1.1 程序设计语言

程序一词也来自生活,通常指完成某些事务的一种既定方式和过程。从表述方面看,可以将程序看作对一系列动作的执行过程的描述。日常生活中也可以找到许多"程序"实例。例如,一个学生早上起床后的行为可以描述为:①起床;②刷牙;③洗脸;④吃饭;⑤早自习。

日常生活中程序性活动的情况与计算机里的程序执行很相似,为了与计算机交流,同样需要有与之交流的方式,需要一种意义清晰、计算机也能处理的描述方式。也就是说,需要有描述程序的合适语言。这种可供人编程序用的语言就是程序设计语言,它是一种人造语言,也常被称为编程语言。

语言是一套具有语法、词法规则的系统。计算机程序设计语言是计算机可以识别的语言,用于描述解决问题的方法,供计算机阅读和执行。

计算机完成各种复杂的工作,除了具有强大的硬件系统,还要有相应的软件系统,软件包含了计算机运行所需的各种程序及其文档。计算机的工作是通过程序来控制的,计算机按照规定的程序要求运行。程序是指令的集合。编写程序就是将解决问题的方法,编写成由一条条指令组成的程序,输入到计算机中,计算机执行这一指令序列,就完成了规定的任务。

所谓指令,就是计算机可以识别的命令。不同的计算机硬件系统有不同的指令集合,一台计算机硬件系统能识别的所有指令的集合,称为它的指令系统。

按级别计算机程序设计语言分为机器语言、汇编语言和高级语言。

1. 机器语言

由计算机硬件系统可以识别的二进制指令组成的语言称为机器语言。它是面向机器的语言,不同类型的机器其指令系统不同,机器语言也不同,程序具有不可移植性,代码可读性差,编写程序复杂,但其执行的速度快。

2. 汇编语言

汇编语言是将机器指令用人们能读得懂的助记符来表示的语言,如:

```
MOV AX,3
MOV BX,5
SUB AX,BX
```

每条指令对应于一条机器语言指令,由于采用了助记的符号名,这样,每条指令的意义较机器语言都更容易理解和把握了。但是,汇编语言的程序属于非结构化程序,程序的结构性差。汇编语言也是面向机器的语言,程序的可移植性差。汇编语言必须编译成机器语言后才能执行。汇编语言的翻译软件称为汇编程序。

3. 高级语言

高级语言是面向问题的语言,其特点是在一定程度上与具体机器无关,程序中可以采用具有一定含义的数据名和容易理解的执行语句,这使得编写程序变得易学、易用、易维护。高级语言程序只有翻译成机器语言后才能执行。如何将高级语言翻译成机器语言呢?有以

下两种方式。

（1）编译方式：这种方式是将编写好的源程序经编译软件进行编译、链接后，生成可执行文件，然后再执行。这种方式交互性差，但程序执行的效率高，如 C 语言、FORTRAN、PASCAL 语言等。

（2）解释方式：程序执行时一边通过程序解释软件"翻译"，一边执行。这种方式交互性好，但执行效率低，如早期的 BASIC 语言、FoxBase 等。

1.1.2　C 语言的发展与特点

C 语言的原型是 ALGOL 60 语言（也称为 A 语言）。

1963 年，剑桥大学将 ALGOL 60 语言发展成为 CPL（Combined Programming Language）语言。

1967 年，剑桥大学的 Matin Richards 对 CPL 语言进行了简化，于是产生了 BCPL 语言。

1970 年，美国贝尔实验室的 Ken Thompson 将 BCPL 进行了修改，并为它起了一个有趣的名字"B 语言"。他用 B 语言写了第一个 UNIX 操作系统。

而在 1973 年，美国贝尔实验室的 Dennis M. Ritchie 在 B 语言的基础上最终设计出了一种新的语言，他取了 BCPL 的第二个字母作为这种语言的名字，这就是 C 语言。

为了使 UNIX 操作系统推广，1977 年 Dennis M. Ritchie 发表了不依赖于具体机器系统的 C 语言编译文本《可移植的 C 语言编译程序》。

1978 年 Brian W. Kernighian 和 Dennis M. Ritchie 出版了名著《The C Programming Language》，通常简称为《K&R》，也有人称之为《K&R》标准。但是，在《K&R》中并没有定义一个完整的标准 C 语言，许多开发机构推出了自己的 C 语言版本，这些版本之间的微小差别不时引起兼容性上的问题，后来由美国国家标准学会 ANSI（American National Standard Institute）在各种 C 语言版本的基础上制定了一个 C 语言标准，于 1983 年发表，通常称之为 ANSI C。1987 年 ANSI 又公布了新标准——87 ANSI C，目前广泛流行的各种 C 编译系统都是以它为基础的。

1983 年又由贝尔实验室的 Bjarne Strou-strup 推出了 C++。C++进一步扩充和完善了 C 语言，成为一种面向对象的程序设计语言。

C 语言是一种通用、灵活、结构化、标准化、使用广泛的编程语言，能完成用户的各种任务，特别适合进行系统程序设计和对硬件进行操作的场合。它具有如下的特征。

（1）简洁紧凑，灵活方便。C 语言一共只有 32 个关键字，9 种控制语句，程序书写自由，主要用小写字母表示。它把高级语言的基本结构和语句与低级语言的实用性结合起来。C 语言可以像汇编语言一样对位、字节和地址进行操作，而这三者是计算机最基本的工作单元。

（2）运算符丰富。C 的运算符包含的范围很广泛，共有 34 个运算符。C 语言把括号、赋值、强制类型转换等都作为运算符处理，从而使 C 的运算类型极其丰富，表达式类型多样化，灵活使用各种运算符可以实现在其他高级语言中难以实现的运算。

（3）数据结构丰富。C 的数据类型有整型、实型、字符型、数组类型、指针类型、结构体类型、共用体类型等。它能用来实现各种复杂的数据类型的运算，并引入了指针概念，使程序效率更高。另外 C 语言具有强大的图形功能，支持多种显示器和驱动器，且计算功能、逻辑判断功能强大。

（4）C 是结构式语言。结构式语言的显著特点是代码及数据的分隔化，即程序的各个部分除了必要的信息交流外彼此独立。这种结构化方式可使程序层次清晰，便于使用、维护以及调试。C 语言是以函数形式提供给用户的，这些函数可方便地调用，并具有多种循环、条件语句控制程序流向，从而使程序完全结构化。

（5）C 语法限制不太严格，程序设计自由度大。一般的高级语言语法检查比较严，能够检查出几乎所有的语法错误。而 C 语言允许程序编写者有较大的自由度。

（6）允许直接访问物理地址，直接操作硬件。C 语言既具有高级语言的功能，又具有低级语言的许多功能，能够像汇编语言一样对位、字节和地址进行操作，而这三者是计算机最基本的工作单元，可以用来编写系统软件。

（7）程序执行效率高。一般只比汇编程序生成的目标代码效率低 10%～20%。

（8）可移植性好。C 语言有一个突出的优点就是适合于多种操作系统，如 DOS、UNIX，也适用于多种机型。

当然，C 语言也有自身的不足，比如 C 语言的语法限制不太严格，对变量的类型约束不严格，影响程序的安全性，对数组的下标越界不做检查等。从应用的角度，C 语言比其他高级语言较难掌握。

1.1.3 C 语言的上机调试步骤和方法

1. 编制并运行程序的"四步曲"

C 程序在计算机上的实现与其他高级语言一样，一般要经过**编辑、编译、连接、运行 4 个步骤**，C 程序的实现流程如图 1-1 所示。为了说明 C 语言源程序结构的特点，用 VC++ 6.0 先来编制一个最简单的程序，并让它运行而得出结果，以此作为了解 VC++ 6.0 的开端。

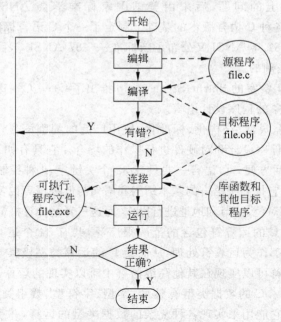

图 1-1 C 程序的实现流程

（1）编辑

编辑就是建立、修改 C 语言源程序，并把它输入计算机的过程。C 语言的源文件以文本文件的形式保存，它的后缀名为.c，如果是 C++ 则后缀名为.cpp。

源文件的编辑可以用任何文字处理软件完成，一般用编译器本身集成的编辑器进行编辑。

（2）编译（生成目标程序文件.obj）

C 语言是以编译方式实现的高级语言，C 程序的实现必须经过编译程序对源文件进行编译，生成目标代码文件，它的后缀名为.obj。编译前一般先要进行预处理，譬如进行宏代换、包含其他文件等。

编译程序把一个源程序翻译成目标程序的工作过程分为 5 个阶段：词法分析；语法分析；语义检查和中间代码生成；代码优化；目标代码生成。主要是进行词法分析和语法分析，又称为源程序分析，分析过程中若发现有语法错误，则给出提示信息。

（3）连接（生成可执行程序文件.exe）

编译形成的目标代码还不能在计算机上直接运行，必须将其与库文件进行连接处理，这个过程由连接程序自动进行，连接后生成可执行文件，它的后缀名为.exe。如果连接出错同样需要返回到编辑步骤修改源程序，直至正确为止。

（4）运行（可执行程序文件）

上述 4 个步骤中，第一步的编辑工作是最繁杂而又必须细致地由人工在计算机上来完成，其余几个步骤则相对简单，基本上由计算机来自动完成。

程序运行后，可以根据运行结果判断程序是否还存在其他方面的错误。**编译时产生的错误属于语法错误，而运行时出现的错误一般是逻辑错误**。出现逻辑错误时需要修改原有算法，重新进行编辑、编译和连接，再运行程序。

2．上机运行 C 语言程序的步骤

（1）启动并进入 VC++ 6.0 的集成开发环境

有两种方法启动并运行 VC++ 6.0，进入到它的集成开发环境窗口。

方法 1：若桌面上有 VC++ 6.0 图标 ，双击该图标。

方法 2：通过选择【开始】→【程序】→Microsoft Visual Studio 6.0→Microsoft Visual C++ 6.0 命令。

图 1-2 式样的窗口从大体上可分为 4 部分：上部为菜单栏和工具条；中左为工作区（Workspace）视图显示窗口，这里将显示处理过程中与项目相关的各种文件种类等信息；中右为文档内容区，是显示和编辑程序文件的操作区；下部为输出（Output）窗口区，程序调试过程中，进行编译、连接、运行时输出的相关信息将在此处显示。

注意：由于系统的初始设置或者环境的某些不同，可能启动的 VC++ 6.0 初始窗口式样与图 1-2 有所不同，也许会没出现 Workspace 窗口或 Output 窗口，这时可通过 View→Workspace 菜单选项的执行，使中左处的工作区窗口显现出来；而通过 View→Output 菜单选项的执行，又可以使下部的输出区窗口得以显现。当然，如果不想看到这两个窗口，可以单击相应窗口的 按钮来关闭窗口。

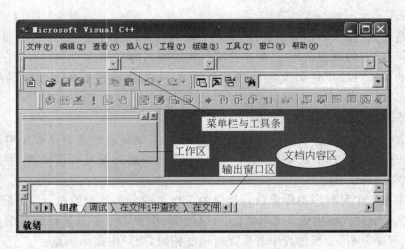

图 1-2　VC++ 6.0 的启动窗口

（2）创建工程以及工作区

工程又称为项目，它具有两种含义：一种是指最终生成的应用程序；另一种则是为了创建这个应用程序所需的全部文件的集合，包括各种源程序、资源文件和文档等。绝大多数较新的开发工具都利用工程来对软件开发过程进行管理。

用 VC++ 6.0 编写并处理的任何程序都与工程有关（都要创建一个与其相关的工程），而每一个工程又总与一个工程工作区相关联。一个工程的目标是生成一个应用程序，但很多大型软件往往需要同时开发数个应用程序，VC++ 6.0 开发环境允许用户在一个工作区内添加数个工程，其中有一个是活动的（默认的），每个工程都可以独立进行编译、连接和调试。

创建工程工作区之后，系统将创建出一个相应的工作区文件（.dsw），用来存放与该工作区相关的信息；另外还将创建出其他几个相关文件：工程文件（.dsp）以及选择信息文件（.opt）等。

编制并处理 C++ 程序时要创建工程，VC++ 6.0 已经预先为用户准备好了近 20 种不同的工程类型以供选择，选定不同的类型意味着让 VC++ 6.0 系统帮着提前做某些不同的准备以及初始化工作。工程类型中，其中有一个为"Win32 Console Application"，用它来编制控制台应用程序，选择菜单 File 下的 New 命令，会出现一个选择界面，在属性页中选择【工程】选项卡后，选择 Win32 Console Application 选项，而后往右上处的【位置】文本框和【工程名称】文本框中输入工程相关信息，即所存放的磁盘位置（目录或文件夹位置）以及工程的名字，设置到此时的界面信息如图 1-3 所示。

在【位置】文本框中输入存放与工程工作区相关的所有文件及其相关信息的文件夹名称，也可通过单击其右部的 ⊡ 按钮去选择并指定这一文件夹，即子目录位置。【工程名称】文本框中输入如"Sample"的工程名。此时 VC++ 6.0 会自动在其下的【位置】文本框中用该工程名"Sample"建立一个同名子目录，随后的工程文件以及其他相关文件都将存放在这个目录下。选择【确定】按钮进入下一个选择界面。这个界面主要是询问用户想要构成一个什么类型的工程，其界面如图 1-4 所示。

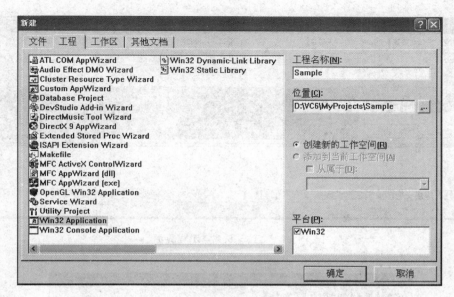

图 1-3 【新建】对话框

图 1-4 控制台应用程序类型选择对话框

若选中【一个空工程】单选按钮将生成一个空的工程,工程内不包括任何内容。若选中【一个简单的程序】单选按钮将生成包含一个空的 main()函数和一个空的头文件的工程。选中【一个"Hello,World!"程序】单选按钮与选中【一个简单的程序】单选按钮没有什么本质的区别,只是需要包含有显示出"Hello World!"字符串的输出语句。

为了更清楚地看到编程的各个环节,选中【一个空工程】单选按钮,从一个空的工程来开始工作。单击【完成】按钮,这时 VC++ 6.0 会生成一个小型报告,报告的内容是刚才所有选择项的总结,并且询问是否接受这些设置。单击【确定】按钮,从而进入到编程环境,界面情况如图 1-5 所示。

(3) 新建 C 语言程序

选择菜单【工程】中子菜单【添加到工程】下的【新建】命令,在出现的对话框的【文件】选项卡中,选择 C++ Source File 项,在右中处的【文件名】文本框中为将要生成的文件取一个名字,这里取名为"Hello"(其他遵照系统隐含设置,此时系统将使用 Hello.cpp 的文件来保存所输入的源程序),此时的界面情况如图 1-6 所示。

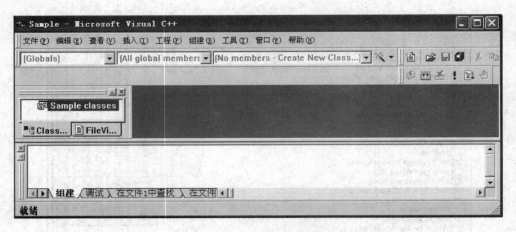

图 1-5　VC++ 6.0 空工程界面

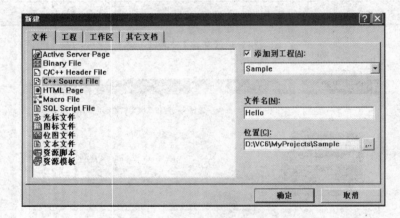

图 1-6　创建 C++ 源程序对话框

单击【确认】按钮，进入输入源程序的编辑窗口（注意所出现的呈现"闪烁"状态的输入位置光标），此时只需通过键盘输入所需要的源程序代码。

```
# include < stdio. h >
void main(){
  printf("Hello World!\n");
}
```

注意屏幕中的 Workspace 窗口，该窗口中有两个选项卡，一个是 ClassView，一个是 FileView。ClassView 中列出的是这个工程中所包含的所有类的有关信息，当然这里的程序将不涉及类，这个选项卡中现在是空的，如图 1-7 所示。选择 FileView 选项卡后，将看到这个工程所包含的所有文件信息。单击 ⊞ 按钮打开所有的层次会发现有 3 个逻辑文件夹：Source Files 文件夹中包含了工程中所有的源文件；Header Files 文件夹中包含了工程中所有的头文件；Resource Files 文件夹中包含了工程中所有的资源文件。所谓资源就是工程中所用到的位图、加速键等信息。现在看到 Source Files 文件夹下文件 Hello.cpp 已经被加了进去，此时的界面情况如图 1-8 所示。

8

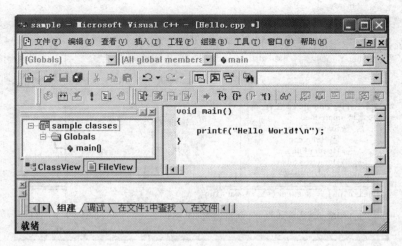

图 1-7　VC++ 6.0 的编辑界面

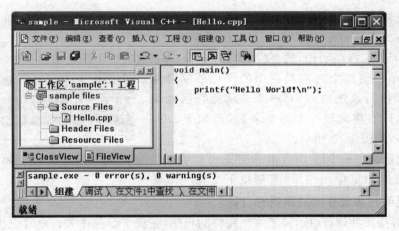

图 1-8　工作区查看窗口

这时在 Workspace 窗口的 ClassView 选项卡中的 Globals 文件夹下,也可以看到刚才所输入的 main()函数。

（4）编译、连接,而后运行程序

程序编制完成后,进行后 3 步的编译、连接与运行。所有后 3 步的命令项都处在菜单"组建"之中。注意,在对程序进行编译、连接和运行前,最好先保存自己的工程（使用【文件】→【保存全部】菜单项）,以避免程序运行时系统发生意外而丢失。

首先选择【组建】菜单中的【编译】命令（见图 1-9）,此时将对程序进行编译。若编译中发现错误（error）或警告（warning）,将在 Output 窗口中显示出它们所在的行以及具体的出错或警告信息,可以通过这些信息的提示来纠正程序中的错误或警告（注意,错误是必须纠正的,否则无法进行下一步的连接;而警告则不然,它并不影响进行下一步连接,当然最好是没有任何警告信息）。当没有错误与警告出现时,Output 窗口所显示的最后一行应该是"Hello.obj-0 error(s),0 warning(s)"。

编译通过后,可以选择菜单【组建】的【组建】命令来进行连接生成可执行程序。在连接

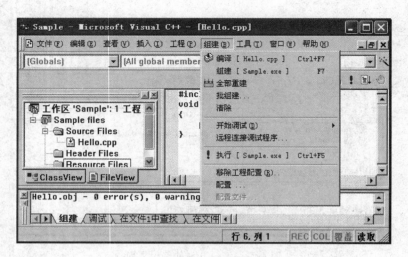

图 1-9　程序编译窗口

中出现的错误也将显示到 Output 窗口中。连接成功后，Output 窗口所显示的最后一行应该是"Sample. exe-0 error(s),0 warning(s)"。

最后就可以运行(执行)，选择【执行】命令(该选项前有一个深色的感叹号标志"!"，实际上也可通过单击窗口上部工具栏中的深色感叹号标志"!"来启动执行该选项)，VC++ 6.0 将运行已经编好的程序，执行后将出现一个结果界面(类似于 DOS 窗口的界面)，如图 1-10 所示。

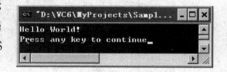

图 1-10　程序运行结果窗口

其中的"Press any key to continue"是由系统产生的，使用户可以浏览输出结果，直到按下了任一个键盘按键时，返回到集成界面的编辑窗口处。

至此已经生成并运行(执行)了一个完整的程序，完成了编程任务。此时应执行【文件】→【关闭工作空间】命令，待系统询问是否关闭所有的相关窗口时，回答"是"，则结束了一个程序从输入到执行的全过程，回到了刚启动 VC++ 6.0 的那一个初始画面。

另外，应当说明的是，前面所说的编译、连接过程都是 Debug 类型的，也就是说，当 VC++ 6.0 在进行这些工作时将加入一些调试信息，致使编译、连接后生成的代码很庞大，效率也降低。如果确信程序已经完美无缺或者是要正式发布，就应该选择菜单【组建】中的【批组建】命令，产生如图 1-11 所示的对话框，其中的两个选项分别代表编译的代码形式。如果选择第一项 Sample-Win32 Release，那么生成的就是最终代码，其运行效率会增高。

选择 Sample-Win32 Release 命令，再进行【组建】或【全部组建】就会在工程所在的目录下产生一个新的目录 release，在 release 目录下生成的可执行程序代码规模小，执行效率高，是最终的产品。

3. 调试 C 语言程序

当程序出现逻辑性错误时，必须调试程序，在调试时，主要学习如何设置断点和分步执行。

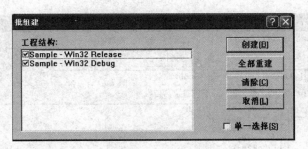

图 1-11 【批组建】对话框

（1）调试菜单

在菜单栏中选择【组建】→【开始调试】命令，即可打开调试菜单，也可以利用调试工具栏，调试菜单及调试工具栏如图 1-12 所示。

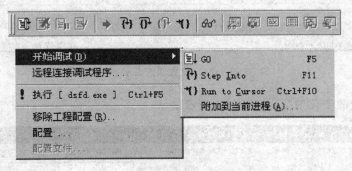

图 1-12 调试菜单及调试工具栏

主要的一些命令如下。

① GO：开始调试。

② Restart：重新进行调试。

③ Stop Debugging：结束调试。

④ Step Into：单步执行，并跟踪进入到调用函数的内部。

⑤ Step Over：单步执行，不跟踪进入到调用函数的内部。

⑥ Step Out：单步执行，从调用函数的内部跳出。

⑦ Run to Cursor：运行程序到光标所在行。

（2）设置断点

通过设置断点，可以让程序运行到所需要停止的地方，其方法如下：首先将光标移动到需要设置断点的地方，然后单击█按钮，这时会出现一个红点，这个红点就是断点，如图 1-13 所示，最后单击█按钮进行调试。

在 Watch 窗口的名称（Name）栏中输入要观察的变量名称，则值（Value）栏列出这些变量的值，通过这个区域可以观察程序单步执行时变量的变化情况，以此来判断程序的运行是否正确。

（3）单步执行

通过按 F11 键或选择 Step Into 菜单命令，实现单步运行，这时指示箭头会下移一行，这

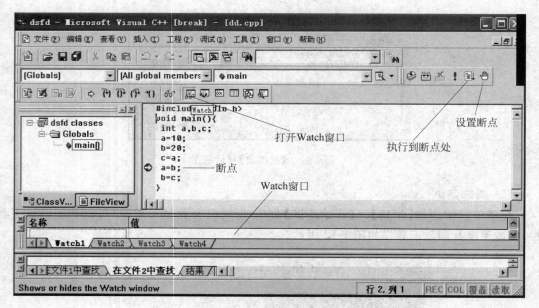

图 1-13　设置断点并调试

时可以观察变量的变化情况，如图 1-14 所示。

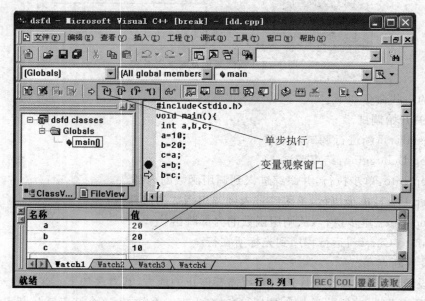

图 1-14　单步执行

在调试时要注意 Step Into 和 Step Over 的区别。前者将进入函数执行，后置则跳过函数执行。

1.1.4　VC++ 6.0 集成开发环境简介

为了更好地掌握 VC++ 6.0 的编程环境，下面介绍英文版的 VC++ 6.0 集成开发环境。

1. VC++ 6.0 的常用菜单命令项

（1）File 菜单

New：打开 New 对话框，以便创建新的文件、工程或工作区。

Close Workspace：关闭与工作区相关的所有窗口。

Exit：退出 VC++ 6.0 环境，将提示保存窗口内容等。

（2）Edit 菜单

Cut：快捷键为 Ctrl＋X。将选定内容复制到剪贴板，然后再从当前活动窗口中删除所选内容。与 Paste 联合使用可以移动选定的内容。

Copy：快捷键为 Ctrl＋C。将选定内容复制到剪贴板，但不从当前活动窗口中删除所选内容。与 Paste 联合使用可以复制选定的内容。

Paste：快捷键为 Ctrl＋V。将剪贴板中的内容插入（粘贴）到当前鼠标指针所在的位置。注意，必须先使用 Cut 或 Copy 命令使剪贴板中具有准备粘贴的内容。

Find：快捷键为 Ctrl＋F。在当前文件中查找指定的字符串。顺便指出，可按快捷键 F3 寻找下一个匹配的字符串。

Find in Files：在指定的多个文件中查找指定的字符串。

Replace：快捷键为 Ctrl＋H。替换指定的字符串（用某一个串替换另一个串）。

Go To：快捷键为 Ctrl＋G。将光标移到指定行上。

Breakpoints：快捷键为 Alt＋F9。弹出对话框，用于设置、删除或查看程序中的所有断点。断点将告诉调试器应该在何时何地暂停程序的执行，以便查看当时的变量取值等现场情况。

（3）View 菜单

Workspace：如果工作区窗口没显示出来，选择执行该项后将显示出工作区窗口。

Output：如果输出窗口没显示出来，选择执行该项后将显示出输出窗口。输出窗口中将随时显示有关的提示信息或出错警告信息等。

（4）Project 菜单

Add To Project：选择该项将弹出子菜单，用于添加文件或数据链接等到工程之中去。例如，子菜单中的 New 选项可用于添加"C++Source File"或"C/C++Header File"；而子菜单中的 Files 选项则用于插入已有的文件到工程中。

Settings：为工程进行各种不同的设置。当选择其中的 Debug 选项卡，并通过在 Program Arguments 文本框中输入以空格分割的各命令行参数后，则可以为带参数的 main() 函数提供相应参数（呼应于"void main(int argc, char ＊ argv[]){...}"形式的 main() 函数中所需各 argv 数组的各字符串参数值）。注意，在执行带参数的 main() 函数之前，必须进行该设置，当 Program Arguments 文本框中为空时，意味着无命令行参数。

（5）Build 菜单

Compile：快捷键为 Ctrl＋F7。编译当前处于源代码窗口中的源程序文件，以便检查是否有语法错误或警告，如果有的话，将显示在 Output（输出）窗口中。

Build：快捷键为 F7。对当前工程中的有关文件进行连接，若出现错误的话，也将显示在 Output（输出）窗口中。

Execute：快捷键为 Ctrl＋F5。运行（执行）已经编译、连接成功的可执行程序（文件）。

Start Debug：选择该项将弹出子菜单，其中含有用于启动调试器运行的几个选项。例如,其中的 Go 选项用于从当前语句开始执行程序,直到遇到断点或程序结束;Step Into 选项开始单步执行程序,并在遇到函数调用时进入函数内部再从头单步执行;Run to Cursor选项使程序运行到当前光标所在行时暂停其执行(注意,使用该选项前,要先将光标设置到某一个希望暂停的程序行处)。执行该菜单的选择项后,就启动了调试器,此时菜单栏中将出现 Debug 菜单(而取代了 Build 菜单)。

(6) Debug 菜单

启动调试器后才出现该 Debug 菜单(而不再出现 Build 菜单)。

Go:快捷键为 F5。从当前语句启动继续运行程序,直到遇到断点或程序结束而停止(与 Build→Start Debug→Go 选项的功能相同)。

Restart:快捷键为 Ctrl+Shift+F5。重新从头开始对程序进行调试执行(当对程序做过某些修改后往往需要这样做)。选择该项后,系统将重新装载程序到内存,并放弃所有变量的当前值(而重新开始)。

Stop Debugging:快捷键为 Shift+F5。中断当前的调试过程并返回正常的编辑状态(注意,系统将自动关闭调试器,并重新使用 Build 菜单来取代 Debug 菜单)。

Step Into:快捷键为 F11。单步执行程序,并在遇到函数调用语句时,进入函数内部,并从头单步执行(与 Build→Start Debug→Step Into 选项的功能相同)。

Step Over:快捷键为 F10。单步执行程序,但当执行到函数调用语句时,不进入函数内部,而是一步直接执行完该函数后,接着再执行函数调用语句后面的语句。

Step Out:快捷键为 Shift+F11。与 Step Into 配合使用,当执行进入到函数内部,单步执行若干步之后,若发现不再需要进行单步调试的话,通过该选项可以从函数内部返回(到函数调用语句的下一语句处停止)。

Run to Cursor:快捷键为 Ctrl+F10。使程序运行到当前光标所在行时暂停其执行(注意,使用该选项前,要先将光标设置到某一个希望暂停的程序行处)。事实上,相当于设置了一个临时断点,与 Build→Start Debug→Run to Cursor 选项的功能相同。

Insert/Remove Breakpoint:快捷键为 F9。本菜单项并未出现在 Debug 菜单上(在工具栏和程序文档的上下文关联菜单上),列在此处是为了方便大家掌握程序调试的手段。其功能是设置或取消固定断点——程序行前有一个圆形的黑点标志,表示该行已经设置了固定断点。另外,与固定断点相关的快捷键还有 Alt+F9(管理程序中的所有断点)、Ctrl+F9(禁用/使能当前断点)。

(7) Help 菜单

通过该菜单来查看 VC++ 6.0 的各种联机帮助信息。

(8) 上下文关联菜单

除了主菜单和工具栏外,VC++ 6.0 开发环境还提供了大量的上下文关联菜单。右击窗口中很多地方都会弹出一个关联菜单,里面包含有与被单击项目相关的各种命令,建议大家在工作时可以试着多右击,可能会发现很多有用的命令,从而大大加快一些常规操作的速度。

2. VC++ 6.0 的主要工作窗口

(1) Workspace 窗口

Workspace 窗口显示了当前工作区中各个工程的类、资源和文件信息,当新建或打开一个工作区后,Workspace 窗口通常就会出现 3 个树视图:ClassView(类视图)、

ResourceView(资源视图)和 FileView(文件视图)。如果在 VC++ 6.0 企业版中打开了数据库工程,还会出现第 4 个视图 DataView(数据视图)。如同前面所述,在 Workspace 窗口的各个视图内右击可以得到很多有用的关联菜单。

ClassView 显示当前工作区中所有工程定义的 C++类、全局函数和全局变量,展开每一个类后,可以看到该类的所有成员函数和成员变量。如果双击类的名字,VC++ 6.0 会自动打开定义这个类的文件,并把文档窗口定位到该类的定义处;如果双击类的成员或者全局函数及变量,文档窗口则会定位到相应函数或变量的定义处。

ResourceView 显示每个工程中定义的各种资源,包括快捷键、位图、对话框、图标、菜单、字符串资源、工具栏和版本信息。如果双击一个资源项目,VC++ 6.0 就会进入资源编辑状态,打开相应的资源,并根据资源的类型自动显示出 Graphics、Color、Dialog、Controls 等停靠式窗口。

FileView 显示了隶属于每个工程的所有文件。除了 C/C++源文件、头文件和资源文件外,还可以向工程中添加其他类型的文件,例如 Readme.txt 等。这些文件对工程的编译、连接不是必需的,但将来制作安装程序时会被一起打包。同样,在 FileView 中双击源程序等文本文件时,VC++ 6.0 会自动为该文件打开一个文档窗口,双击资源文件时,VC++ 6.0 也会自动打开其中包含的资源。

在 FileView 中对着一个工程右击后,关联菜单中有一个 Clean 命令,在此特地要解释一下它的功能。VC++ 6.0 在建立(Build)一个工程时,会自动生成很多中间文件,例如预编译头文件、程序数据库文件等,这些中间文件加起来的大小往往有数兆,很多人在开发一个软件期间会使用办公室或家里的数台机器,如果不把这些中间文件删除,在多台机器之间复制工程就很麻烦。Clean 命令的功能就是把 VC++ 6.0 生成的中间文件全部删除,避免了手工删除时可能会出现误删或漏删的问题。另外,在某些情况下,VC++ 6.0 编译器可能无法正确识别哪些文件已被编译过了,以至于在每次建立工程时都进行完全重建,很浪费时间,此时使用 Clean 命令删除掉中间文件就可以解决这一问题。

应当指出,承载一个工程的还是存储在工作文件夹下的多个文件(物理上),在 Workspace 窗口中的这些视图都是逻辑意义上的,它们只是从不同的角度去自动统计、总结工程的信息,以方便和帮助查看工程,更有效地开展工作。如果开始时不习惯且工程很简单(学习期间很多时候都只有一个.cpp 文件),则完全没有必要去关注这些视图,只需要在.cpp 文件内容窗口中工作。

(2) Output 窗口

与 Workspace 窗口一样,Output 窗口也被分成了数栏,其中前面 4 栏最常用。在建立工程时,Build 栏将显示工程在建立过程中经过的每一个步骤及相应信息,如果出现编译、连接错误,那么发生错误的文件及行号、错误类型编号和描述都会显示在 Build 栏中,双击一条编译错误,VC++ 6.0 就会打开相应的文件,并自动定位到发生错误的那一条语句。

工程通过编译、连接后,运行其调试版本,Debug 栏中会显示出各种调试信息,包括 DLL 装载情况、运行时警告及错误信息、MFC 类库或程序输出的调试信息、进程中止代码等。

两个 Find in Files 栏用于显示从多个文件中查找字符串后的结果,当用户想看看某个函数或变量出现在哪些文件中时,可以从 Edit 菜单中选择 Find in Files 命令,然后指定要查找的字符串、文件类型及路径,单击【查找】按钮后结果就会输出在 Output 窗口的 Find in

Files 栏中。

（3）窗口布局调整

VC++ 6.0 的智能化界面允许用户灵活配置窗口布局,例如菜单和工具栏的位置都可以重新定位。在菜单或工具栏左方类似于把手的两个竖条纹处或其他空白处单击并按住,然后试试把它拖动到窗口的不同地方,就可以发现菜单和工具栏能够停靠在窗口的上方、左方和下方,双击竖条纹后,它们还能以独立子窗口的形式出现,独立子窗口能够始终浮动在文档窗口的上方,并且可以被拖到 VC++ 6.0 主窗口之外,如果有双显示器,甚至可以把这些子窗口拖到另外一个显示器上,以便进一步加大编辑区域的面积。Workspace 和 Output 等停靠式窗口(Docking View)也能以相同的方式进行拖动,或者切换成独立的子窗口。此外,这些停靠式窗口还可以切换成普通的文档窗口模式,不过文档窗口不能被拖出 VC++ 6.0 的主窗口,切换的方法是选中某个停靠式窗口后,在 Windows 菜单中把 Docking View 菜单项置于非选中状态。

1.1.5　任务分析与实施

1. 任务分析

本次任务是编写一个简单的 C 语言程序,实现人与计算机的交互对话,掌握 C 程序设计编程环境 Visual C++,掌握运行一个 C 程序的基本步骤,包括编辑、编译、连接和运行。通过本次任务掌握 C 语言程序设计的基本框架,能够编写简单的 C 程序。

2. 任务实施

按照如下的步骤实施。

（1）启动 VC++ 6.0。选择【开始】→【程序】→ Microsoft Visual Studio 6.0 → Microsoft Visual C++ 6.0 命令进入 VC++ 6.0 编程环境。

（2）新建文件(* .cpp)。选择【文件】→【新建】命令,选择【文件】选项卡,选择 C++ Source Files 项,修改文件保存"目录"和"文件"(文件名),单击【确定】按钮。

（3）编辑和保存(注意:源程序一定要在英文状态下输入,即字符标点都要在半角状态下,同时注意大小写,一般都用小写)。

```
# include < stdio. h>
void main()
{
    char name[20];
    printf("你是谁?");
    gets(name);
    printf(" % s,欢迎你进入 VC 精彩世界\n",name);
}
```

（4）在编辑窗口输入源程序,然后执行【文件】→【保存】或【文件】→【另存为】命令。

（5）编译(* .obj)——检查语法错误。选择【编译】→【编译】命令或按 Ctrl＋F7 组合键,在产生的【工作区】对话框中,单击【是】按钮。

（6）连接(* .exe)。选择【编译】→【构件】命令或按 F7 键。

（7）运行。选择【编译】→【执行】命令或按 Ctrl＋F5 组合键。

```
你是谁?张山
张山,欢迎你进入 VC 精彩世界
```

（8）关闭程序工作区。选择【文件】→【关闭工作区】命令。

（9）打开文件。选择【文件】→【打开】命令。

（10）查看 C 源文件、目标文件和可执行文件的存放位置。

源文件在保存目录下，目标文件和可执行文件在保存目录\Debug 中。

3. 程序说明

（1）gets、scanf 和 printf 是标准输入输出函数，其头文件为 stdio. h，在主函数前用 include 命令包含了 stdio. h 文件。

（2）main 是主函数的函数名，表示这是一个主函数。每一个 C 源程序都必须有且只能有一个主函数（main()函数）。

（3）函数调用语句，printf()函数的功能是把要输出的内容送到显示器去显示。printf() 函数是一个由系统定义的标准函数，可在程序中直接调用。

（4）函数调用语句，gets()函数的功能是等待从键盘上按指定的格式输入数据，赋值给变量。

 拓展训练

熟悉 VC++ 6.0 的开发环境，了解 C 语言的其他开发平台。

任务 1.2　分析并描述算法——算法及其描述

 问题的提出

什么是程序？如何编写程序？如何编写高效率的程序？这是初学计算机编程的人常要问的问题。通俗地讲，编写程序就是将现实世界的问题用计算机语言表达出来，实现人与计算机的交互，让计算机按照编程人员规定的步骤完成指定任务。这里就要解决以下 3 个问题。

（1）如何用计算机语言表述现实世界的实体？

（2）解决问题的方法和步骤是什么？

（3）计算机语言的语法规则是什么？

本次任务将初步讨论（1）、（2）这两个问题，利用算法分析描述工具分析描述学生成绩统计分析情况。

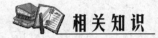 **相关知识**

1.2.1　算法与结构化程序设计

1. 算法的概念

一个程序应包括以下内容。

（1）对数据的描述。在程序中数据的类型和数据的组织形式，即数据结构（data

17

structure)。

（2）对操作的描述。即操作步骤,解决问题的方法也就是算法(algorithm)。

Nikiklaus Wirth 提出的公式:

$$数据结构＋算法＝程序$$

算法的定义可以有多种,从不同角度看,获得的定义各不相同。

（1）从哲学角度看,算法是解决一个问题的抽象行为序列。

（2）从技术层面上看,算法是一个计算过程,它接收一些输入,并产生某些输出。

（3）从抽象层次上看,算法是一个将输入转化为输出的计算步骤序列。

（4）从宏观层面上看,算法是解决一个精确定义的计算问题的工具。

算法是程序的核心,也是程序设计的基础。当用计算机处理不同的问题时,必须对问题进行分析,确定**解决问题的具体方法和步骤**,再编写出计算机执行的指令——程序,交给计算机执行。这些具体的方法和步骤就是算法。根据算法,依据某种规则编写计算机执行的命令序列就是编写程序,而编写程序时所遵守的规则,就是某种语言的语法。

程序设计的步骤是:设计算法→描述算法→编写程序→编译、调试、运行。由此可以这样认为:

$$程序＝算法＋数据结构＋程序设计方法＋语言工具和环境$$

这 4 个方面是一个程序设计人员所应具备的知识。但程序设计的关键是算法,所以学习编写程序除掌握程序设计语言的语法外,就是掌握分析问题、解决问题的方法,提高分析、分解、归纳出算法的能力。

2. 算法的特征

一个算法应该具有以下特点。

（1）有穷性。一个算法应包含有限的操作步骤,而不能是无限的。事实上,“有穷性”往往指“在合理的范围之内”。究竟什么算“合理限度”,并无严格标准,由人们的常识和需要而定。

（2）确定性。算法中的每一个步骤都应当是确定的,而不应当是含糊的、模棱两可的。

（3）有零个或多个输入。所谓输入是指在执行算法时需要从外界取得必要的信息。一个算法也可以没有输入。

（4）有一个或多个输出。算法的目的是为了求解,“解”就是输出。没有输出的算法是没有意义的。

（5）有效性。算法中的每一个步骤都应当能有效地执行,并得到确定的结果。

设计一个好的算法必须考虑以下的要求。

（1）正确性。算法的执行结果应当满足预定的功能和性能要求。

（2）可读性。算法主要是为了人的阅读与交流,其次才是为计算机执行,因此算法应该易于理解、思路清楚、层次分明、简单明了。

（3）健壮性。当输入的数据非法时,算法应当恰当地做出反应或进行相应处理,而不是产生莫名其妙的输出结果。并且,处理出错的方法不应是中断程序的执行,而应是返回一个表示错误或错误性质的值,以便在更高的抽象层次上进行处理。

（4）高效率与低存储量需求。通常,效率指的是算法执行时间,“速度”就是算法之魂。

存储量指的是算法执行过程中所需的最大存储空间。两者都与问题的规模有关。

3. 结构化程序设计

结构化程序设计(structured programming)是以模块功能和处理过程设计为主的设计基本原则,采用自顶向下、逐步求精的程序设计方法,使用顺序、选择、重复 3 种基本控制结构构造程序。其概念最早由 E. W. Dijikstra 在 1965 年提出。结构化程序设计曾被称为软件发展中的第三个里程碑。该方法的要点如下:

(1) 谨慎、严格控制 GOTO 语句,仅在下列情形才可使用:用一个非结构化的程序设计语言去实现一个结构化的构造;在某种可以改善而不是损害程序可读性的情况下。

(2) 一个入口,一个出口。

(3) 自顶向下、逐步求精的分解方法。

其中(1)、(2)是解决程序结构规范化问题;(3)是解决将大化小、将难化简的求解方法问题。

1.2.2 算法的描述

算法如何表示呢? 由于算法由一系列步骤组成,那么任何一个步骤序列从广义上看,都可以当作是一个算法。常用的描述方法有自然语言、传统流程图、N-S 流程图、伪代码和程序设计语言。

1. 自然语言

自然语言就是人们日常使用的语言。

例如,表示一个学生每天行程的通用算法,下面的步骤就可以看作是一个算法。

(1) 起床;

(2) 吃早点;

(3) 上早自习;

(4) 上课;

(5) 吃午饭;

(6) 上课;

(7) 吃晚饭;

(8) 上晚自习;

(9) 睡觉。

自然语言描述算法通俗易懂,但要描述清楚一个问题可能表达使用的文字较长,容易产生歧义,对于一些分支和循环结构的问题不容易表达。

【案例 1-1】 写出求 1+2+3+4+5+6 的一个算法。

分析:可以逐一相加,也可以利用公式 $1+2+\cdots+n=\dfrac{n(n+1)}{2}$ 进行。

算法 1:

S1:使 t=1;

S2:使 i=2;

S3:使 t+i,和仍然放在在变量 t 中,可表示为 t+i→t;

S4:使 i 的值+1,即 i+1→i;

S5：如果 i≤6，返回重新执行步骤 S3 以及其后的 S4 和 S5，否则，算法结束。

算法 2：

S1：取 $n=6$；

S2：计算 $\dfrac{n(n+1)}{2}$；

S3：输出运算结果。

【案例 1-2】 有 50 个学生，输出考试不及格的学生。

如果 n 表示学生学号，ni 表示第 i 个学生学号，g 表示学生成绩，gi 表示第 i 个学生成绩，则算法可表示如下：

S1：1→i；

S2：如果 gi<60，则打印 ni 和 gi，否则不打印；

S3：i＋1→i；

S4：若 i≤50，返回 S2，否则，结束。

2. 传统流程图

流程图表示算法，直观形象，易于理解。它是使用最早的算法和程序描述工具。美国国家标准化协会（American National Standard Institute，ANSI）规定了一些常用流程图符号，如图 1-15 所示。

起止框　　　输入输出框　　　判断框　　　处理框　　　流程线　　　连接点

图 1-15　流程图符号

（1）顺序结构流程

顺序结构是程序依次按顺序执行，其流程如图 1-16 所示。

【案例 1-3】 求圆的面积，其流程如图 1-17 所示。

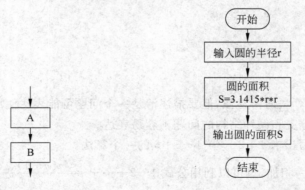

图 1-16　顺序结构流程　　　图 1-17　求圆面积流程

（2）分支结构流程

单分支结构：当条件满足时，执行 A 程序块，如图 1-18（a）所示。

双分支结构：当条件满足时，执行 A 程序块，否则执行 B 程序块，如图 1-18（b）所示。

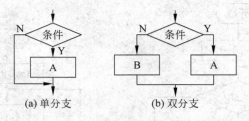

(a) 单分支   (b) 双分支

图 1-18   分支结构流程

【**案例 1-4**】   求 $ax^2+bx+c=0(a\neq0)$ 的解。其流程如图 1-19 所示。

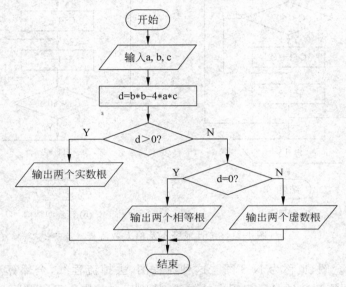

图 1-19   求一元二次方程的根流程

（3）循环结构流程

当型结构：当条件成立时循环执行 A，其流程如图 1-20(a)所示。

直到型结构：执行语句块 A，直到条件不成立为止，其流程如图 1-20(b)所示。

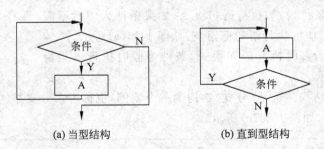

(a) 当型结构   (b) 直到型结构

图 1-20   循环结构流程

【**案例 1-5**】   有 50 个学生，统计考试不及格的人数，其流程如图 1-21 所示。

3. N-S 流程图

1973 年美国学者 I. Nassi 和 B. Shneiderman 提出了一种符合结构化程序设计原则的图

21

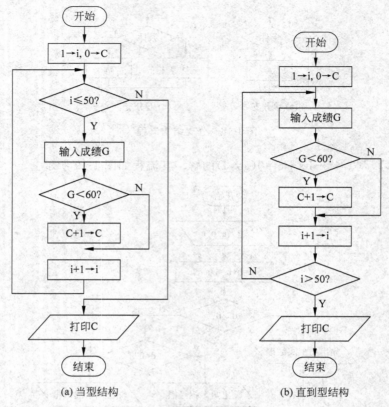

图 1-21　统计成绩不及格人数流程

形描述工具,称为盒图,也称为 N-S 图。这种流程图,去掉流程线,全部算法都写在一个大矩形框内。N-S 图能清楚地显示出程序的结构,特别适合结构化程序设计。

N-S 图用 3 种基本元素来表示 3 种基本结构。

(1) 顺序结构

语句块 A、语句块 B、语句块 C 依次执行,如图 1-22 所示。

(2) 选择(分支)结构

单分支:如果条件为真,执行语句块 A,如果条件为假时不需执行任何语句,则对应的执行语句框留空,如图 1-23(a)所示。

图 1-22　顺序结构 N-S 图

双分支:条件为真时执行语句块 A,条件为假时执行语句块 B,如图 1-23(b)所示。

散转(Switch)结构是选择(分支)结构的一个特例,也称为多分支结构,根据表达式的值执行对应的语句 Pi,如图 1-23(c)所示。

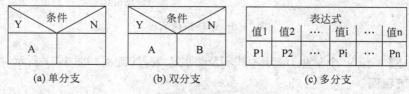

图 1-23　分支结构 N-S 图

（3）循环结构

循环结构的两种常见形态如下。

当型结构：当条件为真时反复执行语句块 A，直到条件为假为止，如图 1-24（a）所示。

直到型结构：反复执行语句块 A，直到条件不成立为止，如图 1-24（b）所示。

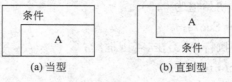

(a) 当型　　　　　　　　(b) 直到型

图 1-24　循环结构 N-S 图

【案例 1-6】　输入 50 个人的成绩，输出最高分，用 N-S 图表示。

算法分析如下：

（1）设置计数器 i，当输入一个人的成绩时，计数器加 1，直到输入完所有学生的成绩为止。

（2）设置"容器"Max 用于存放最大数，每输入一个数 X，就与 Max 比较，若 Max 小于 X，则将 X 存放到 Max 中。

（3）先输入一个数，将其置于 Max 中。也可以将 Max 的初始值设置为一个系统的最小值。

其 N-S 图如图 1-25 所示。

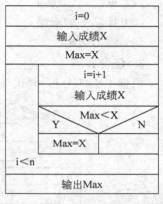

图 1-25　求成绩最高分 N-S 图

4. 伪代码

用自然语言描述算法虽然通俗易懂，但难以描述复杂的问题。用流程图画起来也比较费事。为了设计方便，常用一种称为伪代码的工具。伪代码结合自然语言和计算机语言之间的文字和符号来描述算法。它是半程式化、不标准的语言，可以用英文、汉字、中英文混合表示算法，无固定、严格的语法规则，以便于书写和阅读为原则，所以比程序设计语言更容易描述和理解，又比自然语言更接近程序设计语言。如：

```
IF 9 点以前 THEN
   do 私人事务;
ELSE  IF  9 点到 17 点 THEN
        工作;
      ELSE
         下班;
      END IF
END IF
```

用自然语言、传统流程图、N-S 流程图和伪代码描述的算法不能被计算机识别，但很容易转化为计算机程序，只要选择一种计算机语言，按照其语法规则，就可以编写出让计算机执行的计算机程序。

1.2.3　任务分析与实施

1. 任务分析

本次任务是统计分析某个班级某门课程考试的平均成绩。首先，设置一个计数器和累加器,当输入一个学生成绩时,计数器加 1,累加器中累加输入的成绩,直到将所有成绩输入结束为止。如何判断输入数据结束呢? 设置一个结束条件,当输入的成绩为负时,表示输入成绩结束,然后计算平均分。平均分为累加器的值除以计数器中的值。用自然语言描述如下:

(1) 设置计数器 Counter,初始值为 0;

(2) 设置累加器 Sum,初始值为 0;

(3) 输入学生考试成绩 Score;

(4) 如果 Score<0,则执行第(8)步,否则继续;

(5) 计数器加 1,即 Counter+1;

(6) 累加器累加,即 Sum=Sum+Score;

(7) 重复第(3)步;

(8) 计算平均成绩;

(9) 输出结果。

2. 任务实施

根据上面的分析,画出流程图和 N-S 图,如图 1-26 所示。

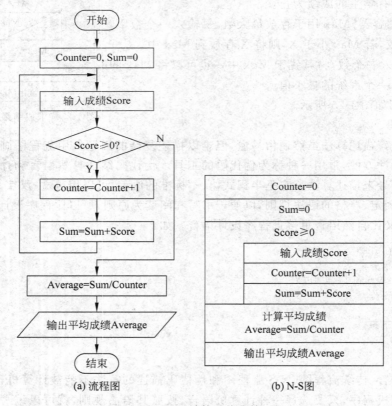

(a) 流程图　　　　(b) N-S图

图 1-26　计算平均成绩

 **拓展训练**

用流程图和 N-S 图表示 $n!$ 的算法。

项 目 实 践

1. 需求描述

分析一个简单的成绩管理系统。

2. 分析与设计

要完成这个任务,将其分为 3 个模块:输入学生成绩,处理学生成绩,输出成绩表和统计结果。

(1)输入学生成绩模块:依次将学生成绩输入存放到数据集合中,在输入成绩的同时用一个计数器来计数,直到输入完 n 个学生的成绩为止。

(2)统计并分析学生成绩模块:依次从集合中取出数据元素,根据成绩判断其等级并分段计数。

(3)输出成绩表及统计结果:依次将集合中的元素取出并按指定的格式输出显示,输出成绩的统计结果。

3. 实施方案

根据上面的分析,画出 N-S 图,如图 1-27 所示。

输入学生成绩
统计并分析学生成绩
输出成绩表及统计结果

(a) 总控模块

计数器的初始值设置为1
输入学生成绩X
将X存放到集合中
计数器+1
当计数器的值小于n

(b) 输入学生成绩模块流程图

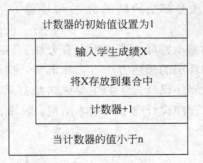

(c) 统计并分析成绩模块流程图

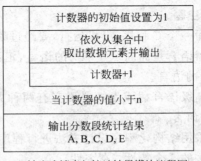

(d) 输出成绩表与统计结果模块流程图

图 1-27 成绩管理系统 N-S 图

小　　结

相关知识重点：

（1）C语言的结构与特征。

（2）算法的基本概念与表示方法。

（3）Visual C++ 6.0集成开发环境。

相关知识点提示：

（1）C语言程序由函数组成，函数是C语言的基本组成部分，一个源程序有且仅有一个main()函数，它是程序执行的入口。

（2）C语言中，每个基本语句和数据定义都以一个分号";"结束，书写格式自由，一行可写多个语句，一个语句也可分别写在几行上。可以用"//"或"/ ＊ ＊/"编写程序注释，以方便程序的阅读、交流。

（3）C语言程序是编译型程序，源程序必须经过编译、连接生成可执行文件后才能运行，在编译的过程中可以检查语法错误，但不能检查逻辑错误。通过运行可执行程序即可以看到运行的结果。

（4）算法是解决问题的方法和步骤，它是程序设计的灵魂。数据结构则是加工的对象。

算法的基本特征主要表现在有穷性、确定性、有输入输出、有效性。

常用的算法的描述方法有自然语言、流程图、N-S图、伪代码和程序设计语言。

结构化程序设计方法的主要原则是自顶向下、逐步求精、模块化和限制使用GOTO语句。结构化程序设计有3种基本结构：顺序、分支、循环。

习　　题

一、填空题

1. 编写一个C程序，上机运行，要经过哪几个步骤？ ＿＿＿＿＿＿＿＿＿＿＿＿＿＿

2. 机器语言是面向＿＿＿＿＿＿＿的语言，汇编语言是面向＿＿＿＿＿＿＿的语言，高级语言是面向＿＿＿＿＿＿＿的语言。

3. 将高级语言翻译为机器语言有两种方式，分别是＿＿＿＿＿＿＿和＿＿＿＿＿＿＿，C语言属于＿＿＿＿＿＿＿的语言。

4. 在采用结构化程序设计方法进行程序设计时，＿＿＿＿＿＿＿是程序的灵魂。

5. 算法的5个特性：有穷性、＿＿＿＿＿＿＿、＿＿＿＿＿＿＿、＿＿＿＿＿＿＿和有效性。

6. 程序的3种基本结构是＿＿＿＿＿＿＿结构、＿＿＿＿＿＿＿结构和＿＿＿＿＿＿＿结构。

二、选择题

1. 以下不是C语言特点的是（　　　　）。

    A．C语言简洁、紧凑，使用方便、灵活

B. C 语言允许直接访问物理地址,能进行位操作,能实现汇编语言的大部分功能,
可以直接对硬件进行操作

C. C 语言具有结构化的控制语句

D. C 语言中没有运算符

2. 能将高级语言编写的源程序转换成目标程序的是( )。(2002 年 9 月)

    A. 编程程序　　　　　　B. 编译程序　　　　　　C. 解释程序　　　　　　D. 连接程序

3. 以下叙述中正确的是( )。(2003 年 4 月)

A. C 语言比其他语言高级

B. C 语言可以不用编译就能被计算机识别并执行

C. C 语言以接近英语国家的自然语言和数学语言作为语言的表达形式

D. C 语言出现得最晚,具有其他语言的一切优点

4. 以下叙述中正确的是( )。(2004 年 4 月)

A. C 语言的源程序不必通过编译就可以直接运行

B. C 语言中的每条可执行语句最终都将被转换成二进制的机器指令

C. C 源程序经编译形成的二进制代码可以直接运行

D. C 语言中的函数不可以单独进行编译

5. 用 C 语言编写的代码程序( )。

    A. 可立即执行　　　　　　　　　　　　B. 是一个源程序

    C. 经过编译即可执行　　　　　　　　　D. 经过编译、解释才能执行

6. 一个算法应该具有"确定性"等 5 个特性,下面对另外 4 个特性的描述中错误的是( )。

    A. 有零个或多个输入　　　　　　　　　B. 有零个或多个输出

    C. 有穷性　　　　　　　　　　　　　　D. 可行性

三、编程题

1. 用 N-S 流程图表示算法,实现当输入分数超过或等于 60 分显示"Success!",否则,
显示"Fail!"的功能。

2. 用 N-S 图表示求 $1+2+3+\cdots+100$ 的算法。

3. 用 N-S 图描述智能洗衣机的洗衣流程。

项目 2　描述学生的特征信息
——基本数据类型及运算

技能目标　掌握简单数据类型的应用与调试程序的基本技巧。

知识目标　现实世界中的实体如何在计算机中表示,其数据在内存中是如何存储及处理的,如何用 C 语言来描述某一个对象,这是本项目要解决的问题。C 语言使用了丰富的数据类型和运算符,由运算符和操作数组成的表达式可以表达为人们所要解决的问题运算。本项目涉及如下的知识点。

- 常量与变量;
- C 语言的基本数据类型;
- 宏与预定义;
- 顺序程序设计。

完成该项目后,达到如下的目标。

- 了解数据的基本类型以及常量的表示方法;
- 掌握变量的定义及初始化方法;
- 掌握运算符和表达式的概念;
- 理解数据类型的转换。

关键词　标识符(identifier)、变量(variable)、常量(constant)、表达式(expression)、单目运算符(unary operator)、双目(binocular)、地址(address)、类型转换(type conversion)、算术运算(arithmetic operation)、赋值运算(assignment operation)、逗号运算(comma operation)、优先级(priority)

要描述现实世界中的实体,必须先抽象出其实体对象的特征,各个特征属性在计算机中如何表达。本项目要求实现学生基本信息在计算机中表示。要完成本项目,主要注意下面的问题:①学生成绩信息的构成;②成绩信息各个数据项的数据类型。

任务 2.1　理解 C 语言的结构
——C 语言的结构特征

问题的提出

各种语言有自己的语法结构,正确理解 C 语言的结构特征,对于正确理解 C 语言、正确书写 C 语言程序都很重要。本次任务将通过一个完整的 C 语言程序来理解 C 语言的基本结构。

 **相关知识**

2.1.1　C 语言的结构

1. C 语言程序的结构

一个 C 语言程序主要包括如下的内容。

```
编译预处理命令                //包括文件包含(#include)、宏定义(#define),以及条件编译
                              (#ifdef … #else…#endif)
类型、函数声明部分            //包括自定义变量类型、用户自定义函数
void main()                  //主函数的定义
{
  声明部分                   //包括变量的声明和函数的声明
  执行部分                   //可执行的 C 语句和函数
}
函数的定义                   //定义调用函数的具体内容
{
  声明部分                   //包括变量的声明和函数的声明
  执行部分
}
```

C 语言的结构特征如下：

(1) 一个 C 语言源程序可以由一个或多个源文件组成。

(2) 每个源文件可由一个或多个函数组成。

(3) 一个源程序不论由多少个文件组成，都有一个且只能有一个 main()函数，即主函数。

(4) 源程序中可以有预处理命令(include 命令仅为其中的一种)，预处理命令通常应放在源文件或源程序的最前面。

(5) 每一个说明、每一个语句都必须以分号结尾。但预处理命令、函数头和花括号"}"之后不能加分号。

(6) 标识符、关键字之间必须至少加一个空格以示间隔。若已有明显的间隔符，也可不再加空格来间隔。

2. 书写程序时应遵循的规则

从书写清晰，便于阅读、理解、维护的角度出发，在书写程序时应遵循以下规则。

(1) 一个说明或一个语句占一行。

(2) 用{}括起来的部分,通常表示程序的某一层次结构。{}一般与该结构语句的第一个字母对齐,并单独占一行。

(3) 低一层次的语句或说明可比高一层次的语句或说明缩进若干格后书写,以便看起来更加清晰,增加程序的可读性。

在编程时应力求遵循这些规则，以养成良好的编程风格。

2.1.2　C 语言的字符集与词汇

1. C 语言的字符集

字符是组成语言的最基本的元素。C 语言字符集由字母、数字、空格、标点和特殊字符

29

组成。在字符常量、字符串常量和注释中还可以使用汉字或其他可表示的图形符号。

（1）字母

小写字母 a～z 共 26 个；大写字母 A～Z 共 26 个。

（2）数字

0～9 共 10 个。

（3）空白符

空格符、制表符、换行符等统称为空白符。空白符只在字符常量和字符串常量中起作用。在其他地方出现时，只起间隔作用，编译程序对它们忽略不计。因此在程序中使用空白符与否，对程序的编译不发生影响，但在程序中适当的地方使用空白符将增加程序的清晰性和可读性。

（4）标点和特殊字符

2. C 语言词汇

在 C 语言中使用的词汇分为 6 类：标识符、关键字、运算符、分隔符、常量和注释符。

（1）标识符

在程序中使用的变量名、函数名、标号等统称为标识符。除库函数的函数名由系统定义外，其余都由用户自定义。C 规定，标识符只能是字母（A～Z，a～z）、数字（0～9）、下画线（_）组成的字符串，并且其第一个字符必须是字母或下画线。

🔔 注意：

① 标准 C 不限制标识符的长度，但它受各种版本的 C 语言编译系统限制，同时也受到具体机器的限制。例如在某版本 C 中规定标识符前 8 位有效，当两个标识符前 8 位相同时，则被认为是同一个标识符。

② 在标识符中，大小写是有区别的，例如 BOOK 和 book 是两个不同的标识符。

③ 标识符虽然可由程序员随意定义，但标识符是用于标识某个量的符号。因此，命名应尽量有相应的意义，以便于阅读理解。

（2）关键字

关键字是由 C 语言规定的具有特定意义的字符串，通常也称为保留字。用户定义的标识符不应与关键字相同。C 语言的关键字分为以下几类。

① 类型说明符：用于定义、说明变量、函数或其他数据结构的类型。

② 语句定义符：用于表示一个语句的功能。

③ 预处理命令字：用于表示一个预处理命令。

（3）运算符

C 语言中含有相当丰富的运算符。运算符与变量、函数一起组成表达式，表示各种运算功能。运算符由一个或多个字符组成。

（4）分隔符

在 C 语言中采用的分隔符有逗号和空格两种。逗号主要用在类型说明和函数参数表中，分隔各个变量。空格多用于语句各单词之间，作间隔符。在关键字、标识符之间必须要有一个以上的空格符作间隔，否则将会出现语法错误。

（5）常量

C 语言中使用的常量可分为数字常量、字符常量、字符串常量、符号常量、转义字符等多种。

（6）注释符

C 语言的注释符是以"/ * "开头并以" * /"结尾的串。在"/ * "和" * /"之间的即为注释。程序编译时,不对注释做任何处理。注释可出现在程序中的任何位置。注释用来向用户提示或解释程序的意义。在调试程序中对暂不使用的语句也可用注释符括起来,使编译跳过不做处理,待调试结束后再去掉注释符。

2.1.3　任务分析与实施

1. 任务分析

本次任务是分析下面 C 语言程序的结构。该程序求给定圆半径的圆的面积。程序流程如下:

（1）输入圆的半径。

（2）计算圆的面积。

（3）输出圆的面积。

2. 任务实施

编写如下的程序并分析。

```
# include < iostream. h >          //定义包含文件
# include < stdio. h >
# define PI 3.1415                 //宏定义
typedef int UserType;             //用户自定义的数据类型
UserType Area(UserType radius);   //声明用户自定义函数
void main()                        //主函数
{   UserType S,R;                 //定义变量
    printf("输入圆的半径");
    cin >> R;
    S = Area(R);                  //函数调用
    cout <<"圆的面积为"<< S << endl;
}
//功能: 求圆的面积
//参数: radius,圆的半径
//返回值: 半径为 radius 的圆的面积
UserType Area(UserType radius)    //定义 Area()函数
{ return PI * radius * radius;
}
```

程序结构分析:该程序表达了 C 语言程序的基本结构,主要体现在如下几个方面。

（1）包含文件 include:其意义是将尖括号<>或引号""内指定的文件包含到本程序中,成为本程序的一部分。通常由系统提供,也可以用户自定义,其扩展名为. h,因此称为头文件或首部文件。包含文件包括了各种标准的库函数的函数原型,如果要使用这些函数必须有包含文件。包含文件必须存储在系统的指定位置。

（2）宏定义:如果程序中有多个地方要用到同一个值、代码块,就可以定义成一个宏,如果这些值或代码块要改动,只需改下宏定义就行了。这里将圆周率 PI 定义为 3.1415,系

31

统在编译时将自动进行宏替换,将程序中的 PI 替换为 3.1415。

(3) 自定义类型:C 语言提供了一些基本的数据类型,但要描述现实世界中的实体结构,其基本的数据类型不能表达,这时可以利用现有的数据类型定义用户自定义类型。如这里的圆的半径的类型,可以将其定义为整型,也可以定义为浮点类型,这时只需修改自定义类型就可以了。

(4) 声明用户定义函数:系统提供了库函数,要解决复杂的问题,用户可以自定义函数。C 语言程序是由函数构成的。如果函数在使用前没有定义,必须事先声明,不然编译时将出错。

(5) 主函数:在一个 C 语言的工程(项目)中必须有一个且只能有一个 main() 函数,它是程序执行的入口点。

(6) 定义函数:对函数执行的具体过程的定义。

(7) 函数的调用:可以在一个函数中调用另一个函数,函数调用必须事先定义。

(8) 注释:在程序中必须提供足够量的注释,便于用户的阅读和程序的交流。

程序设计中,并不是上面程序结构的各个部分都有,根据具体情况而定。

 拓展训练

模拟上面的结构,编写程序求长方形的面积。

任务 2.2　理解数据在计算机中的表示与存储 ——C 语言的数据类型

 问题的提出

如何在计算机中表示和存储现实世界中的实体,比如要描述学生的特征属性,包括学号、姓名、年龄、考试成绩等。这里学号、姓名是字符型,年龄和考试成绩是数值型,年龄是整型数,考试成绩是实数,在 C 语言中如何来表达这些不同的数据类型呢? 数据在计算机中如何存储? 这就是本次任务要解决的问题。

 **相关知识**

2.2.1　C 语言的数据类型

C 语言的数据类型是按被说明量的性质、表示形式、占据存储空间的多少、构造特点来划分的。**数据类型可以分为基本数据类型、构造数据类型、指针数据类型、空类型四大类。**

构造数据类型是根据已定义的一个或多个数据类型,用构造的方法来定义的。也就是说,一个构造类型的值可以分解成若干个“成员”或“元素”,每个“成员”都是一个基本数据类型或一个构造类型。构造数据类型包括数组、指针、结构体、共同体等。

基本数据类型最主要的特点是，其值不可以再分解为其他类型。也就是说，基本数据类型是自我说明的，包括字符型、整型、实型、双精度型、枚举类型，见表 2-1。

表 2-1　C 中的基本数据类型

类　型	名　称	占用字节数		取 值 范 围	
		TC	VC	TC	VC
char	字符型	1	1	$-127\sim128$	$-127\sim128$
int	整型	2	4	$-2^{15}\sim2^{15}-1$	$-2^{31}\sim2^{31}-1$
float	实型	4	4	$-2^{38}\sim2^{38}$	$-2^{38}\sim2^{38}$ •
double	双精度	8	8	$-2^{308}\sim2^{308}$	$-2^{308}\sim2^{308}$
void	空	0	0	无值	无值

对于字符型，可分为无符号或有符号类型；对于整型，可分为长整型和短整型、有符号长整型和短整型、无符号长整型和短整型；对于双精度型，有长双精度型和短双精度型。这些都是在类型词前加上以下几个修饰词组合而成的。

```
unsigned              //无符号
long                  //长
short                 //短
```

对于数据类型，按其取值是否可改变又分为常量和变量两种。它们可与数据类型结合起来分类，如整型常量、整型变量、字符型常量、字符型变量等。

1. 常量

在程序执行过程中，其值不发生改变的量称为常量。常量分为以下两种。

（1）直接常量（字面常量）：如 12、12.4、'a' 等。

（2）符号常量：用一个标识符来表示一个常量，称为符号常量。

符号常量在使用之前必须先定义，其一般形式为

♯define 标识符 常量

其中♯define 也是一条预处理命令（预处理命令都以"♯"开头），称为宏定义命令（在后面将进一步介绍），其功能是把该标识符定义为其后的常量值。**一经定义，以后在程序中所有出现该标识符的地方都不能改变其值。**

由于 C 语言中是利用宏替换来表示常量，有时会造成程序的可读性变差，在 C++ 中定义字符常量的方式为

const 类型 常量名 = 值

例如：

const double PI = 3.14

2. 变量

在程序执行过程中，其值可以改变的量称为变量。一个变量应该有一个名字，在内存中占据一定的存储单元。**变量必须先定义后使用**，一般放在函数体的开头部分。变量名和变量值是两个不同的概念，如图 2-1 所示。

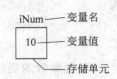

图 2-1　变量、变量值与
存储单元

33

变量的定义格式：

变量类型 变量名列表

说明：

(1) 允许在一个类型说明符后,定义多个相同类型的变量。各变量名之间用逗号间隔。类型说明符与变量名之间至少用一个空格间隔。

(2) 最后一个变量名之后必须以";"号结尾。

(3) 变量定义必须放在变量使用之前。一般放在函数体的开头部分。

例如：int a,b,c;表示定义了 3 个整型变量。

定义了一个变量,表示有 3 个含义。

(1) 计算机将分配相应大小的存储空间。

(2) 允许该变量进行运算。

(3) 数据的取值范围。

【案例 2-1】 符号常量的使用。

```
♯define PRICE  30        //定义一个符号常量 PRICE,其值为 30
void main(){
  int iNum,iTotal;        //定义两个整型变量 iNum,iTotal,表示可以存放整型数
  iNum = 10;
  iTotal = iNum * PRICE;
  printf("total = %d",iTotal);
}
```

🔔 **注意：**

(1) 习惯上符号常量的标识符用大写字母,变量标识符用小写字母,以示区别。

(2) 用标识符代表一个常量,称为符号常量。

(3) 符号常量与变量不同,它的值在其作用域内不能改变,也不能再被赋值。

(4) 使用符号常量的好处是：含义清楚；能做到"一改全改"。

(5) 程序中,常量是可以不经说明而直接引用的,而变量则必须先定义后使用。

2.2.2 整型数据

1. 整型常量

整型常量就是整常数。在 C 语言中,使用的整常数有十进制、十六进制和八进制 3 种。

(1) 十进制整常数：十进制整常数没有前缀,其数码为 0~9。

(2) 八进制整常数：八进制整常数必须以 0 开头,即以 0 作为八进制数的前缀,数码取值为 0~7。八进制数通常是无符号数。

(3) 十六进制整常数：十六进制整常数的前缀为 0X 或 0x,其数码取值为 0~9,A~F 或 a~f。

2. 整型常数的后缀

在 16 位字长的机器上,基本整型的长度也为 16 位,因此表示的数的范围也是有限定的。十进制无符号整常数的范围为 0~65535,有符号数为 −32768~+32767；八进制无符

号数的表示范围为 0~0177777；十六进制无符号数的表示范围为 0X0~0Xffff 或 0x0~0xffff。如果使用的数超过了上述范围,就必须用长整型数来表示。**长整型数是用后缀"L"或"l"来表示的**,举例如下。

十进制长整常数:158L(十进制为 158)、358000L(十进制为 358000)。

八进制长整常数:012L(十进制为 10)、077L(十进制为 63)。

十六进制长整常数:0X15L(十进制为 21)、0XA5L(十进制为 165)。

长整数 158L 和基本整常数 158 在数值上并无区别。但对 158L,因为是长整型量,C 编译系统将为它分配 4 个字节存储空间。而对 158,因为是基本整型,只分配 2 个字节的存储空间。因此在运算和输出格式上要予以注意,避免出错。

无符号数也可用后缀表示,**整型常数的无符号数的后缀为"U"或"u"**。例如,358u、0x38Au、235Lu 均为无符号数。

💬 **注意:**

(1) 前缀、后缀可同时使用以表示各种类型的数。如 0XA5Lu 表示十六进制无符号长整数 A5,其十进制为 165。

(2) 在程序中是根据前缀来区分各种进制数的,因此在书写常数时不要把前缀弄错,以免造成结果不正确。

【**案例 2-2**】 判断下面整型数表示是否合法。

(1) 以下各数哪些是合法的十进制整常数?( )

   A. 65535   B. 023   C. 23D   D. 65536

解答:合法的十进制整常数是 A;B 不能有前导 0;C 含有非十进制数码;D 超界.

(2) 以下各数哪些是合法的八进制数?( )

   A. 0177777   B. 256   C. 03A2   D. —0127

解答:A 是合法的,十进制为 65535;B 无前缀 0;C 包含了非八进制数码;D 出现了负号。

(3) 以下各数哪些是合法的十六进制整常数?( )

   A. 0X2A   B. 5A   C. 0X3H   D. A5

解答:A 合法,十进制为 42;B 无前缀 0X;C 含有非十六进制数码;D 无前缀 0X。

3. 在内存中的存放形式

数据在内存中都是以二进制形式存放的。实际上,数值是以补码表示,以最左边一位(最高位)作为符号位:0 表示数值为正数,1 表示数值为负数。如一个整数 127 和—3,它们在内存中分别占两个字节的存储单元,在内存中的存放形式如图 2-2 所示。

图 2-2 整型量在内存中的存放形式

4. 整型变量

(1) 整型变量的分类

编译系统对于不同类型的变量分配不同大小的存储空间,指定不同的取值范围。表 2-2 列出了 Turbo C 中各类整型量所分配的内存字节数及数的表示范围。

表 2-2 整型数的长度与取值范围

类型说明符	数 的 范 围		字节数
int	$-32768 \sim 32767$	即 $-2^{15} \sim (2^{15}-1)$	2
unsigned int	$0 \sim 65535$	即 $0 \sim (2^{16}-1)$	2
short int	$-32768 \sim 32767$	即 $-2^{15} \sim (2^{15}-1)$	2
unsigned short int	$0 \sim 65535$	即 $0 \sim (2^{16}-1)$	2
long int	$-2147483648 \sim 2147483647$	即 $-2^{31} \sim (2^{31}-1)$	4
unsigned long	$0 \sim 4294967295$	即 $0 \sim (2^{32}-1)$	4

（2）整型变量的定义

一般形式为

类型说明符 变量名标识符 1,[变量名标识符 2,变量名标识符 3,…,变量名标识符 n];

例如：

```
int a,b,c;          //a,b,c 为整型变量
long x,y;           //x,y 为长整型变量
unsigned p,q;       //p,q 为无符号整型变量
```

🔔 **注意**：定义一个整型变量后,其数值在计算机中是以补码表示的。

【案例 2-3】 整型变量的定义与使用。

```
# include < stdio. h>
void main(){
  int iNuma, iNumb, iNumc, iNumd;
  unsigned short int uNum;
  iNuma = 12; iNumb = - 24; uNum = 10;
  iNumc = iNuma + uNum; iNumd = iNumb + uNum;
  printf("iNuma + uNum = % d, iNumb + uNum = % d\n", iNumc, iNumd);
}
```

程序运行结果：

```
iNuma+uNum=22,iNumb+uNum=-14
```

程序说明：这里 uNum 是一个无符号数。如果将 uNum＝－10,其结果会如何？

（3）整型数据的溢出

当整型变量赋予一个超过其取值范围的值时,就会产生溢出。

【案例 2-4】 整型数据的溢出。

```
# include < stdio. h>
void main(){
  short int iNuma, iNumb;
  iNuma = 32767;
  iNumb = iNuma + 1;
  printf(" % d, % d\n", iNuma, iNumb);
}
```

程序运行结果：

```
32767,-32768
```

程序说明：由于 short 的最大值为 32767，当加 1 后，发生了溢出，所以得到 -32768。由于不同的编译系统数据类型的取值范围不同，可能结果不一样。

2.2.3　实型数据

1. 实型常量的表示方法

实型也称为浮点型，实型常量也称为实数或者浮点数。在 C 语言中，实数只采用十进制。它有两种形式：十进制小数形式、指数形式。

(1) 十进制数形式：由数码 0～9 和小数点组成。

🔔 **注意**：必须有小数点。

(2) 指数形式：由十进制数，加阶码标志"e"或"E"以及阶码（只能为整数，可以带符号）组成。

其一般形式为

a E n(a 为十进制数，n 为十进制整数)

其值为 $a*10^n$。

标准 C 允许浮点数使用后缀。**后缀为"f"或"F"即表示该数为浮点数**。如 356f 和 356. 是等价的。

【案例 2-5】 判断下面浮点数是否合法。

A. 3.7E-2　　B. 345　　C. E7　　D. -5　　E. 53.-E3　　　　F. 2.7E

解答：A 合法，等于 $3.7*10^{-2}$；B 无小数点；C 阶码标志 E 之前无数字；D 无阶码标志；E 负号位置不对；F 无阶码。

🔔 **注意**：实型常数不分单、双精度，都按双精度 double 型处理。

2. 在内存中的存放形式

与整型数的存储方式不同，浮点数是按照指数形式存放的，系统将数据分成小数部分和指数部分分别存放，小数部分按规格化的指数形式表示。单精度用 4 个字节存储，双精度用 8 个字节存储，分为阶 e、符号位 s、尾数 m 共 3 个部分。单精度阶占 8 位，尾数占 23 位，符号位 1 位；双精度阶占 11 位，尾数 52 位，符号位 1 位，如图 2-3 所示。

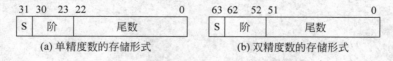

(a) 单精度数的存储形式　　　　(b) 双精度数的存储形式

图 2-3　浮点数在内存中的存放方式

【案例 2-6】 实数 20.59375 在计算机中浮点数表示形式。

首先，分别将整数和小数部分转换成二进制数：$(20.59375)_{10}=(10100.10011)_2$，然后移动小数点，使其在第 1、2 位之间，即 $10100.10011=1.010010011×2^4$。

阶码：e=4，加上偏移量 127，4+127=131，二进制是 10000011。

尾数：将 1.010010011 从第一个 1 数起取 24 位（后面补 0），注意，尾数的第一位总是 1，所以规定不保存这一位的 1，只取后 23 位，于是得到 010,0100,1100,0000,0000,0000。

符号位：由于 20.59375 是正数，符号位为 0。

可得

$s=0$，$e=10000011$，$m=010,0100,1100,0000,0000,0000$

最后，得到 32 位浮点数的二进制存储格式为

$(0\ 100,0001,1\ 010,0100,1100,0000,0000,0000)_2=(41A4C000)_{16}$

【案例 2-7】 实数 −12.5 在计算机中浮点数表示形式。

首先，分别将整数和小数部分转换成二进制数：$(12.5)_{10}=(1100.1)_2$，把小数点移到第一个 1 的后面，需要左移 3 位（1.1001×2^3）。

尾数：只取后 23 位，得 10010000000000000000000。

阶码：$e=3$，加上偏移量 127，$127+3=130$，二进制是 10000010。

符号位：−12.5 是负数，所以符号位是 1。

可得

$s=1$，$e=10000010$，$m=10010000000000000000000$

最后，得到 32 位浮点数的二进制存储格式为

$(1\ 100,000\ 1,0\ 100,1000,0000,0000,0000,0000)_2=(C1480000)_{16}$

3. 实型变量

（1）实型变量的分类

实型变量分为单精度（float 型）、双精度（double 型）和长双精度（long double 型）3 类。表 2-3 提供了实数数据的有效位及取值范围。

表 2-3 实数的有效位及取值范围

类型说明符	比特数（字节数）	有 效 数 字	数 的 范 围
float	32(4)	6～7	$-10^{37}\sim 10^{-38}$
double	64(8)	15～16	$-10^{-307}\sim 10^{-308}$
long double	128(16)	18～19	$-10^{-4931}\sim 10^{-4932}$

实型变量定义的格式和书写规则与整型相同，一般格式为

类型说明符 变量名标识符 1,[变量名标识符 2,变量名标识符 3,…,变量名标识符 n];

例如：

```
float x,y;     //x,y 为单精度实型量
double a,b,c;  //a,b,c 为双精度实型量
```

🔔 **注意**：实型数据在内存中按指数形式存储。

（2）实型数据的舍入误差

由于实型变量是由有限的存储单元组成的，因此能提供的有效数字总是有限的。

【案例 2-8】 实型数据的舍入误差。

```
# include < stdio.h >
```

```
void main(){
  float fa,fb;
  fa = 123456.789e5f;
  fb = fa + 20;
  printf(" % f\n",fa);
  printf(" % f\n",fb);
}
```

程序运行结果:

```
12345678848.000000
12345678848.000000
```

程序说明:语句 fa = 123456.789e5f;其后缀表示为浮点数,由于 fa 是单精度浮点型,有效位数只有 7 位,而整数已占 5 位,故小数点两位后均为无效数字,出现舍入误差。

🔔 注意:1.0/3 * 3 的结果并不等于 1。

【案例 2-9】 浮点数的有效位数。

```
# include < stdio.h >
void main()
{ float fa;
  double db;
  fa = 33333.33333;
  db = 33333.33333333333333;
  printf(" % f\n % f\n",fa,db);
}
```

程序运行结果:

```
33333.332031
33333.333333
```

程序说明:这里,变量 db 是双精度型,有效位为 16 位。在不同的编译系统中,其保留的有效位数不同。

2.2.4 字符型数据

字符型数据包括字符常量和字符变量。

1. 字符常量

字符常量是用单引号括起来的一个字符。在 C 语言中,字符常量有以下特点。

(1) 字符常量只能用单引号括起来,不能用双引号或其他括号。

(2) 字符常量只能是单个字符,不能是字符串。

(3) 字符可以是字符集中的任意字符。但数字被定义为字符型之后就不能参与数值运算。如'5' 和 5 是不同的,'5' 是字符常量,不能参与运算。

2. 转义字符

转义字符是一种特殊的字符常量。转义字符以反斜线"\"开头,后跟一个或几个字符。**转义字符具有特定的含义**,不同于字符原有的意义,故称"转义"字符。例如,在前面各例题 printf 函数的格式串中用到的"\n"就是一个转义字符,其意义是"回车换行"。转义字符主要用来表示那些用一般字符不便于表示的控制代码。常用的转义字符及其含义见表 2-4。

表 2-4　常用的转义字符及其含义

转义字符	转义字符的意义	ASCII 代码
\n	回车换行	10
\t	横向跳到下一制表位置	9
\b	退格	8
\r	回车	13
\f	走纸换页	12
\\	反斜线符"\"	92
\'	单引号符	39
\"	双引号符	34
\a	鸣铃	7
\ddd	1～3 位八进制数所代表的字符	
\xhh	1～2 位十六进制数所代表的字符	

广义地讲，**C 语言字符集中的任何一个字符均可用转义字符来表示**。表中的\ddd 和 \xhh 正是为此而提出的。ddd 和 hh 分别为八进制和十六进制的 ASCII 代码。如\101 表示字母"A"，\102 表示字母"B"，\134 表示反斜线，\XOA 表示换行等。

【案例 2-10】　转义字符的使用。

```
# include < stdio. h >
    void main(){
    printf(" ab c\tde\rf\n");
    printf("hijk\tL\bM\n");
}
```

程序运行结果：

```
f ab c de
hijk    M
```

程序说明：

(1) 程序中第一个 printf()函数，先输出"ab c"，'\t' 表示跳一个制表符（默认 8 个空格字符的位置）后输出 de，'\r' 表示回车，在第一列的位置输出 f，所以最后输出 f ab c de。'\n' 表示回车换行，准备在第二行输出。

(2) 程序中第二个 printf()函数，先输出"hijk"，'\t' 表示横向跳一个制表符后输出 L，'\b' 表示退格，相当于将输出的 L 字符删除，然后输出 M，所以最后输出 hijk M。

3. 在内存中的存放形式

字符型数据在存储时，并不是把该字符本身存放到内存单元中，而是**把该字符的相应 ASCII 码值存放到存储单元中**，其存储形式与整型的存储形式类似，这使得**字符型数据和整型数据之间可以通用**，字符型数据既可以以字符形式输出，也可以以整型数据的方式输出。

字符'c'和字符'C'在内存中的存放形式如图 2-4 所示。

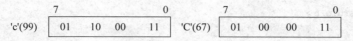

图 2-4　字符型数在内存中的存储方式

4. 字符变量

字符变量用来存储字符常量，即单个字符。字符变量的类型说明符是 **char**，字符变量类型定义的格式和书写规则都与整型变量相同。例如：

```
char a,b;
```

表示定义了两个字符型变量 a、b。

5. 字符数据在内存中的存储形式及使用方法

每个字符变量被分配一个字节的内存空间，因此只能存放一个字符。**字符值是以 ASCII 码的形式存放在变量的内存单元之中的。**

如 x 的十进制 ASCII 码是 120，y 的十进制 ASCII 码是 121。对字符变量 a、b 赋予'x'和'y'值：

```
a = 'x';
b = 'y';
```

实际上是在 a、b 两个单元内存放 120 和 121 的二进制代码。

所以也可以把它们看成是整型量。**C 语言允许对整型变量赋以字符值，也允许对字符变量赋以整型值。在输出时，允许把字符变量按整型量输出，也允许把整型量按字符量输出。**

🔔 **注意**：整型量为二字节量，字符量为单字节量，当整型量按字符型量处理时，只有低 8 位字节参与处理。

【**案例 2-11**】　向字符变量赋以整数。

```c
# include < stdio. h >
void main(){
  char a,b;
  a = 120;
  b = 121;
  printf(" % c, % c\n",a,b);
  printf(" % d, % d\n",a,b);
}
```

程序运行结果：

```
x,y
120,121
```

程序说明：本程序中定义 a、b 为字符型，但在赋值语句中赋以整型值。从结果看，**a、b 值的输出形式取决于 printf**()函数格式串中的格式符，当格式符为"c"时，对应输出的变量值为字符；当格式符为"d"时，对应输出的变量值为整数。

41

【**案例 2-12**】 字符的大小写转换。

```c
# include < stdio. h >
void main(){
  char a,b;
  a = 'a';
  b = 'b';
  a = a - 32;
  b = b - 32;
  printf("%c, %c\n%d, %d\n",a,b,a,b);
}
```

程序运行结果：

```
A,B
65,66
```

程序说明：a、b 被说明为字符变量并赋予字符值，C 语言允许字符变量参与数值运算，即用字符的 ASCII 码参与运算。由于大小写字母的 ASCII 码相差 32，因此运算后把小写字母换成大写字母，然后分别以整型和字符型输出。

6. 字符串常量

字符串常量是由一对双引号括起的字符序列。例如"CHINA"、"C program"、"$12.5" 等都是合法的字符串常量。

字符串常量和字符常量是不同的量。它们之间主要有以下区别。

（1）字符常量由单引号括起来，字符串常量由双引号括起来。

（2）字符常量只能是单个字符，字符串常量则可以含一个或多个字符。

（3）可以把一个字符常量赋予一个字符变量，但不能把一个字符串常量赋予一个字符变量。在 C 语言中没有相应的字符串变量。

（4）字符常量占一个字节的内存空间；字符串常量占的内存字节数等于字符串中字节数加 1，增加的一个字节中存放字符'\0'（ASCII 码为 0），这是字符串结束的标志。字符串在内存中的存储情况如图 2-5 所示。

图 2-5 字符串在内存中的存储情况

2.2.5 变量赋初值

在程序中常需要对变量赋初值，以便使用变量。语言程序中可有多种方法为变量提供初值。

可以在变量定义的同时给变量赋以初值，这种方法称为初始化。在变量定义中赋初值的一般形式为

类型说明符 变量名 = 表达式|常量；

例如：

```c
int   iCount = 0;            //定义一个变量并初始化
```

```
int iNum1 = 1,iNum2 = 2          //一次性定义多个变量并初始化
float fscore = 90.6,x = 3f,y = 0.75;
char cSex = 'M';
```

💬 **注意：**

（1）在定义中不允许连续赋值，如 a＝b＝c＝5 是不合法的。

（2）变量定义后如果没有赋值，其变量的值是一个不确定的值，变量在引用前必须有确定的值。

2.2.6　测试数据长度

C 语言并不规定各种类型的数据占用多大的存储空间，同一类型的数据在不同的计算机上可能占用不同的存储空间。C 语言提供了测试数据长度运算符 sizeof，以测试各种数据类型的长度，一般格式如下：

sizeof(<类型名>)或 sizeof(<表达式>)

其功能是计算某类型的数据占用的内存大小（字节数）。sizeof 是一元运算符，与其他一元运算符具有相同的优先级别，结合性从右至左。

【**案例 2-13**】　用 sizeof 测试 VC++ 6.0 中各种数据类型的长度。

```
# include < stdio.h >
void main(){
  char ch = 'a';
  int x = 5,y = 6;
  float a = 1.2f,b = 3000.0;
  printf("char: % d\n",sizeof(ch));
  printf("short int: % d int: % d long int: % d\n", sizeof(short int), sizeof(int),sizeof(long int));
  printf("double : % d long double % d\n",sizeof(double), sizeof(long double));
  printf("int express: % d\n",sizeof(x + y));
  printf("short express: % d\n",sizeof(a + b));
  printf("char express: % d\n",sizeof('a' - '0'));
}
```

程序运行结果：

```
char:1
short int:2   int:4    long int:4
double :8   long double:8
int express:4
short express:4
char express:4
```

程序说明：如果是计算表达式占用的存储空间，则根据表达式的值的类型来确定其占用的存储空间的大小，而不是由表达式中的某个常量或变量的类型来确定。

2.2.7　各类数值型数据之间的混合运算

变量的数据类型是可以转换的。转换的方法有两种：一种是自动转换；另一种是强制转换。自动转换发生在不同数据类型的量混合运算时，由编译系统自动完成。

1. 自动转换

自动转换也称为隐式转换,其基本原则是**允许数值范围小的类型向数值范围大的类型转换**。转换时遵循以下规则。

(1) 若参与运算量的类型不同,则先转换成同一类型,然后进行运算。

(2) 转换按数据长度增加的方向进行,以保证精度不降低。如 int 型和 long 型运算时,先把 int 量转成 long 型后再进行运算。

(3) 所有的浮点运算都是以双精度进行的,即使仅含 float 单精度量运算的表达式,也要先转换成 double 型,再做运算。

(4) char 型和 short 型参与运算时,必须先转换成 int 型。

(5) 在赋值运算中,赋值号两边量的数据类型不同时,赋值号右边量的类型将转换为左边量的类型。如果右边量的数据类型长度比左边数据类型长度长时,将丢失一部分数据,这样会降低精度,丢失的部分按四舍五入向前舍入。

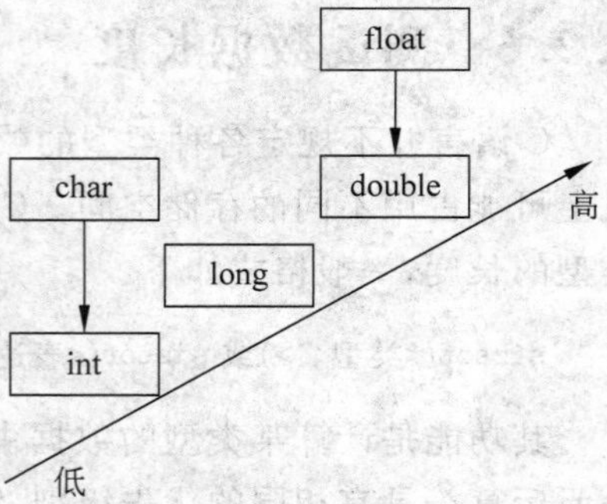

图 2-6 表示了类型自动转换的规则。

图 2-6　类型自动转换的规则

【**案例 2-14**】　编程求圆的面积。

```c
#include <stdio.h>
void main(){
    float PI = 3.14159;
    int iArea,iRadius = 5;
    iArea = iRadius * iRadius * PI;
    printf("Area = %d\n",iArea);
}
```

程序运行结果:

```
s=78
```

程序说明:程序中,PI 为实型,iArea、iRadius 为整型。在执行 iArea = iRadius * iRadius * PI 语句时,iRadius 和 PI 都转换成 double 型计算,结果也为 double 型。但由于 iArea 为整型,故赋值结果仍为整型,舍去了小数部分。

2. 强制类型转换

强制转换也称为显式转换。它是通过类型转换运算来实现的,在**代码中明确指示将某一类型的数据转换为另一数据类型**。

其一般形式为

(类型说明符)(表达式)

其功能是把表达式的运算结果强制转换成类型说明符所表示的类型。

例如:

```c
(float)iNum       //把 iNum 转换为实型
(int)(x+y)        //把 x+y 的结果转换为整型
```

在使用强制转换时应注意以下问题。

（1）类型说明符和表达式都必须加括号（单个变量可以不加括号），如把(int)(x＋y)写成(int)x＋y,则成了把 x 转换成 int 型之后再与 y 相加了。

（2）无论是强制转换或是自动转换，都只是为了本次运算的需要而对变量的数据长度进行临时性转换，而不改变数据说明时对该变量定义的类型。

【案例 2-15】　类型转换。

```c
# include < stdio. h>
void main(){
  float f = 5.75;
  printf("(int)f = % d, f = % f\n",(int)f,f);
}
```

程序运行结果：

`(int)f=5,f=5.750000`

程序说明：f 虽强制转为 int 型，但只在运算中起作用，是临时的，而 f 本身的类型并不改变。因此,(int)f 的值为 5,而 f 的值仍为 5.75。

2.2.8　任务分析与实施

1. 任务分析

为了观察不同变量类型在内存中的存储情况，定义各种不同类型的变量，输出变量的类型、变量的值、变量占用存储空间的大小以及变量在内存中的地址。为了进一步了解集合中同一种类型变量存储的情况，定义一数组，**数组中的元素在内存中是连续分配存储空间的**，这样就能很清楚地观察到变量的存储情况（数组在后面的项目任务中将详细介绍，这里只观察变量在内存中的存储情况）。

2. 任务实施

根据要求，编写如下的程序。

```c
# include < stdio. h>
void main(){
char c[2] = { - 128,127};
short s[2] = { - 32768,32767};
unsigned short int i_var[2] = {0,65535};
long int l[2] = { - 2147483648,2147483647};
    float f[4] = { - 3.4028235e + 38, - 1.1754944e - 38,1.1754944e - 38,3.4028235e + 38};
    double d[4] = { - 1.7976931348623157e + 308, - 2.2250738585072014e - 308,
                2.2250738585072014e - 308,1.7976931348623157e + 308};
    printf("type: \tsize\min\t\tmax\t\t address1\taddress2 \n");
    printf("char: \t% d\t% 8d\t% 8d\t% d\t\t% d\n", sizeof(char), c[0],c[1],&c[0],
        &c[1]);
    printf("short int: \t% d\t% 8d\t% 8d\t% d\t\t% d\n", sizeof(short int),s[0],s[1],
        &s[0],&s[1]);
    printf("unsigned int:\t% d\t% 8d\t% 8d\t% d\t\t% d\n",sizeof(int),i_var[0],i_var[1],
        &i_var[0],&i_var[1]);
```

```
        printf("long int:\t% d\t% d\t% ld\t% ld\t\t% d\n", sizeof(long int),l[0],l[1],
            &l[0],&l[1]);
        printf("float: \t% d\t%.2e\t%.2e\t% d\t\t% d\n", sizeof(float),f[0],f[1],&f[0],
            &f[1]);
        printf("double: \t% d\t%.2e\t%.2e\t% d\t% d\n", sizeof(double),d[0],d[1],
            &d[0],&d[1]);
        printf("ADD + 1\n");
        c[0] -- ;c[1]++;
        s[0] -- ;s[1]++;
        i_var[0] -- ;i_var[1]++;
        l[0] -- ;l[1]++;
        f[0] - = 0.000001e + 38;f[1] += 0.000001e + 38;
        d[0] - = 0.0000000000000001e + 308;
        d[1] += 0.0000000000000001e + 308;
        printf("数据溢出:\n");
        printf("type: \tsize\tmin\t\tmax\t\t address1\taddress2\n");
        printf("char: \t% d\t% 8d\t% 8d\t% d\t\t% d\n", sizeof(char),c[0],c[1],&c[0]
            &c[1] );
        printf("short int: \t% d\t% 8d\t% 8d\t% d\t\t% d\n", sizeof(short int), s[0],s[1],
            &s[0],&s[1]);
        printf("unsigned int:\t% d\t% 8d\t% 8d\t% d\t\t% d\n",sizeof(int),i_var[0],i_var
            [1],&i_var[0],&i_var[1]);
        printf("long int: \t% d\t% d\t% ld\t% ld\t% d\n", sizeof(long int),l[0],l[1],
            &l[0],&li_var[1]);
        printf("float: \t% d\t%.2e\t%.2e\t% d\t\t% d\n",sizeof(float),f[0],f[1],&f[0],
            &f[1]);
        printf("double: \t% d\t%.2e\t%.2e\t% d\t\t% d\n",sizeof(double),d[0],d[1],&d[0],
            &d[1]);
    }
```

程序运行结果：

type:	size	min	max	address1	address2
char:	1	-128	127	1245052	1245053
short int:	2	-32768	32767	1245048	1245050
unsigned int:	4	0	65535	1245044	1245046
long int:	4	-2147483648	2147483647	1245036	1245040
float:	4	-3.40e+038	-1.18e-038	1245020	1245024
double:	8	-1.80e+308	-2.23e-308	1244988	1244996
数据溢出:					
type:	size	min	max	address1	address2
char:	1	127	-128	1245052	1245053
short int:	2	32767	-32768	1245048	1245050
unsigned int:	4	65535	0	1245044	1245046
long int:	4	2147483647	-2147483648	1245036	1245040
float:	4	-1.#Je+000	1.00e+032	1245020	1245024
double:	8	-1.#Je+000	1.00e+292	1244988	1244996

程序说明：

（1）这里定义了不同类型的数组变量，主要是观察同一类型的数组变量元素之间的地址关系。

（2）如字符数组 c 中存放了两个元素，c[0] 为 −128，c[1] 为 127，在 VC++ 6.0 中 char 类型占用 1 个字节的存储单元，c[0] 存放的首地址为 1245052，c[1] 存放的首地址为

1245053,两个元素是连续存放的,所以地址相隔1个字节。其他以此类推。

(3) 在每个数组元素中存放的是该类型的最大值和最小值,对于浮点数来说,其最大值和最小值分为正的最大(小)值和负的最大(小)值,所以,其数据的溢出分为正溢出和负溢出。

对于单精度数 float:

正的最大数 7f7fffff   3.4028235e+38

正的最小数 00800000   1.1754944e−38

负的绝对值最小数 80800000   −1.1754944e−38

负的绝对值最大数 ff7fffff   −3.4028235e+38

对于双精度数 double:

正的最大数 7fefffffffffffff   2.2250738585072014e+308

负的绝对值最小数 0010000000000000   −1.7976931348623157e−308

为了检验其数据类型的取值范围,对各个变量增加或减少相应的数据量,就可以观察到数据是否溢出。

拓展训练

编程查看数据类型转换结果。

任务 2.3 理解 C 语言的算术运算
——运算符与表达式

问题的提出

当定义变量为某一数据类型后,就分配了相应的存储空间,也决定了允许进行的相关运算。如何对变量的值进行加工处理,实际上就是将进行什么样的运算。各种不同的语言有不同的运算符,C 语言提供了丰富的数据类型,并能完成各种复杂的运算。本次任务的内容是正确运用算术运算。

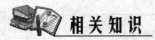
相关知识

运算符是用于特定运算的符号,表达式是由运算符和操作数组成的式子,是计算机进行计算的基本单位。操作数包括常量、变量和函数。

2.3.1 运算符的分类

C 语言提供了大量的运算符,这些运算符用于指定在表达式中执行某种操作。按照运算符要求操作个数的多少,可以将运算符分为 3 类。

（1）单目运算：只有一个操作数的运算符。

（2）双目运算：带有两个操作数的运算符。

（3）三目运算：带有 3 个操作数的运算符。

C 语言的运算符按运算功能可分为以下几类，见表 2-5。

表 2-5　C 语言的运算符

运算符种类	用　　途	运　算　符
算术运算符	用于各类数值运算	加（＋）、减（－）、乘（＊）、除（/）、求余（或称模运算，%）、自增（＋＋）、自减（－－）
关系运算符	用于比较运算	大于（＞）、小于（＜）、等于（＝＝）、大于等于（＞＝）、小于等于（＜＝）和不等于（!＝）
逻辑运算符	用于逻辑运算	与（＆＆）、或（||）、非（!）
位操作运算符	参与运算的量按二进制位进行运算	位与（＆）、位或（|）、位非（～）、位异或（^）、左移（＜＜）、右移（＞＞）
赋值运算符	用于赋值运算	分为简单赋值（＝）、复合算术赋值（＋＝，－＝，＊＝，/＝，%＝）和复合位运算赋值（＆＝，|＝，^＝，＞＞＝，＜＜＝）
条件运算符	这是一个三目运算符，用于条件求值	条件求值（?:）
逗号运算符	用于把若干表达式组合成一个表达式	,
指针运算符	用于取内容和取地址	取内容（＊）、取地址（＆）
求字节数运算符	用于计算数据类型所占的字节数	计算数据类型所占的字节数（sizeof）
强制类型转换	类型转换	（类型）
分量运算符	结果、联合的成员	成员（.）、成员（→）
下标运算符号	数组元素	下标[]
其他	如函数调用	括号()

2.3.2　算术运算符与表达式

1. 基本的算术运算符

算术运算符除负值运算外都是双目运算，具体见表 2-6。

表 2-6　算术运算符

运算符	名　　称	举　　例
－	取负值	－x
＋	加法运算符	x＋y
－	减法运算符	x－y
＊	乘法运算符	x＊y
/	除法运算符	x/y
%	求余运算符（模运算符）	x%y

说明：使用除法运算"/"，若参与运算的变量均为整数时，其结果为整数（舍去小数），如果除数或被除数有一个是负数，其结果值随机器而定。如 $-7/4$，有的为 -1，而有的机器为 -2。

求余运算 % 要求参与运算的量均为整型，求余运算的结果等于两数相除后的余数。一般情况下，所得余数与被除数的符号相同。如 $7\%4=3$，$-7\%4=-3$，$7\%-4=3$。

余数的定义：整除"余"下的"数"，则有余数＝被除数－商×除数。

【案例 2-16】 判断程序的输出结果。

```c
# include < stdio.h >
void main(){
    printf("\n\n%d,%d\n",20/7,-20/7);
    printf("%f,%f\n",20.0/7,-20.0/7);
    printf("%d\n",100%3);
}
```

程序运行结果：

```
2,-2
2.857143,-2.857143
1
```

程序说明：

(1) $20/7$、$-20/7$ 的结果均为整型，小数全部舍去。

(2) $20.0/7$ 和 $-20.0/7$ 由于有实数参与运算，因此结果也为实型。

(3) 输出 100 除以 3 所得的余数 1。

2. 算术表达式和运算符的优先级和结合性

表达式是由常量、变量、函数和运算符组合起来的式子。**一个表达式有一个值及其类型，它们等于计算表达式所得结果的值和类型。表达式求值按运算符的优先级和结合性规定的顺序进行。**单个的常量、变量、函数可以看做是表达式的特例。

算术表达式是由算术运算符和括号连接起来的式子。

(1) 算术表达式：用算术运算符和括号将运算对象（也称操作数）连接起来的、符合 C 语法规则的式子。

(2) 运算符的优先级：指当一个表达式中如果有多个运算符时，计算的先后顺序。这种运算的先后次序称为相应运算符的优先级。C 语言中，运算符的运算优先级共分为 15 级，1 级最高，15 级最低（附录 A）。在表达式中，优先级较高的先于优先级较低的进行运算。

(3) 运算符的结合性：指当一个运算对象两侧的运算符的优先级相同时，进行运算的结合方向。"从左到右"运算的顺序称为左结合，"从右到左"的顺序称为右结合。算术运算的优先级与结合性见表 2-7。

表 2-7 算术运算的优先级与结合性

运算种类	结合性	优先级
＊、/、%	左结合	3 级（高）
＋、－	左结合	4 级（低）

例如,算术运算符的结合性是自左至右,即先左后右。如有表达式 x—y+z,则 y 应先与"—"号结合,执行 x—y 运算,然后再执行+z 的运算。这种自左至右的结合方向就称为"左结合性"。而自右至左的结合方向称为"右结合性"。最典型的右结合性运算符是赋值运算符。如 x=y=z,由于"="的右结合性,应先执行 y=z 再执行 x=(y=z)运算。C 语言运算符中有不少为右结合性,应注意区别,以避免理解错误。

2.3.3 赋值运算符和赋值表达式

1. 赋值运算符

赋值运算符的符号为"=",由赋值运算符组成的表达式称为赋值表达式。一般形式为

变量 = 表达式

其功能是先求出右边表达式的值,然后把此值赋给赋值号左边的变量。**赋值运算符具有右结合性。**

在程序中可以多次给一个变量赋值,每赋一次值,与它相应的存储单元中的数据就被更新一次,内存中当前的数据就是最后一次所赋的那个数据。

2. 赋值表达式

在 C 中,把"="定义为赋值运算符,从而组成赋值表达式。凡是表达式可以出现的地方均可出现赋值表达式。其一般形式为

<变量>=（表达式）

例如,"a=6+4"就是一个赋值表达式。

使用赋值表达式时应注意以下 6 个事项。

（1）赋值运算符的优先级别只高于逗号运算符,比任何其他运算符的优先级都低,且具有自右向左的结合性。

（2）赋值运算符不是数学中的"等于号",而是进行"赋予"的操作。

（3）赋值表达式 x=y 的作用是,将变量 y 所代表的存储单元中的内容赋给变量 x 所代表的存储单元,x 中原有的数据被替换掉。

（4）赋值运算符的左侧只能是变量,不能是常量或表达式。

（5）赋值运算符右边的表达式也可以是一个赋值表达式。

（6）在 C 语言中,"="号被视为一个运算符,x=78 是一个表达式。

3. 赋值语句

在赋值表达式的尾部加上一个";"号,就构成了赋值语句,也称表达式语句。其一般形式为

<变量>=（表达式）;

例如:

a=6+4;

x=8;a=b=c=5;

4．复合的赋值运算符

在赋值符"＝"之前加上其他二目运算符可构成复合赋值符,如＋＝,－＝,＊＝,/＝,％＝,＜＜＝,＞＞＝,＆＝,^＝,|＝。

构成复合赋值表达式的一般形式为

　　变量 双目运算符＝表达式

它等效于

　　变量＝变量 运算符 表达式

例如:

```
a＋＝5        等价于 a＝a＋5
x＊＝y＋7     等价于 x＝x＊(y＋7)
a％＝b        等价于 a＝a％b
```

复合赋值符十分有利于编译处理,能提高编译效率并产生质量较高的目标代码。

5．赋值运算中的类型转换

如果赋值运算符两侧的数据类型不一致,在赋值前,系统将自动先把右侧表达式求得的数值按赋值运算符左边变量的类型进行转换,也可以用强制类型转换的方式人为地进行转换后,将值赋给赋值运算符左边的变量。这种转换仅限于数值数据之间,通常称为"赋值兼容"。具体规定如下:

(1) 实型赋予整型,舍去小数部分。

(2) 整型赋予实型,数值不变,但将以浮点形式存放,即增加小数部分(小数部分的值为 0)。

(3) 字符型赋予整型,由于字符型为一个字节,而整型为两个字节,故将字符的 ASCII 码值放到整型量的低 8 位中,高 8 位为 0。整型赋予字符型,只把低 8 位赋予字符量。

2.3.4　自增、自减运算符

自增、自减运算是单目运算符,都具有右结合性。它仅对一个运算对象施加运算,运算结果仍赋予该运算对象。**参加运算的对象可以是整型变量,也可以是实整型变量,不能是常量或表达式。**

自增 1 运算符记为"＋＋",其功能是使变量的值自增 1。

自减 1 运算符记为"－－",其功能是使变量的值自减 1。

可有以下几种形式。

```
前置运算:
++i      i自增 1 后再参与其他运算.
--i      i自减 1 后再参与其他运算.
后置运算:
i++      i参与运算后,i的值再自增 1.
i--      i参与运算后,i的值再自减 1.
```

🔔 **注意:**

(1) 在实际应用中不要在一个表达式中对同一个变量进行多次诸如 i－－或－－i 等

51

运算。

（2）自增、自减运算可以是前缀形式，也可以是后缀形式。这两种形式对于变量来说，其结果都是增1或减1，但对表达式来说其值是不同的。

【案例 2-17】 阅读程序，观察其输出结果。

```
# include < stdio.h>
void main(){
    int i = 8,j,k;                                  //(1)
    printf("i = % d,",i);                           //(2)
    printf("++ i = % d,",++ i);                     //(3)
    printf(" -- i = % d,", -- i);                   //(4)
    printf("i++ = % d,",i++);                       //(5)
    printf("i-- = % d,",i-- );                      //(6)
    printf("i++ = % d,", - i++);                    //(7)
    printf(" - i-- = % d\n", - i-- );               //(8)
    j = ++ i;                                       //(9)
    printf("i = % d,j = % d\n",i,j);                //(10)
    k = i++;                                        //(11)
    printf("i = % d,k = % d\n",i,k);                //(12)
    printf("i + k = % d,k++ = % d\n",i + k,k++);    //(13)
    printf("i = % d,k = % d\n",i,k);                //(14)
    printf("i + k = % d,++ k = % d\n",i + k,++ k);  //(15)
    printf("i = % d,k = % d\n",i,k);                //(16)
    printf("++ k = % d,i + k = % d\n",++ k,i + k);  //(17)
    printf("i = % d,k = % d\n",i,k);                //(18)
    printf("k++ = % d,i + k = % d\n",k++,i + k);    //(19)
    printf("i = % d,k = % d\n",i,k);                //(20)
}
```

程序运行结果：

```
i=8,++i=9,--i=8,i++=8,i--=9,i++=-8,-i--=-9
i=9,j=9
i=10,k=9
i+k=19,k++=9
i=10,k=10
i+k=21,++k=11
i=10,k=11
++k=12,i+k=21
i=10,k=12
k++=12,i+k=22
i=10,k=13
```

程序说明：

（1）i 的初值为8，第3行 i 加1后输出故为9；第4行减1后输出故为8；第5行输出 i 为8之后再加1（为9）；第6行输出 i 为9之后再减1（为8）；第7行输出－8之后再加1（为9）；第8行输出－9之后再减1（为8）。

（2）程序第9行 j＝＋＋i，先将 i 增1，然后将 i 赋值给 j，所以输出 i＝9，j＝9。

（3）程序第11行 k＝i＋＋，先将 i 赋值给 k，然后 i 增1，所以输出 i＝10，k＝9。

（4）程序第13行 printf()函数其运算的结合性为右结合，所以先输出 k＋＋为9，i＋k＝10＋9＝19，然后 k 增1为10，所以14行输出 i＝10，k＝10。

（5）程序第 15 行，先将 k 增 1，所以输出＋＋k＝11，i＋k＝21；程序 16 行输出 i＝10，k＝11。

根据 printf() 函数运行的结合性，不难分析出程序 17～20 行的输出结果。

【案例 2-18】 观察程序输出结果。

```
#include<stdio.h>
void main(){
    int i=5,j=5,p,q;
    p=(i++)+(i++)+(i++);
    q=(++j)+(++j)+(++j);
    printf("%d,%d,%d,%d\n",p,q,i,j);
}
```

程序运行结果：

```
15,49,8,11
```

程序说明：

（1）这个程序中，对 P＝(i＋＋)＋(i＋＋)＋(i＋＋) 应理解为 3 个 i 相加，故 P 值为 15。然后 i 再自增 1 三次，相当于加 3，故 i 的最后值为 8。

（2）对于 q 的值则不然，不同的编译器其处理的结果不一样。对于 Turbo C，q＝(＋＋j)＋(＋＋j)＋(＋＋j) 应理解为 q 先自增 1，再参与运算，由于 q 自增 1 三次后值为 8，3 个 8 相加的和为 24，j 的最后值仍为 8。对于 Visual C++ 6.0 来说，q＝(＋＋j)＋(＋＋j)＋(＋＋j) 的处理结果为 7＋7＋8＝22。

2.3.5 逗号运算符和逗号表达式

1. 逗号运算符

","是 C 语言提供的一种特殊运算符，称为逗号运算符。逗号运算符的结合性为从左到右。在所有运算符中，逗号运算符的优先级最低。

2. 逗号表达式

用逗号运算符将表达式连接起来的式子称为逗号表达式。其格式为

表达式 1,表达式 2,…,表达式 n

由于逗号运算符的结合性为从左到右，所以逗号表达式将从左到右进行运算。即先计算表达式 1，然后计算表达式 2，依次进行，最后计算表达式 n，最后一个表达式的值就是此逗号表达式的值。

例如，表达式 a＝3＊5,a＊4，先求解 a＝3＊5，得 a 的值为 15，然后求解 a＊4，得 60，所以表达式最后的值为 60。

逗号表达式还要说明以下两点。

（1）逗号表达式一般形式中的表达式 1 和表达式 2 也可以又是逗号表达式。例如：

表达式 1,(表达式 2,表达式 3)

形成了嵌套情形。因此可以把逗号表达式扩展为以下形式：

表达式 1,表达式 2, …,表达式 n

整个逗号表达式的值等于表达式 n 的值。

（2）程序中使用逗号表达式,通常是要分别求逗号表达式内各表达式的值,并不一定要求整个逗号表达式的值。

并不是在所有出现逗号的地方都组成逗号表达式,如在变量说明中的逗号、函数参数表中逗号只是用作各变量之间的间隔符。

2.3.6 任务分析与实施

1. 任务分析

输入一个 3 位数,分别求其百位数、十位数、个位数。

设计一个 3 位数 abc 的百位数为 a,十位数为 b,个位数为 c,则这个数可以表示为 a * 100＋b * 10＋c＝abc,因此 a 的值为 abc 整除 100, bc 为 abc 除以 100 的余数。以此类推,就可以求出 b 和 c。

输入一个整数n
a=n/100
n=n%100
b=n/10
c=n%10
输出a, b, c

2. 任务实施

根据上面的分析,其 N-S 图如图 2-7 所示。

图 2-7 任务 2.3 程序流程

```
# include < stdio. h>
void main(){
    int a,b,c,n;
    printf("输入一个三位数");
    scanf(" % d",&n);            //接受从键盘输入的一个整型数
    a = n/100;
    n = n % 100;
    b = n/10;
    c = n % 10;
    printf("这个数的百位是 % d,十位是: % d,个位是: % d", a, b,c);
}
```

程序说明：程序中,a＝n/100,由于 n 是整数,所以实现了 n 整除 100 的目的。如果表达式为 a＝n/100.0,这就不是整除了。n＝n％100,相当于 n 除以 100 取余数。

 拓展训练

编程：输入两同心圆的半径,求由两同心圆构成的圆环的面积。

项 目 实 践

1. 需求描述

用合适的基本数据类型描述学生成绩信息,其学生的成绩信息包括班级、学号、考试科目编号、考试成绩、学分、课程类型。其中,课程类型包括必修、选修、辅修。

2. 分析与设计

根据学生成绩信息的特征,其数据类型定义如下:

学号(SID): 长整型
课程编号(CID): 长整型
学分(Credit):短整型
考试成绩(Score): 实型
课程类型(Type):字符型,a 必修、b 选修、c 辅修

3. 实施方案

根据上面的分析,编写如下的代码。

```
# include < stdio. h>
# define CLASSES "计算机软件 1001"//将班级设置为一个字符串常量
void main(){
    //定义学生成绩信息的数据类型
    long Sid;
    long Cid;
    short Credit;
    float Score;
    char Type;
    //设置学生成绩信息
    Sid = 981101;
    Cid = 8101;
    Credit = 3;
    Score = 89;
    Type = 'a'
    //输出学生成绩信息
    printf("\n 你输入的学生成绩信息\n");
    printf("班     级: % s\n",CLASSES);
    printf("学     号: % ld\n",Sid);
    printf("课程编号: % ld\n",Cid);
    printf("学     分: % d\n",Credit);
    printf("成     绩: % 6.2f\n",Score);
    printf("课程类型: % c\n",Type);
}
```

程序说明:

(1) 也可以将设置学生的成绩信息代码段修改为如下代码段,实现从键盘输入学生成绩信息。

```
printf("请输入成绩信息\n");
printf("学     号:");scanf(" % ld",&Sid);
printf("课程编号:");scanf(" % ld",&Cid);
printf("学     分:");scanf(" % d",&Credit);
printf("成     绩:");scanf(" % f",&Score);
printf("课程类型:");getchar();Type = getchar();
```

（2）在输出学生成绩信息的代码中，要注意输出数据的格式，这将在下一项目任务中详细介绍。

（3）也可以通过 VC++ 6.0 来调试该程序，观察其变量的变化，如图 2-8 所示。

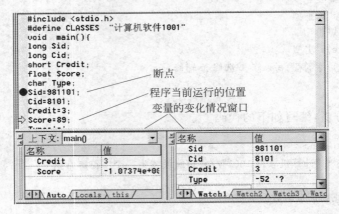

图 2-8   VC++ 6.0 调试程序

小   结

相关知识重点：

（1）数据类型的定义。

（2）表达式与运算符。

（3）运算符的优先级与结合性。

相关知识点提示：

（1）数据类型包括基本数据类型、构造类型、指针类型和空类型；基本数据类型包括整型、浮点型、字符型。

（2）常量包括无名常量、符号常量。常量是在程序执行过程中其值不会发生变化的量。

（3）变量：在程序执行过程中可以改变的量。变量必须先定义，后使用。变量的定义必须遵守变量定义的规则。一旦定义了一个变量，系统就会分配相应的存储空间，没有赋值的变量，其值是一个随机值。

（4）整型数据包括普通整型 int、短整型 short、长整型 long。根据是否存放符号，又分为无符号数（unsigned）和有符号数（signed）。整型常量分为 3 种形式：八进制（前缀 0）、十进制（无前缀）和十六进制（前缀 0x）。

（5）浮点数：包括单精度（float）、双精度（double）、长双精度（long double）。浮点数常量可以用十进制或指数两种形式表示。浮点数常量无后缀，其类型为双精度。加后缀 F 或 f 表示单精度（float），加后缀 L 或 l 表示长双精度。

（6）字符型：字符型在内存中以 ASCII 码存放，字符可以作为整型数据使用，整型数据（0～255）也可以作为字符来使用。字符常量占用一个字节，字符串常量以 '\0' 结束，其占用的字节数为字符的个数加 1。

（7）运算符：运算符从功能上分为算术运算符、赋值运算符、关系运算符、逻辑运算符、位运算符、逗号运算符以及其他特殊的运算符；从需要运算对象的数量上分单目运算符、双目运算符、三目运算符。在应用表达式时要注意运算符的优先级以及结合性。

（8）表达式：表达式是运算符与括号将操作数连接起来所构成的式子。根据表达式进行运算得到的数值即为表达式的值。在 C 语言中，在表达式的后面加一个分号"；"就构成语句。表达式的计算要考虑运算符的优先级以及结合性。

（9）类型转换：不同的数据类型在一起运算要进行类型转换。类型转换的方式分为自动类型转换和强制类型转换。

习　题

一、填空题

1. C 语言程序的基本单位或者模块是_____。

2. 对于数据类型，按其取值是否可改变有_____和_____之分，其中，用一个标识符代表一个常量的，称为_____常量。

3. C 语言的数据类型按其构造特征来分有基本数据类型、_____、_____、_____、_____。

4. C 语言中，字符型数据和_____数据之间可以通用。

5. 字符串"student"长度为_____，占用_____字节的空间。

6. 假设已指定 i 为整型变量，f 为 float 变量，d 为 double 型变量，e 为 long 型变量，有式子 $10+'a'+i*f-d/e$，则结果为_____型。

7. 若有定义：char c＝'\010';，则变量 c 中包含的字符个数为_____。

8. 若有定义：int x＝3,y＝2; float a＝2.5,b＝3.5;，则表达式 $(x+y)\%2+(int)a/(int)b$ 的值为_____。

9. 5/3 的值为_____，5.0/3 的值为_____。

10. 自增运算符＋＋、自减运算符－－只能用于_____，不能用于常量或表达式。

11. ＋＋和－－的结合方向是_____。

12. 若 x 和 n 均是 int 型变量，且 x 和 n 的初值均为 5，则执行表达式 x＋＝n＋＋后 x 的值为_____，n 的值为_____。

13. 若 a、b 和 c 均是 int 型变量，则执行表达式 a＝(b＝4)＋(c＝2)后，a 值为_____，b 值为_____，c 值为_____。

14. 数学式子写成 $(\sin^2 x)\cdot\dfrac{a+b}{a-b}$，C 语言表达式是_____。（1996 年 4 月）

15. 数字符号 0 的 ASCII 码十进制表示为 48，数字符号 9 的 ASCII 码十进制表示为_____。（1997 年 4 月）

二、选择题

1. 以下说法中正确的是（　　）。（1997 年 4 月）

　　A. C 语言程序总是从第一个函数开始执行

    B. 在 C 语言程序中,要调用的函数必须在 main() 函数中定义

    C. C 语言程序总是从 main() 函数开始执行

    D. C 语言程序中的 main() 函数必须放在程序的开始部分

2. 下列叙述中正确的是(　　)。(2001 年 4 月)

    A. C 语言编译时不检查语法

    B. C 语言的子程序有过程和函数两种

    C. C 语言的函数可以嵌套定义

    D. C 语言所有函数都是外部函数

3. 以下叙述中正确的是(　　)。(2003 年 9 月)

    A. C 程序中注释部分可以出现在程序中任意合适的地方

    B. 花括号"{"和"}"只能作为函数体的定界符

    C. 构成 C 程序的基本单位是函数,所有函数名都可以由用户命名

    D. 分号是 C 语句之间的分隔符,不是语句的一部分

4. 在 C 语言中,要求运算数必须是整型的运算符是(　　)。(1996 年 9 月)

    A. ％   B. /   C. ＜   D. !

5. C 语言中最简单的数据类型包括(　　)。(1997 年 4 月)

    A. 整型、实型、逻辑型

    B. 整型、实型、字符型

    C. 整型、字符型、逻辑型

    D. 整型、实型、逻辑型、字符型

6. 下列字符中,ASCII 码值最小的是(　　)。(1997 年 9 月)

    A. A   B. a   C. Z   D. x

7. C 语言提供的合法的数据类型关键字是(　　)。(1997 年 9 月)

    A. double   B. short   C. integer   D. char

8. 合法的 C 语言中,合法的长整型常数是(　　)。(1997 年 9 月)

    A. '\t'   B. "A"   C. 65   D. A

9. 若有说明和语句:

```
int a = 5;
a++;
```

此处表达式 a＋＋的值是(　　)。(1997 年 9 月)

    A. 7   B. 6   C. 5   D. 4

10. 用十进制数表示表达式 12/012 的运算结果是(　　)。(1997 年 9 月)

    A. 1   B. 0   C. 14   D. 12

11. 在 C 语言中提供的合法的关键字是(　　)。(1998 年 4 月)

    A. switch   B. char   C. case   D. default

12. 在 C 语言中,合法的字符常量是(　　)。(1998 年 4 月)

    A. '\084'   B. '\x43'   C. 'ab'   D. "\0"

13. 若 t 为 double 类型,表达式 t＝1,t＋5,t＋＋的值是(　　)。(1998 年 4 月)

    A. 1　　　　　B. 6.0　　　　　C. 2.0　　　　　D.1.0

14. 下列不正确的转义字符是(　　)。(1998 年 9 月)

    A. '\\'　　　　B. '\"'　　　　C. '074'　　　　D. '\0'

15. 若有以下定义:

```
char a; int b;
float c; double d;
```

    则表达式 a * b＋d－c 值的类型为(　　)。(1998 年 9 月)

    A. float　　　　B. int　　　　　C. char　　　　D. double

16. 设有如下的变量定义:

```
int i = 8, a, b;
unsigned long w = 5;
double x = 1.42, y = 5.2;
```

    则以下符合 C 语言语法的表达式是(　　)。(1999 年 4 月)

    A. a＋＝a－＝(b＝4)*(a＝3)　　B. x%(－3)

    C. a＝a * 3＝2　　　　　　　　　D. y＝float(i)

17. 假定有以下变量定义:

```
int  k = 7, x = 12;
```

    则能使值为 3 的表达式是(　　)。(1999 年 4 月)

    A. x%＝(k%＝5)　　　　　　　B. x%＝(k－k%5)

    C. x%＝k－k%5　　　　　　　　D. (x%＝k)－(k%＝5)

18. 以下选项中属于 C 语言的数据类型是(　　)。(1999 年 9 月)

    A. 复数型　　　B. 逻辑型　　　C. 双精度型　　D. 集合型

19. 设有 int x＝11;,则表达式(x＋＋ * 1/3)的值是(　　)。(2000 年 4 月)

    A. 3　　　　　B. 4　　　　　　C. 11　　　　　D. 12

20. C 语言中运算对象必须是整型的运算符是(　　)。(2000 年 9 月)

    A. %＝　　　　B. /　　　　　　C. ＝　　　　　D. <＝

21. 英文小写字母 d 的 ASCII 码为 100,英文大写字母 D 的 ASCII 码为(　　)。(2002 年 4 月)

    A. 50　　　　　B. 66　　　　　C. 52　　　　　D. 68

22. 以下选项中合法的用户标识符是(　　)。(2002 年 9 月)

    A. long　　　　B. _2Test　　　C. 3Dmax　　　D. A. dat

23. 以下选项中,与 k＝n＋＋完全等价的表达式是(　　)。(2002 年 9 月)

    A. k＝n,n＝n＋1　　　　　　　B. n＝n＋1,k＝n

    C. k＝＋＋n　　　　　　　　　　D. k＋＝n＋1

24. 下列关于单目运算符＋＋、－－的叙述中正确的是(　　)。(2003 年 4 月)

    A. 它们的运算对象可以是任何变量和常量

    B. 它们的运算对象可以是 char 型变量和 int 型变量,但不能是 float 型变量

C. 它们的运算对象可以是 int 型变量,但不能是 double 型变量和 float 型变量

D. 它们的运算对象可以是 char 型变量、int 型变量和 float 型变量

25. 在 C 语言中,数字 029 是一个(　　　)。

　　A. 八进制数　　　B. 十六进制数　　C. 十进制数　　　D. 非法数

26. 已知字母 A 的 ASCII 码为十进制数 65,且 c2 为字符型,则执行语句 c2＝'A'＋'6'－'3';后,c2 中的值为(　　　)。

　　A. D　　　　　　B. 68　　　　　　C. 不确定的值　　D. C

三、判断题

1. 常量 35456 与常量 23 所占用的存储空间一样大。　　　　　　　　　　　　(　　)

2. －653 是有符号数,653 是无符号数。　　　　　　　　　　　　　　　　　(　　)

3. 许多编译系统将实型常量作为单精度来处理。　　　　　　　　　　　　　(　　)

4. 在 C 语言中,大写字母和小写字母被认为是两个不同的字符。　　　　　(　　)

5. 如果不指定整数为 unsigned 或指定 signed,则存储单元中最高位代表符号(0 为正,1 为负)。　　　　　　　　　　　　　　　　　　　　　　　　　　　　　　　(　　)

四、编程题

1. 输入三角形的 3 条边,求三角形的面积。

2. 阅读程序,写出程序运行结果。

```c
void main()
{
    int i,j,k,n;
    i = 2;
    j = 3;
    k = ++i;
    n = j++;
    printf("%d.%d,%d,%d",i,j,k,n);
}
```

项目 3 系统的菜单程序设计
——顺序程序设计

技能目标 掌握顺序结构程序设计方法。

知识目标 要实现与计算机的"交流",必须知道如何将信息输入到计算机中以及计算机以何种方式输出给用户。在程序设计中,有 3 种程序程序结构,即顺序、分支与循环。其中顺序结构是一种最基本、简单的程序结构。本项目涉及如下的知识点。

- 数据的格式化输入输出;
- 字符数据的输入输出;
- 输入输出流的概念;
- 宏与预定义。

完成该项目后,达到如下的目标。

- 掌握格式化输入函数与格式化输出函数;
- 掌握字符数据的输入输出函数;
- 熟悉输入输出流的应用;
- 理解宏定义、宏替换与文件包含。

关键词 格式符(format symbol)、格式控制符(format control symbol)、转义字符(escape character)、输入函数(input function)、顺序(sequential)、语句(statement)、宏定义(macro definition)、编译预处理(preprocessor)

在应用程序中常提供一个供用户选择的功能菜单,用户根据其功能菜单,选择完成相应的功能。如 ATM 自动取款的菜单,KTV 点歌菜单等。菜单设计是管理信息系统设计的一个重要环节,利用菜单引导用户实现信息系统管理的各项功能。本项目设计学生成绩管理系统的菜单处理程序,菜单设计主要要注意下面的问题:①根据系统功能确定菜单内容;②菜单的样式;③菜单输入有效性效验。

任务 3.1 考试成绩绩点的计算
——数据输入输出

问题的提出

在日常生活中会经常做输入数据的操作,如输入电话号码,上网时要求输入用户名、密码等。允许用户从键盘输入数据使得程序更加灵活,计算机完成某一任务后,必须给用户相应的结果,得到这个结果必须要有输出操作,没有输出操作的程序毫无价值,所以任何一个程序都应有至少一个输出操作。本次任务实现人与计算机的交互,根据输入的学生考试成绩计算学生成绩绩点。

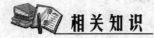 相关知识

所谓输入输出是以计算机为主体而言的。在没有特别声明的情况下,其输出是向标准输出设备——显示器输出数据的语句。

在 C 语言中,所有的数据输入输出都是由库函数完成的,因此都是函数语句。在使用 C 语言库函数时,要用预编译命令 #include 将有关"头文件"包括到源文件中。

使用标准输入输出库函数时要用到"stdio.h"文件,因此源文件开头应有以下预编译命令。

```
#include < stdio.h >
```

或

```
#include "stdio.h"
```

stdio 是 standard input & outupt 的意思。

3.1.1 字符数据的输入输出

1. putchar()函数(字符输出函数)
putchar()函数是字符输出函数,其功能是在显示器上输出单个字符。其一般形式为

```
putchar(字符变量)
```

例如:

```
putchar('A'); (输出大写字母 A)
putchar(x); (输出字符变量 x 的值)
putchar('\101'); (也是输出字符 A)
putchar('\n'); (换行)
```

对控制字符则执行控制功能,不在屏幕上显示。
使用本函数前必须要用文件包含命令。

```
#include < stdio.h >
```

或

```
#include "stdio.h"
```

2. getchar()函数(键盘输入函数)
getchar()函数的功能是从键盘上输入一个字符。
其一般形式为

```
getchar();
```

通常把输入的字符赋予一个字符变量,构成赋值语句,例如:

```
char c;
c = getchar();
```

【案例 3-1】　输入单个字符。

```
# include < stdio. h>
void main(){
  char c;
  printf("input a character\n");
  c = getchar();
  putchar(c);
}
```

这里从键盘上输入一个字符,并将其字符赋值给字符变量 c,然后显示在屏幕上。

使用 getchar()函数还应注意以下几个问题。

(1) getchar()函数只能接受单个字符,输入数字也按字符处理。输入多于一个字符时,只接收第一个字符。

(2) 使用本函数前必须包含文件"stdio. h"。

(3) 程序最后两行可用下面两行的任意一行代替:

```
putchar(getchar());
printf(" % c",getchar());
```

3.1.2　格式输入与输出

1. printf()函数(格式输出函数)

(1) printf()函数调用的一般形式

printf()函数是一个标准库函数,它的函数原型在头文件"stdio. h"中。

printf()函数调用的一般形式为

```
printf("格式控制字符串",输出表列)
```

其功能是按用户指定的格式,把指定的数据显示到显示器屏幕上。其中格式控制字符串用于指定输出格式。格式控制串可由格式字符串和非格式字符串两种组成。格式字符串是以％开头的字符串,在％后面跟有各种格式字符,以说明输出数据的类型、形式、长度、小数位数等。非格式字符串在输出时原样照印,在显示中起提示作用。

输出表列中给出了各个输出项,输出列表用于指定要输出的合法的变量、常量和表达式,各输出项之间用逗号分隔,要求格式字符串和各输出项在数量和类型上应该一一对应。

(2) 格式字符串

格式字符串的一般形式为

```
[标志][输出最小宽度][. 精度][长度]类型
```

其中方括号[]中的项为可选项。

各项的意义介绍如下。

① 类型:类型字符用以表示输出数据的类型,其格式字符和意义见表 3-1。

表 3-1　输出格式字符

格式字符	意　义
D	以十进制形式输出带符号整数(正数不输出符号)
0	以八进制形式输出无符号整数(不输出前缀 0)
x,X	以十六进制形式输出无符号整数(不输出前缀 0x)
U	以十进制形式输出无符号整数
F	以小数形式输出单、双精度实数
e,E	以指数形式输出单、双精度实数
g,G	以%f 或%e 中较短的输出宽度输出单、双精度实数
C	输出单个字符
S	输出字符串

② 标志：标志字符为一、十、♯、空格 4 种,其意义见表 3-2。

表 3-2　输出标志符

标志	意　义
—	结果左对齐,右边填空格
＋	输出符号(正号或负号)
空格	输出值为正时冠以空格,为负时冠以负号
♯	对 c、s、d、u 类无影响;对 o 类,在输出时加前缀 o;对 x 类,在输出时加前缀 0x;对 e、g、f 类,当结果有小数时才给出小数点

③ 输出最小宽度：用十进制整数来表示输出的最少位数。若实际位数多于定义的宽度,则按实际位数输出;若实际位数少于定义的宽度,则补以空格或 0。

④ 精度：精度格式符以“.”开头,后跟十进制整数。本项的意义是：如果输出数字,则表示小数的位数;如果输出的是字符,则表示输出字符的个数;若实际位数大于所定义的精度数,则截去超过的部分。

⑤ 长度：长度格式符为 h、l 两种,h 表示按短整型量输出,l 表示按长整型量输出。

【案例 3-2】 数据的输出格式。

```c
# include < stdio. h >
void main()                                              //1
{                                                        //2
int a = 15;                                              //3
float b = 123.1234567;                                   //4
double c = 12345678.1234567;                             //5
char d = 'p';                                            //6
printf("a = % d, % 5d, % o, % x\n",a,a,a,a);             //7
printf("b = % f, % lf, % 5.4lf, % e\n",b,b,b,b);         //8
printf("c = % lf, % f, % 8.4lf\n",c,c,c);                //9
printf("d = % c, % 8c\n",d,d);                           //10
}
```

程序运行结果：

```
a=15,    15,17,f
b=123.123459,123.123459,123.1235,1.231235e+002
c=12345678.123457,12345678.123457,12345678.1235
d=p,         p
```

程序说明：

（1）第 7 行中以 4 种格式输出整型变量 a 的值，其中"%5d"要求输出宽度为 5，而 a 值为 15，只有两位，故补 3 个空格。

（2）第 8 行中以 4 种格式输出实型量 b 的值。其中"%f"和"%lf"格式的输出相同，说明"l"符对"f"类型无影响。"%5.4lf"指定输出宽度为 5，精度为 4，由于实际长度超过 5，故应该按实际位数输出，小数位数超过 4 位部分被截去。

（3）第 9 行输出双精度实数，"%8.4lf"由于指定精度为 4 位，故截去了超过 4 位的部分。

（4）第 10 行输出字符量 d，其中"%8c"指定输出宽度为 8，故在输出字符 p 之前补加7 个空格。

🔔 注意：使用 printf()函数时还要注意一个问题，那就是输出表列中的求值顺序。不同的编译系统不一定相同，可以从左到右，也可从右到左。Turbo C 和 Visual C++ 6.0 是按从右到左进行的。

【案例 3-3】 比较下面两段程序的运行结果。

程序 1：

```
# include < stdio.h >
void main(){
  int i = 8;
  printf("% d\t% d\t% d\t% d\t% d\t% d\n",++i, -- i,i++,i-- , - i++, - i--);
}
```

程序运行结果：

```
8       7       8       8       -8      -8
```

程序 2：

```
# include < stdio.h >
void main(){
 int i = 8;
 printf("% d\t",++ i);
 printf("% d\t", -- i);
 printf("% d\t",i++);
 printf("% d\t",i-- );
 printf("% d\t", - i++);
 printf("% d\t", - i-- );
}
```

程序运行结果：

```
9       8       8       9       -8      -9
```

程序说明：这两个程序的区别是用一个 printf 语句和多个 printf 语句输出，从结果可以看出是不同的。为什么结果会不同呢？就是因为 printf() 函数对输出表中各量求值的顺序是自右至左进行的。在第一例中,先对最后一项"－i－－"求值,结果为－8,然后 i 自减 1后为 7;再对"－i＋＋"项求值得－7,然后 i 自增 1 后为 8;再对"i－－"项求值得 8,然后 i 再自减 1 后为 7;再求"i＋＋"项得 7,然后 i 再自增 1 后为 8;再求"－－i"项,i 先自减 1 后输出,输出值为 7;最后才求输出表列中的第一项"＋＋i",此时 i 自增 1 后输出 8。

但是必须注意,求值顺序虽是自右至左,但是输出顺序还是从左至右。

2. scanf() 函数(格式输入函数)

(1) scanf() 函数的一般形式

scanf() 函数是一个标准库函数,称为格式输入函数,它的函数原型在头文件"stdio. h"中,与 printf() 函数相同,scanf() 函数的一般形式为

scanf("格式控制字符串",地址列表);

其功能是按用户指定的格式从键盘上把数据输入到指定的变量之中。其中,格式控制字符串的作用与 printf() 函数相同,但不能显示非格式字符串,也就是不能显示提示字符串。地址列表中给出各变量的地址。地址是由地址运算符"＆"后跟变量名组成的。

(2) 格式字符串

格式字符串的一般形式为

％[＊][输入数据宽度][长度]类型

其中有方括号[]的项为任选项。各项的意义如下。

① 类型:表示输入数据的类型,其格式符和意义见表 3-3。

表 3-3　输入格式符

格式	字 符 意 义	格式	字 符 意 义
d	输入十进制整数	f 或 e	输入实型数(用小数形式或指数形式)
0	输入八进制整数	c	输入单个字符
x	输入十六进制整数	s	输入字符串
u	输入无符号十进制整数		

② "＊"符:用以表示该输入项读入后不赋予相应的变量,即跳过该输入值。如:scanf("％d ％＊d ％d",＆a,＆b);

当输入为 1 2 3 时,把 1 赋予 a,2 被跳过,3 赋予 b。

③ 宽度:用十进制整数指定输入的宽度(即字符数)。例如:

scanf("％5d",&a);

输入:

12345678

只把 12345 赋予变量 a,其余部分被截去。

又如:

scanf("％4d％4d",&a,&b);

输入：

12345678

将把 1234 赋予 a,而把 5678 赋予 b。

④ 长度：长度格式符为 l 和 h,l 表示输入长整型数据(如%ld) 和双精度浮点数(如% lf),h 表示输入短整型数据。

🔔 **注意：**

(1) scanf()函数中没有精度控制,如 scanf("%5.2f",&a);是非法的,不能企图用此语句输入小数为 2 位的实数。

(2) scanf()函数中要求给出变量地址,如给出变量名则会出错。如 scanf("%d",a);是非法的,应改为 scanf("%d",&a);才是合法的。

(3) 在输入多个数值数据时,若格式控制串中没有非格式字符作输入数据,之间的间隔则可用空格、Tab 或回车。C 编译在碰到空格、Tab、回车或非法数据(如对"%d"输入"12A" 时,A 即为非法数据)时即认为该数据结束。

(4) 在输入字符数据时,若格式控制串中无非格式字符,则认为所有输入的字符均为有效字符。

例如：

scanf("%c%c%c",&a,&b,&c);

输入为 d e f 时,则把'd'赋予 a, ' ' 赋予 b,'e'赋予 c。只有当输入为 def 时,才能把'd'赋予 a,'e'赋予 b,'f'赋予 c。

如果在格式控制中加入空格作为间隔,例如：

scanf ("%c %c %c",&a,&b,&c);

则输入时各数据之间可加空格。

(5) 如果格式控制串中有非格式字符,则输入时也要输入该非格式字符。

例如：

scanf("%d/%d/%d",&y,&m,&d);

其中用非格式符"/"作间隔符,故输入时应为 2010/12/12。又如：

scanf("a=%d,b=%d,c=%d",&a,&b,&c);

则输入应为 a=5,b=6,c=7。

(6) 如输入的数据与输出的类型不一致时,虽然编译能够通过,但结果可能不正确。

【**案例 3-4**】　数据输入格式与变量类型。

```
#include<stdio.h>
void main(){
 float a;
 int b;
 printf("输入数据a,b\n");
 scanf("%f",&a);
 scanf("%f",&b);
```

```
    printf("a = % ld,b = % d\n",a,b);
}
```

程序运行结果：

程序说明：

（1）变量 a 为浮点型，输入的数据格式类型为浮点型，但输出语句的格式串中说明为长整型，因此输出结果和输入数据不符。

（2）变量 b 为整型，输入的数据格式类型为浮点型，由于输入数据类型与变量类型不符，因此输出结果和输入数据不符。

3.1.3　输入输出流

输入输出是一种数据传送操作，可以看做是字符序列在主机和外设之间的流动。**C++ 中将数据从一个对象到另一个数据对象的流动抽象为"流"**。流具有方向性：流既可以表示数据从内存中传送到某个设备，即与输出设备相联系的流称为**输出流**；也可以表示数据从某个设备传送给内存中的变量，即与输入设备相联系的流称为**输入流**。这些流的定义在头文件 iostream.h 中，要使用输入输出流必须使用包含文件。

```
# include < iostream.h > //输入输出流
```

或

```
# include < ostream.h > //输出流
# inlcude < istream.h > //输入流
```

其源程序的扩展名为.cpp。

1. cout 与插入运算符<<

cout 是与标准输出设备相连接的预定义 ostream 类的流对象，称为汇。cout 是 console output 的缩写，意为在控制台（终端显示器）的输出。当程序需要在屏幕上显示输出时，可以使用插入运算符"<<"向 cout 流中插入各种不同类型的数据。插入运算符可以向同一个输出流中插入多个数据项。ostream 类定义了 3 个输出流对象，即 cout、cerr、clog，这里只介绍 cout 的使用。cout 的一般形式如下：

```
cout << 表达式 1 <<表达式 2 <<…<<
```

说明：

（1）cout 流通常是传送到显示器输出。

（2）输出项可以是常量、变量、表达式。用"cout<<"输出基本类型的数据时，可以不必考虑数据是什么类型，系统会判断数据的类型，并根据其类型选择调用与之匹配的操作自动完成输出。

例如：

```
cout <<"Hello! \n";
```

将字符串"hello!"输出到屏幕上并换行。

```
cout <<"a + b = "<< a + b;
```

将字符串"a+b="和表达式 a+b 的计算结果依次输出到屏幕上。

2. cin 与提取运算符>>

cin 是与标准输入设备相连接的预定义 istream 类的流对象,称为源。当程序需要执行键盘输入时,可以使用提取运算符">>"从 cin 输入流中提取不同数据类型的数据。提取运算符可以从同一个输入流中提取多个数据项给其后的多个变量赋值,要求输入流的数据项用空格进行分隔。其一般形式如下:

cin>>变量 1>>变量 2 >>…>>变量 n;

说明:

(1) cin 是预先定义好的标识符,它代表控制台输入,默认情况下,cin 是和键盘绑定的,表示接收从键盘输入的数据。

(2) ">>"表示用户从键盘输入数据到程序中。这就是 C++ 中的输入运算符,通过流提取符">>"从流中提取数据。流提取符">>"从流中提取数据时通常跳过输入流中的空格、Tab 键、换行符等空白字符。

🔔 **注意**:只有在输入完数据后再按 Enter 键,该行数据才被送入键盘缓冲区,形成输入流,提取运算符">>"才能从中提取数据。

例如:

int a,b;
cin>> a >> b;

要求从键盘上输入两个整型数,两数之间以空格分隔。若输入:

5 6 <回车>

这时,变量 a 获得的值为 5,b 获得的值为 6。

3. I/O 流格式控制

当使用 cin 和 cout 进行数据的输入、输出时,无论什么类型的数据,都能够自动按照正确的默认格式处理。如需进行特殊的格式设置,需要用 I/O 流格式控制符对格式进行控制。这些格式控制符可以直接嵌入到输入输出语句中来实现 I/O 流格式控制。控制符的定义在头文件 iomanip.h 中。流常用控制符见表 3-4。

表 3-4　I/O 流常用控制符

控　制　符	描　　述	控　制　符	描　　述
Dec	置基数为 10	Ends	插入空字符
Hex	置基数为 16	setfill('c')	设填充字符为 c
Oct	置基数为 8	setprecision(n)	设显示小数精度为 n 位
Endl	插入换行符,并刷新流	setw(n)	设域宽为 n 个字符

【案例 3-5】 阅读程序,观察其输出结果。

```
# include < iostream. h >
# include < iomanip. h >
void main(){
```

```
for(int n = 0;n < = 5;++n)
    cout << setfill('M') << setw(2 * n + 1)<<"M"<< endl;
}
```

程序运行结果：

程序说明：setfill 设置填充字符，setw 设置输出的宽度，它们只作用在紧接着输入的字符串上。这个宽度是填充后的宽度。所以 cout<<setfill('M')<<setw(2 * n+1)<<"M"<<endl;中 setfill("M")<<setw(2 * n+1)<<"M"这一段是在"M"前面填充 2 * n 个'M'字符。

【案例 3-6】 从键盘输入矩形的长和宽，计算矩形的面积。

```
# include < iostream. h >
void main()
{
    int width,length;            //声明变量
    cout <<"输入长度:";
    cin >> length;               //从键盘输入长度
    cout <<"输入宽度:";
    cin >> width;                //从键盘输入宽度
    cout <<"矩形的面积是:";
    cout << length * width << endl;    //输出面积
}
```

程序运行结果：

```
输入长度:12
输入宽度:34
矩形的面积是:408
```

程序说明：cout 语句提示用户输入数据；cin 语句读取用户输入的数据，并把值存储在变量 length 中。于是，用户输入的数值（就本例中的程序，用户必须输入一个整型数）就被存放在了>>右侧的变量中（本例中就是 length）。在执行完毕 cin 语句后，变量 length 存放的就是矩形的长度（如果用户输入的是非数字，变量 length 的值将会是 0）。提示用户输入宽度和从键盘读取矩形宽度的语句工作原理是一样的。

cout<<endl;等价于 cout<<"\n";，表示回车换行。

也可以将程序修改为如下的形式。

```
# include < iostream. h >
void main(){
    int width,length;                    //声明变量
    cout <<"输入长度、宽度:";
    cin >> length >> width;               //从键盘输入长度、宽度
    cout <<"矩形的面积是:"<< length * width <<"\n";   //输出面积
}
```

程序运行结果：

```
输入长度、宽度:12 34
矩形的面积是:408
```

程序说明：这里输入数据时将空格作为分隔符，分别将 12 赋值给 length，34 赋值给 width。

3.1.4　顺序程序设计

顺序结构程序，简单地说，就是自上而下顺序地执行。其格式为

语句 1；

语句 2；

……

语句 i；

……

语句 n；

程序执行时依次执行语句 1，语句 2，…，最后执行语句 n。顺序结构是最简单的程序结构，构成这类程序的语句通常是除了控制语句之外的简单语句，包括赋值语句、函数调用语句等。

【案例 3-7】　求 3 门课程的平均成绩。

分析：学生 3 门课程的成绩用变量 ScoreA、ScoreB、ScoreC 表示，平均成绩用 Average 表示，其平均成绩为 Average＝(ScoreA＋ScoreB＋ScoreC)/3，其算法流程如图 3-1 所示。根据上面的分析编写如下代码：

定义变量ScoreA、ScoreB、ScoreC、Average
输入成绩给ScoreA、ScoreB、ScoreC
Average=(ScoreA+ScoreB+ScoreC)/3
输出平均成绩Average

图 3-1　案例 3-7 流程

```c
#include <stdio.h>
void main(){
 float ScoreA,ScoreB,ScoreC,Average;
 printf("输入考试成绩 A:");
 scanf("%f",&ScoreA);
 printf("输入考试成绩 B:");
 scanf("%f",&ScoreB);
 printf("输入考试成绩 C:");
 scanf("%f",&ScoreC);
 Average = (ScoreA + ScoreB + ScoreC)/3;
```

```
printf("平均成绩%6.2f\n",Average);
}
```

程序运行结果：

程序说明：

（1）程序中要有必要的提示信息，让程序在运行时，用户知道该干什么，即程序的交互性要好。所以在程序中当要输入成绩数据时，用 printf()函数输出提示信息。

（2）变量的类型要与输入、输出的格式一致。

【案例 3-8】 输入两个数给两个变量，交换两个变量的值并输出。

分析：用两个变量来存放输入的两个值 a、b，交换时使用一个中间变量 temp，执行如下的处理：temp＝a，a＝b，b＝temp，即可实现两个变量值的交换。其算法流程如图 3-2 所示。根据分析编写程序如下：

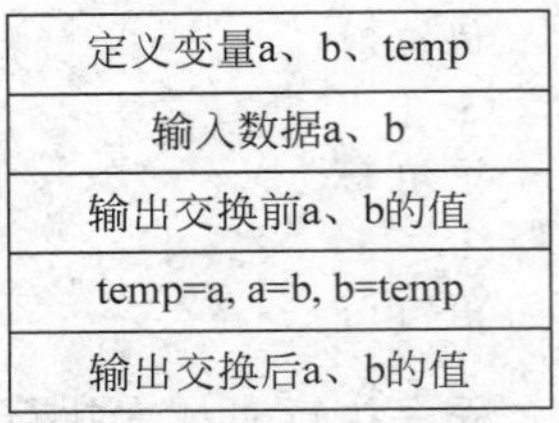

定义变量a、b、temp
输入数据a、b
输出交换前a、b的值
temp=a, a=b, b=temp
输出交换后a、b的值

图 3-2 案例 3-8 流程

```
#include<stdio.h>
void main(){
 int a,b,temp;
 printf("输入数据 a:");
 scanf("%d",&a);
 printf("输入数据 b:");
 scanf("%d",&b);
 printf("交换前的值为 a=%d,b=%d\n",a,b);
 temp=a;a=b;b=temp;
 printf("交换后的值为 a=%d,b=%d\n", a,b);
}
```

程序运行结果：

程序说明：在这里为了实现两个变量值的交换，设置了一个临时变量 temp，这里不能简单地用 a＝b、b＝a 来实现，**注意语句的书写顺序**。如果变量的值是数值型，也可以不设置临时变量，通过运算实现数据的交换，其方法如下：a＝a＋b，b＝a－b，a＝a－b。

3.1.5 任务分析与实施

1. 任务分析

在大学中，平均学分绩点可以作为学生学习能力与质量的综合评价指标之一，各个学校的计算方法有所不同。国内大部分高校通用的计算方法是

课程绩点＝分数/10－5

课程学分绩点＝课程学分×课程权重系数×课程绩点

课程权重系数：数学、物理、外语等校定公共必修课程为 1.2，其他必修课为 1.1，选修课为 1.0。

平均学分绩点（GPA）：

$$GPA = \sum 课程学分绩点 \div \sum 课程学分$$

本次任务输入学生某课程的考试成绩，根据课程的学分和权重求该课程的绩点和学分绩点。

2. 任务实施

```c
#include <stdio.h>
void main(){
    float Score;                                        //课程成绩
    int Credit;                                         //学分
    float coefficient;                                  //课程系数
    float CreditGradepoint,CourseGradepoint;            //学分绩点,课程绩点
    printf("请输入\n");
    printf("考试成绩:");
    scanf("%f",&Score);
    printf("课程学分:");
    scanf("%d",&Credit);
    printf("课程系数:");
    scanf("%f",&coefficient);
    CourseGradepoint = Score/10 - 5;                    //计算课程绩点
    CreditGradepoint = Credit * coefficient * CourseGradepoint;  //计算学分绩点
    printf("课程绩点:%6.2f\n",CourseGradepoint);
    printf("学分绩点:%6.2f\n",CreditGradepoint);
}
```

程序运行结果：

```
请输入
考试成绩:89
课程学分:3
课程系数:1.2
课程绩点:  3.90
学分绩点: 14.04
```

程序说明：

（1）编程时，要根据实际问题确定变量的类型，如这里的学分定义为 int 型。

（2）变量必须先定义后使用。变量在输入输出时根据变量的类型确定其输入输出的格式。

 **拓展训练**

编写一个工资管理程序的菜单程序。

任务 3.2   提高程序的可读性与易修改性
——宏与预定义

 问题的提出

用语言处理系统把源程序转变成为可执行程序的过程称为"源程序的加工"。C 语言程序的加工分为 3 步：预处理、编译和连接。预处理的工作最先做，由 C 语言预处理程序完成。编译预处理是 C 语言的独有特点，它是在程序编译之前，对程序中的某些特殊命令进行处理，这些命令就是预处理命令。C 语言提供了多种预处理功能，如宏定义、文件包含、条件编译等。

合理地使用预处理功能编写程序，可以改善程序的设计环境，提高程序的通用性、可读性和扩展性、可移植性和方便性，也有利于模块化程序设计。如在应用程序的开发中，可以将一些成熟的函数、常见的字符型常量定义为包含文件共享，提高程序设计的效率。

前面已多次使用过以"♯"号开头的就是预处理命令，如包含命令♯include，宏定义命令♯define 等。在源程序中这些命令都放在函数之外，而且一般都放在源文件的前面，它们称为预处理部分。

本次任务就是利用宏定义实现统计报表表头的设计。

 **相关知识**

3.2.1   宏定义

在 C 语言源程序中允许用一个标识符来表示一个字符串，称为"宏"。被定义为"宏"的标识符称为"宏名"。在编译预处理时，对程序中所有出现的"宏名"，都用宏定义中的字符串去代换，这称为"宏代换"或"宏展开"。

宏定义是由源程序中的宏定义命令完成的，宏代换是由预处理程序自动完成的。"宏"分为有参数和无参数两种。

1. 无参宏定义

无参宏的宏名后不带参数。

其定义的一般形式为

♯define 标识符 字符串

其中，"♯"表示这是一条预处理命令。define 为宏定义命令，"标识符"为所定义的宏名，"字符串"可以是常数、表达式、格式串等。

【案例 3-9】 宏定义。

```
♯define M (x * x + 2 * x + 1)
♯include < stdio. h >
void main(){
```

```
    int s,x;
    printf("input a number: ");
    scanf(" % d",&x);
    s = 3 * M;
    printf("s = % d\n",s);
}
```

程序运行结果：

```
input a number:  3
s=48
```

程序说明：程序中首先进行宏定义，定义 M 来替代表达式(x＊x＋2＊x＋1)，在 s＝3＊
M 中做了宏调用。在预处理时经宏展开后该语句变为

$$s = 3 * (x * x + 2 * x + 1);$$

🔔 **注意：**

（1）宏定义是用宏名来表示一个字符串，在宏展开时又以该字符串取代宏名，这只是一
种简单的代换，字符串中可以含任何字符，可以是常数，也可以是表达式，预处理程序对它不
做任何检查。如有错误，只能在编译已被宏展开后的源程序时发现。

（2）宏定义不是说明或语句，在行末不必加分号，如加上分号则连分号也一起置换。

（3）宏定义必须写在函数之外，其作用域为宏定义命令起到源程序结束。如要终止其
作用域，可使用 ♯ undef 命令。

例如：

```
♯ define PI 3.14159
main()
{
    …
}
♯ undef PI
function()
{
    …
}
```

表示 PI 只在 main()函数中有效，在 function()中无效。

（4）若宏定义中只有宏名没有宏体，表示该标识已经被定义，不能作其他用途。例如，
定义了 ♯ define BEGIN 后，BEGIN 就被保护起来，不能将它作为标识符使用。

（5）宏名在源程序中若用引号括起来，则预处理程序不对其做宏代换。

```
♯ define OK 100
void main()
{
    printf("OK");
    printf("\n");
}
```

定义宏名 OK 表示 100,但在 printf 语句中 OK 被引号括起来,因此不作宏代换。程序的运行结果为 OK,表示把"OK"当字符串处理。

(6) 宏定义允许嵌套,在宏定义的字符串中可以使用已经定义的宏名。在宏展开时由预处理程序层层代换。例如:

```
#define PI 3.1415926
#define S PI*y*y  /* PI 是已定义的宏名 */
```

对语句:

```
printf("%f",S);
```

在宏代换后变为

```
printf("%f",3.1415926*y*y);
```

(7) 习惯上宏名用大写字母表示,以便于与变量区别,但也允许用小写字母。

在实际应用中,常利用宏定义来定义常量的值。也可对数据类型、输出格式作宏定义,使书写更加方便。

```
#define int INTEGER
```

在程序中即可用 INTEGER 作整型变量说明:

```
INTEGER a,b;
```

【案例 3-10】 定义输出格式。

```
#define P printf
#define D "%d\n"
#define F "%f\n"
#include <stdio.h>
void main(){
    int a=5, c=8, e=11;
    float b=3.8, d=9.7, f=21.08;
    P(D F,a,b);
    P(D F,c,d);
    P(D F,e,f);
}
```

程序运行结果:

```
5
3.800000
8
9.700000
11
21.080000
```

程序说明:该程序段经过宏替换后相当于如下的程序。

```
#include <stdio.h>
void main(){
    int a=5, c=8, e=11;
    float b=3.8, d=9.7, f=21.08;
    printf("%d\n""%f\n",a,b);
```

```
    printf("%d\n""%f\n",c,d);
    printf("%d\n""%f\n",e,f);
}
```

2. 带参宏定义

C 语言允许宏带有参数,在程序设计中经常把那些反复使用的运算表达式甚至某些操作定义为带参数的宏。在宏定义中的参数称为形式参数,在宏调用中的参数称为实际参数。对带参数的宏,在调用中不仅要宏展开,而且要用实参去代换形参。

带参宏定义的一般形式为

＃define 宏名(形参表) 字符串

其中,在字符串中含有各个形参。

带参宏调用的一般形式为

宏名(实参表);

【**案例 3-11**】　带参数的宏定义。

```
#define MAX(a,b) (a>b)?a:b
#include <stdio.h>
void main(){
    int x,y,max;
    printf("输入两个数:");
    scanf("%d%d",&x,&y);
    max=MAX(x,y);
    printf("两数的最大值=%d\n",max);
}
```

程序运行结果:

```
输入两个数:12,32
两数的最大值=32
```

程序说明:程序的第 1 行进行带参宏定义,用宏名 MAX 表示条件表达式(a>b)? a:b,形参 a、b 均出现在条件表达式中。程序第 7 行 max＝MAX(x,y)为宏调用,实参 x、y 将代换形参 a、b。宏展开后该语句为

max=(x>y)?x:y;

用于计算 x、y 中的大数。

对于带参的宏定义有以下问题需要说明。

(1) 带参宏定义中,宏名和形参表之间不能有空格出现。

例如把

＃define MAX(a,b) (a>b)?a:b

写为

＃define MAX (a,b) (a>b)?a:b

将被认为是无参宏定义,宏名 MAX 代表字符串 (a,b) (a>b)? a:b。宏展开时,宏调用语句

```
max = MAX(x,y);
```

将变为

```
max = (a,b)(a>b)?a:b(x,y);
```

这显然是错误的。

（2）在带参宏定义中，形式参数不分配内存单元，因此不必做类型定义。而宏调用中的实参有具体的值，要用它们去代换形参，只是符号代换，不存在值传递的问题，因此必须做类型说明。

（3）在宏定义中的形参是标识符，而宏调用中的实参可以是表达式。宏代换中对实参表达式不做计算直接地照原样代换。

【案例 3-12】 宏定义的应用。

```
# include < stdio. h >
# define POWER(y) (y) * (y)
void main(){
    int x,p;
    printf("输入一个数 x: ");
    scanf(" % d",&x);
    p = POWER(x + 1);
    printf("Power(x + 1) = % d\n",p);
}
```

程序运行结果：

```
输入一个数 x: 3
Power(x+1)=7
```

程序说明：第 1 行为宏定义，形参为 y。程序第 7 行宏调用中实参为 x+1，是一个表达式，在宏展开时，用 x+1 代换 y，再用(y) * (y) 代换 POWER，得到如下语句：

```
p = (x + 1) * (x + 1);
```

（4）在宏定义中，字符串内的形参通常要用括号括起来以避免出错。在上例中的宏定义中(y) * (y) 表达式的 y 都用括号括起来，因此结果是正确的。如果去掉括号，把程序改为以下形式。

【案例 3-13】 宏定义的应用。

```
# include < stdio. h >
# define POWER(y) y * y
void main(){
    int x,p;
    printf("输入一个数 x: ");
    scanf(" % d",&x);
    p = POWER(x + 1);
    printf("Power(x + 1) = % d\n",p);
}
```

程序运行结果：

```
输入一个数x: 3
Power(x+1)=7
```

同样输入 3,但结果却是不一样的,这是由于代换只作符号代换而不做其他处理而造成的。宏代换后将得到以下语句:

p = x + 1 * x + 1;

由于 x 为 3,故 p 的值为 7,这显然与题意相违,因此参数两边的括号是不能少的。即使在参数两边加括号还是不够的,请看下面的程序。

```
# include < stdio. h>
# define POWER(y) (y) * (y)
void main(){
  int x,p;
  printf("输入一个数 x: ");
  scanf(" % d",&x);
  p = 160/POWER(x + 1);
  printf("160/POWER(x + 1) = % d\n",p);
}
```

程序运行结果:

```
输入一个数x: 3
160/POWER(x+1)=160
```

程序说明:分析宏调用语句,在宏代换之后变为

p = 160/(x + 1) * (x + 1);

x 为 3 时,由于“/”和“*”运算符优先级和结合性相同,则先做 160/(3+1)得 40,再做 40 * (3+1)最后得 160。所以要得到正确答案应在宏定义中的整个字符串外加括号,程序修改如下:

```
# include < stdio. h>
# define POWER(y) ((y) * (y))
void main(){
  int x,p;
  printf("输入一个数 x: ");
  scanf(" % d",&x);
  p = 160/POWER(x + 1);
  printf("160/POWER(x + 1) = % d\n",p);
}
```

以上讨论说明,对于宏定义不仅应在参数两侧加括号,也应在整个字符串外加括号。

(5) 宏定义也可用来定义多个语句,在宏调用时,把这些语句又代换到源程序内。看下面的例子。

```
# define SSSV(s1,s2,s3,v)s1 = l * w;s2 = l * h;s3 = w * h;v = w * l * h;
# include < stdio. h>
void main(){
  int l = 3,w = 4,h = 5,sa,sb,sc,vv;
  SSSV(sa,sb,sc,vv);
  printf("sa = % d\nsb = % d\nsc = % d\nvv = % d\n",sa,sb,sc,vv);
}
```

程序运行结果：

程序说明：程序第 1 行为宏定义，用宏名 SSSV 表示 4 个赋值语句，4 个形参分别为 4 个赋值符左部的变量。在宏调用时，把 4 个语句展开并用实参代替形参，将计算结果送入实参之中。

3.2.2 文件包含

在程序设计中，文件包含是很有用的。一个大的程序可以分为多个模块，由多个程序员分别编程。有些公用的符号常量或宏定义等可单独组成一个文件，在其他文件的开头用包含命令包含该文件即可使用。这样，可避免在每个文件开头都去书写那些公用量，从而节省时间，并减少出错。

文件包含命令行的一般形式为

include"文件名"

文件包含命令的功能是把指定的文件插入该命令行位置取代该命令行，从而把指定的文件和当前的源程序文件连成一个源文件。

其中，被包含的文件可以是系统提供的标题文件，也可以是用户自行编制的程序文件。文件的扩展名为".h"。

对文件包含命令还要说明以下几点。

(1) 包含命令中的文件名可以用双引号括起来，也可以用尖括号括起来。例如以下写法都是允许的：

include"stdio.h"
include < math.h >

使用尖括号表示在**包含文件目录中去查找**（包含目录是由用户在设置环境时设置的），而不在源文件目录去查找；使用双引号则表示**首先在当前的源文件目录中查找**，若未找到才到包含目录中去查找。用户编程时可根据自己文件所在的目录来选择某一种命令形式。

(2) 一个 include 命令只能指定一个被包含文件，若有多个文件要包含，则需用多个 include 命令。

(3) 文件包含允许嵌套，即在一个被包含的文件中又可以包含另一个文件。

3.2.3 条件编译

一般情况下，源程序中所有的行都要参加编译，但有时希望对部分源程序只在满足一定条件时才编译，预处理程序提供了条件编译的功能。可以按不同的条件去编译不同的程序部分，从而产生不同的目标代码文件，这对于程序的移植和调试是很有用的。

条件编译有 3 种形式，下面分别介绍。

1．第一种形式

```
＃ifdef 标识符
    程序段 1
＃else
    程序段 2
＃endif
```

它的功能是，如果标识符已被 ＃define 命令定义过，则对程序段 1 进行编译，否则对程序段 2 进行编译；如果没有程序段 2（即为空），本格式中的 ＃else 可以没有，即可以写为

```
＃ifdef 标识符
    程序段
＃endif
```

【案例 3-14】　条件编译。

```
＃include < stdio. h >
＃define NUM 10
void main(){
    int num = 20;
    ＃ifdef NUM
    printf("Number = % d",NUM + num);
    ＃else
    printf("Number = % d",num);
    ＃endif
}
```

由于在程序中插入了条件编译预处理命令，因此要根据 NUM 是否被定义过来决定编译哪一个 printf 语句。而在程序的第一行已对 NUM 做过宏定义，因此应对第一个 printf 语句作编译，故运行结果是输出为 30。

2．第二种形式

```
＃ifndef 标识符
    程序段 1
＃else
    程序段 2
＃endif
```

与第一种形式的区别是将 ifdef 改为 ifndef。它的功能是，如果标识符未被 ＃define 命令定义过，则对程序段 1 进行编译，否则对程序段 2 进行编译。这与第一种形式的功能正相反。

3．第三种形式

```
＃if 常量表达式
    程序段 1
＃else
    程序段 2
＃endif
```

它的功能是,如常量表达式的值为真(非 0),则对程序段 1 进行编译,否则对程序段 2 进行编译。可以使程序在不同条件下,完成不同的功能。

【案例 3-15】 条件编译求圆面积或求正方形面积。

```
#define R 1
void main(){
    float c,r,s;
    printf ("input a number: ");
    scanf(" % f",&c);
    #if R
      r = 3.14159 * c * c;
      printf("area of round is: % f\n",r);
    #else
      s = c * c;
      printf("area of square is: % f\n",s);
    #endif
}
```

本例中采用了第三种形式的条件编译,在程序第一行宏定义中,定义 R 为 1,因此在条件编译时,常量表达式的值为真,故计算并输出圆面积。

上面介绍的条件编译当然也可以用条件语句来实现,但是用条件语句将会对整个源程序进行编译,生成的目标代码程序很长。而采用条件编译,则根据条件只编译其中的程序段 1 或程序段 2,生成的目标程序较短。如果条件选择的程序段很长,采用条件编译的方法是十分必要的。

3.2.4 任务分析与实施

1. 任务分析

在实际应用中,常要保证程序的可读性与易修改性,利用宏替换能较好地实现这样的要求。编写一个程序,输出一个成绩报表的表格,要求表格具有较好的修改性。只要将表格的表头和输出内容变量定义为宏,在程序中输出表格的地方调用所定义的宏就可以了。

2. 任务实施

根据上面的要求,编写如下的程序段。

```
# include < stdio. h>
# define TRUE 1
# define FALSE 0
# define IS  ==
# define AND &&
# define OR ||
# define NOT !
# define HEADER1 "/ ----------------------- \\\n"
# define HEADER2 "|学号 \t|成绩\ t|\n"
# define HEADER3 "| --------------- + -------- |\n"
# define HEADER4 "\\ --------------- + -------- /\n"
```

```
#define FORMAT "|%8d\t|%8.2f|\n"
#define DATA code,score
void main()
{
  int code = 201001;
  float score = 90;
  int a,b;
  a = TRUE;
  b = FALSE;
  printf(HEADER1);
  printf(HEADER2);
  printf(HEADER3);
  printf(FORMAT,DATA);
  if (a IS TRUE AND b IS TRUE)
  {
    code = 201002;
    score = 78;
    printf(HEADER3);
    printf(FORMAT,DATA);
  }
  printf(HEADER4);
}
```

程序说明：

（1）程序中采用宏替换来设计报表表格的表头，如果其表格的表头发生变化，只需修改其宏定义 HEADER1、HEADER2、HEADER3、HEADER4。同样，如果输出的数据格式和内容发生变化，只需修改宏定义 FORMAT 和 DATA。

（2）在程序中如果对某些程序的风格熟悉，也可以定义自己的习惯风格，如这里将逻辑运算的表达方式定义为自己熟悉的格式。

（3）语句 if (a IS TRUE AND b IS TRUE) 也可以这么修改：if (a NAD b)。将 b＝FALSE 修改为 b＝TRUE，观察程序的运行结果。

 拓展训练

编程打印输出工资条格式的程序段。

项 目 实 践

1. 需求描述

设计一个成绩管理系统的菜单，其主要的功能有成绩录入、成绩修改、成绩统计与排序、成绩查询。

2. 分析与设计

对于菜单的设计，需要考虑的是菜单在显示屏上位置，应该思考如何使菜单界面整齐、功能齐全、使用方便。

3. 实施方案

根据需求和分析,编写如下的代码。

```
#include <stdio.h>
void main(){
    int k;
    printf("**************************\n");
    printf("||        1.成绩录入        ||\n");
    printf("||        2.成绩修改        ||\n");
    printf("||        3.成绩查询        ||\n");
    printf("||        4.成绩统计        ||\n");
    printf("||        5.成绩排序        ||\n");
    printf("||      请选择 1--5        ||\n");
    printf("**************************\n");
    scanf("%d",&k);
    printf("你选择的是%d\n",k);
}
```

程序说明:

(1) 在 C 语言中,主要通过输入输出语句实现计算机与用户的交互。在程序设计中,要考虑用户操作的方便性和灵活性,保证良好的交互性,菜单设计是一种不错的选择。

(2) 得到选择的变量可以用字符型,也可以用整型。若用字符型变量,则输入语句改为 scanf("%c",&k);或 k=getchar();。

小　　结

相关知识重点:

(1) 输入输出函数。

(2) 输入输出流的应用。

(3) 宏定义。

(4) 掌握顺序结构的程序设计,理解一些常见的算法。

相关知识点提示:

(1) 输入输出函数:C 语言没有专门提供输入输出的语句,数据的输入输出是利用 C 标准库中提供的输入输出函数来实现的,包括字符输入输出函数、格式输入输出函数,包含在 stdio.h 中。

① 字符输入输出函数:getchar()和 putchar()函数分别用于接收和显示单个字符。一般格式:

```
putchar(字符变量);
getchar();
```

② 格式输入输出函数:scanf()和 printf()函数可以接收和显示各种数据类型的数据。一般格式:

```
printf("格式控制字符串",输出表列);
scanf("格式控制字符串",地址表列);
```

（2）输入输出流：包括输入流 cin 和输出流 cout。C++中将数据从一个对象到另一个数据对象的流动抽象为"流"。使用输入输出流必须使用包含文件♯include ＜iostream. h＞。一般格式：

```
cout << 表达式 1 <<表达式 2 <<…<<表达式 n
cin <<变量 1 <<变量 2 <<…<<变量 n;
```

（3）宏定义与文件包含：宏定义实际上是用一些较简单的符号来代替一些比较复杂的数据、符号和表达式。"宏"分为有参数和无参数两种。

① 无参宏的宏名后不带参数，其定义的一般形式为

define 标识符 字符串

② 带参宏定义的一般形式为

♯define 宏名(形参表) 字符串

带参宏调用的一般形式为

宏名(实参表);

文件包含是指一个源文件可以将另外一个源文件的全部内容包含进来。其一般格式为

♯ include"文件名"

习 题

一、判断题

1. ♯define PI＝3. 14159;不是 C 语句。 （ ）

2. C 的关键字都是小写的。 （ ）

3. 一个复合语句是作为一个语句处理的且在逻辑上相互关联的一组语句。 （ ）

4. C 语言程序总是从 main()函数第一条可执行语句开始执行,在 main()函数结束。 （ ）

5. C 语言程序的基本单位是语句。 （ ）

二、选择题

1. 下列程序的输出结果是(   )。（2000 年 4 月）

```
void main()
{ double d = 3.2; int x,y;
  x = 1.2; y = (x + 3.8)/5.0;
  printf(" % d \n", d * y);
}
```

   A. 3   B. 3.2   C. 0   D. 3.07

2. 下列程序执行后的输出结果是(   )。（2000 年 4 月）

```
main()
```

```
{ int x = 'f'; printf("%c \n",'A' + (x - 'a' + 1)); }
```

A. G   B. H   C. I   D. J

3. 下列程序的运行结果是( )。(2000 年 4 月)

```
# include < stdio. h>
void main()
{ int a = 2,c = 5;
  printf("a = %d,b = %d\n",a,c); }
```

A. a＝％2,b＝％5   B. a＝2,b＝5

C. a＝d, b＝d   D. a＝％d,b＝％d

4. 语句 printf("a\bre\'hi\'y\\\bou\n");的输出结果是( )。(2000 年 4 月)

A. a\bre\'hi\'y\\\bou   B. a\bre\'hi\'y\bou

C. re'hi'you   D. abre'hi'y\bou

(说明:'\b'是退格符)

5. 若变量 a、i 已正确定义,且 i 已正确赋值,合法的语句是( )。(2000 年 9 月)

A. a＝＝1   B. ＋＋i;   C. a＝a＋＋＝5;   D. a＝int(i);

6. 有如下程序:

```
void main()
{ int y = 3,x = 3,z = 1;
  printf("%d  %d\n",(++x,y++),z + 2);
}
```

运行该程序的输出结果是( )。(2000 年 9 月)

A. 3 4   B. 4 2   C. 4 3   D. 3 3

7. 若变量已明确说明为 float 类型,要通过语句 scanf("%f %f %f",&a,&b,&c); 给 a 赋予 10.0,b 赋予 22.0,c 赋予 33.0,不正确的输入形式是( )。(2001 年 4 月)

    A. 10<回车>   B. 10.0,22.0,33.0<回车>

        22<回车>

        33<回车>

    C. 10.0<回车>   D. 10   22<回车>

        22.0 33.0<回车>   33<回车>

8. 以下程序的输出结果是( )。(2001 年 9 月)

```
void main()
{ int a = 3;
  printf("%d\n",(a + = a - = a * a));
}
```

A. －6   B. 12   C. 0   D. －12

9. 以下程序的输出结果是( )。(2001 年 9 月)

```
void main()
{ char c = 'z';
```

```
printf("%c",c-25);
}
```

A. a　　　　　　　　B. Z　　　　　　　　C. z-25　　　　　　　D. y

10. 若变量 a 是 int 类型,并执行了语句 a='A'+1.6;,则正确的叙述是(　　)。
(2002 年 4 月)

　　A. a 的值是字符 C

　　B. a 的值是浮点型

　　C. 不允许字符型和浮点型相加

　　D. a 的值是字符'A'的 ASCII 值加上 1。

11. 以下程序段的输出结果是(　　)。(2002 年 4 月)

```
int a = 1234;
printf("%2d\n",a);
```

　　A. 12　　　　　　　B. 34　　　　　　　C. 1234　　　　　　　D. 提示出错,无结果

12. 已知 i、j、k 为 int 型变量,若从键盘输入:1,2,3<回车>,使 i 的值为 1,j 的值为 2,
k 的值为 3,以下选项中正确的输入语句是(　　)。(2002 年 9 月)

　　A. scanf("%2d%2d%2d",&i,&j,&k);

　　B. scanf("%d %d %d",&i,&j,&k);

　　C. scanf("%d,%d,%d",&i,&j,&k);

　　D. scanf("i=%d,j=%d,k=%d",&i,&j,&k);

13. 设有定义:long x=-123456L;,则以下能够正确输出变量 x 值的语句是(　　)。
(2002 年 9 月)

　　A. printf("x=%d\n",x);　　　　　　　B. printf("x=%1d\n",x);

　　C. printf("x=%8dL\n",x);　　　　　　D. printf("x=%LD\n",x);

14. 有以下程序:

```
void main()
{ int a; char c = 10;
  float f = 100.0; double x;
  a = f/ = c * = (x = 6.5);
  printf("%d  %d  %3.1f  %3.1f\n",a,c,f,x);
}
```

　　程序运行后的输出结果是(　　)。(2003 年 9 月)

　　A. 1　65　1　6.5　　　　　　　B. 1　65　1.5　6.5

　　C. 1　65　1.0　6.5　　　　　　D. 2　65　1.5　6.5

15. 设变量 x 为 float 型且已赋值,则以下语句中能将 x 中的数值保留到小数点后两
位,并将第三位四舍五入的是(　　)。(2003 年 9 月)

　　A. x=x*100+0.5/100.0;　　　　　　B. x=(x*100+0.5)/100.0;

　　C. x=(int)(x*100+0.5)/100.0;　　　　D. x=(x/100+0.5)*100.0;

16. 已定义 c 为字符型变量,则下列语句中正确的是(   )。(2003 年 9 月)

    A. c='97';   B. c="97";   C. c=97;   D. c="a";

17. 下列程序执行后的输出结果是(   )。(2000 年 4 月)

```
#define MA(x) x*(x-1)
main()
{ int a=1,b=2; printf("%d\n",MA(1+a+b));}
```

    A. 6   B. 8   C. 10   D. 12

18. 程序中头文件 type1.h 的内容是:

```
#define N 5
#define M1 N*3
```

程序如下:

```
#include "type1.h"
#define M2 N*2
void main()
{ int i;
  i=M1+M2; printf("%d\n",i);
}
```

程序编译后运行的输出结果是(   )。(2002 年 9 月)

    A. 10   B. 20   C. 25   D. 30

19. 请读程序:

```
#include <stdio.h>
#define SUB(X,Y) (X)*Y
void main()
{ int a=3, b=4;
  printf("%d", SUB(a++, b++));
}
```

上面程序的输出结果是(   )。(1996 年 4 月)

    A. 12   B. 15   C. 16   D. 20

三、填空题

1. 以下程序的输出结果是 _____ 。(2000 年 9 月)

```
void main()
{ unsigned short a=65536; int b;
  printf("%d\n",b=a);
}
```

2. 若有定义:int a=10,b=9,c=8;,接着顺序执行下列语句后,变量 b 中的值是 _____ 。(2000 年 9 月)

```
c=(a-=(b-5));
c=(a%11)+(b=3);
```

3. 以下程序的输出结果是 _____。（2001 年 4 月）

```
void main()
{ int a = 1, b = 2;
a = a + b; b = a - b; a = a - b;
printf(" % d, % d\n", a, b ); }
```

4. 以下程序的输出结果是_____。（2002 年 4 月）

```
void main()
{ int a = 177;
  printf(" % o\n",a);
}
```

5. 以下程序的输出结果是_____。（2002 年 4 月）

```
void main()
{ int a = 0
  a += (a = 8);
  printf(" % d\n",a);
}
```

6. 若有语句：

```
int i = - 19, j = i % 4;
printf(" % d\n",j);
```

则输出结果是_____。（2003 年 4 月）

7. 以下程序运行后的输出结果是_____。

```
void main()
{ char m;
  m = 'B' + 32; printf(" % c\n",m);
}
```

8. 设有如下宏定义：

```
# define MYSWAP(z, x, y) {z = x; x = y; y = z;}
```

以下程序段通过宏调用实现变量 a、b 内容交换，请填空。（1996 年 4 月）

```
float a = 5, b = 16, c;
MYSWAP( _____, a , b);
```

9. 以下程序的输出结果是_____。（2000 年 9 月）

```
# define MAX(x, y) (x) > (y)?(x):(y)
void main()
{ int a = 5, b = 2, c = 3, d = 3, t;
  t = MAX(a + b, c + d) * 10;
  printf(" % d\n",t);
}
```

四、编程题

1. 编写程序，从键盘上输入 3 个数，分别给变量 a、b、c，求它们的平均值。

2. 输入 9 时 23 分并把它化成分钟后输出（从零点整开始计算）。

3. 编写程序实现将摄氏温度转换为华氏温度。

摄氏温度与华氏温度的换算式为

$$5(F-50) = 9(C-10)$$

式中，F 为华氏温度，C 为摄氏温度。

4. 输入圆半径，求圆面积、圆周长、圆球的体积、圆球的表面积。编程时注意输入输出的格式，并有相应的提示。

项目 4　学生成绩的分类处理
——分支程序设计

技能目标　掌握分支程序设计的分析与设计方法。

知识目标　计算机在执行程序时，一般是按照程序中语句的次序依次执行，但有时也可能根据某种条件而改变执行的顺序。这种根据不同的条件而选择不同的执行路径，称为分支结构。在 C 语言中通常采用 if 语句和 switch 语句实现分支结构，本项目涉及如下的知识点。

- 分支和条件逻辑；
- if 结构；
- if-else 结构；
- 嵌套的 else if 结构；
- switch 结构。

完成该项目后，达到如下的目标。

- 掌握如何用 C 语言来表达条件逻辑；
- 熟练掌握 if 语句的应用；
- 熟练掌握 switch 语句的应用。

关键词　分支结构（branch construct）、开关语句（switch statement）、流程（flow）、嵌套（nesting）、条件（condition）

本项目是根据学生的成绩判断其等级。其要求是：输入学生的考试百分制成绩，90 分以上为"优"，80～89 分为"良"，70～79 分为"中"，60～69 为"及格"，60 分以下为"不及格"。判断学生考试成绩的等级，实际上是根据输入的成绩，确定在哪个分数段，然后执行不同的语句，这就是分支程序的设计。为完成本项目的需求，必须要正确分析程序的流程结构，正确地利用 C 语言来表达各种逻辑关系，掌握各种分支结构的程序设计。在完成项目的设计中注意以下几个方面：①输入成绩的有效性校验；②正确的逻辑结构；③程序的可读性；④程序执行的效率。

任务 4.1　描述条件逻辑——分支和条件逻辑

 问题的提出

分支和条件逻辑使得应用程序具备了根据各种不同的条件或根据任何能够被程序表达的逻辑条件而完成处理不同事件的能力。分支程序设计的关键是如何表达其条件逻辑，如

考试成绩"低于 60",考试成绩"高于等于 60 分且小于 70 分",如何表达这些逻辑关系,这成为分支程序设计的关键。

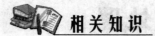 **相关知识**

4.1.1 关系运算符和表达式

在程序中经常需要比较两个量的大小关系,以决定程序下一步的工作。比较两个量的运算符称为关系运算符。

在 C 语言中有以下关系运算符:< (小于)、<= (小于或等于)、> (大于)、>= (大于或等于)、== (等于)、!= (不等于)。

关系运算符都是双目运算符,其结合性均为左结合。关系运算符的优先级低于算术运算符,高于赋值运算符。在 6 个关系运算符中,<、<=、>、>= 的优先级相同,高于 == 和!=,== 和!= 的优先级相同。

关系表达式的一般形式为

表达式 关系运算符 表达式

例如:

```
a+b>c-d
x>3/2
'a'+1<c
-i-5*j==k+1
```

都是合法的关系表达式。

由于表达式也可以是关系表达式,因此允许出现嵌套的情况。例如:

```
a>(b>c)
a!=(c==d)
```

关系表达式的值是"真"和"假",用"1"和"0"表示。如 5>0 的值为"真",即为 1。(a=3)>(b=5),由于 3>5 不成立,故其值为假,即为 0。

【案例 4-1】 观察下面表达式的值。

```
# include < stdio. h>                              //1
void main(){                                       //2
  int i_a,i_b,i_c;                                 //3
  char c_a,c_b ;                                   //4
  i_a = 10;                                        //5
  i_b = 20;                                        //6
  c_a = 'a';                                       //7
  c_b = 'b';                                       //8
  i_c = i_a>i_b;                                   //9
  printf("i_a = 20 ?: %d\n",i_a == 20);            //10
  printf("i_a<i_b ?: %d\n",i_a<i_b);               //11
  printf("c_a!= c_b>'d' ?: %d\n",c_a!= c_b>'d');   //12
```

```
    printf("c_a<c_b?:%d\n",c_a<c_b);                              //13
    printf("i_a+c_a<i_b?:%d\n",(i_a+c_a)<i_b);                    //14
}
```

程序运行结果：

```
i_a=20 ?:0
i_a<i_b ?:1
c_a!=c_b?>'d' ?:1
c_a<c_b ?:1
i_a+c_a<i_b ?:0
```

程序说明：

(1) 第 10 行语句，由于 i_a=10，所以 i_a≠20，表达式 i_a==20 为假，输出 0。

(2) 第 11 行语句，i_b=20，i_a<i_b 为真，输出 1。

(3) 第 12 行语句，c_a='a'，c_b='b'，由于!=的优先级低于>，所以先运算 c_b>'d'为假，其值为 0，所以 c_a!=0 为真，其值为 1。

(4) 第 14 行语句，i_a+c_a 其值是 10+97=107，所以(i_a + c_a)<i_b 为假，值为 0。

4.1.2   逻辑运算符和表达式

C 语言中提供了 3 种逻辑运算符：&&(与运算)、||(或运算)、!(非运算)。

与运算符 && 和或运算符|| 均为双目运算符，具有左结合性。非运算符! 为单目运算符，具有右结合性。逻辑运算符和其他运算符优先级的关系可表示如下：

赋值运算赋→&& 和||→关系运算符→算术运算符号→!(非)

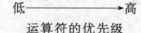

低————————————→高

运算符的优先级

&& 和||低于关系运算符，!高于算术运算符。

按照运算符的优先顺序可以得出：

a>b && c>d 等价于(a>b)&&(c>d)

!b==c||d<a 等价于((!b)==c)||(d<a)

a+b>c&&x+y<b 等价于((a+b)>c)&&((x+y)<b)

逻辑运算的值也为"真"和"假"两种，用"1"和"0"来表示。其求值规则如下。

(1) 与运算 &&：参与运算的两个量都为真时，结果才为真，否则为假。

(2) 或运算||：参与运算的两个量只要有一个为真，结果就为真；两个量都为假时，结果为假。

(3) 非运算!：参与运算量为真时，结果为假；参与运算量为假时，结果为真。

虽然 C 编译在给出逻辑运算值时，以"1"代表"真"，"0"代表"假"，但反过来在判断一个量是为"真"还是为"假"时，以"0"代表"假"，以非"0"的数值作为"真"。

逻辑表达式的一般形式为

表达式 逻辑运算符 表达式

其中的表达式也可以是逻辑表达式，从而组成了嵌套的情形。例如：

(a&&b)&&c

根据逻辑运算符的左结合性,上式也可写为

a&&b&&c

逻辑表达式的值是式中各种逻辑运算的最后值,以"1"和"0"分别代表"真"和"假"。

🔔 注意:

(1) 逻辑短路原则。在逻辑表达式的求值过程中,不是所有的逻辑操作符都被执行。有时候,不需要执行所有的操作符,就可以确定逻辑表达式的结果。只有在必须执行下一个逻辑操作符后才能求出逻辑表达式的值时,才继续执行该操作符,这种情况称为逻辑表达式的"短路"。

假设 a 是一个布尔值或逻辑表达式,bool_exp 是一个逻辑表达式,那么:

a&&(bool_exp)只有 a 为 true 时,才继续判定值。假如 a 为 false,逻辑表达式的值已经确定为 false,不需要继续求值。

a||(bool_exp)只有 a 为 false 时,才继续判定值。假如 a 为 true,逻辑表达式的值已经确定为 true,不需要继续求值。

(2) 运算符优先级不是运算优先级,而是结合性优先级,意指:高优先级的运算符所结合的变量或表达式,不能被低优先级的运算符分离。

【案例 4-2】 观察下面程序的值。

```c
#include <stdio.h>
void main()
{
    int x = 13, y = 22, z = 4;
    printf(" %d", y >= x || z >= y);
    printf(" %d", !(x < y) && !z);
}
```

程序运行结果:

`1 0`

程序说明:

(1) 当 x=13,y=22,z=4 时,y>=x 为真,表达式 y>=x || z>=y 为真,输出 1。

(2) 当 x=13,y=22,z=4 时,x>y 为假,!(x>y)为真,!z 为假,表达式 !(x<y)&&!z 的值为假,输出 0。

4.1.3 条件运算符和表达式

如果在条件语句中,只执行单个的赋值语句时,可以使用条件表达式来实现,不但使程序简洁,也提高了运行效率。

条件运算符为"?"和":",它是一个三目运算符,即有 3 个参与运算的量。

由条件运算符组成条件表达式的一般形式为

表达式 1? 表达式 2: 表达式 3

其求值规则为:如果表达式 1 的值为真,则以表达式 2 的值作为条件表达式的值,否则以表达式 3 的值作为整个条件表达式的值。

条件表达式通常用于赋值语句之中,例如:

```
max = (a > b)?a:b;
```

执行该语句的语义是：如 a>b 为真，则把 a 赋予 max，否则把 b 赋予 max。

使用条件表达式时，还应注意以下几点。

（1）条件运算符的运算优先级低于关系运算符和算术运算符，但高于赋值符。因此

```
max = (a > b)?a:b
```

可以去掉括号而写为

```
max = a > b?a:b
```

（2）条件运算符"?"和":"是一对运算符，不能分开单独使用。

（3）条件运算符的结合方向是自右至左。例如：

```
a > b?a:c > d?c:d
```

应理解为

```
a > b?a:(c > d?c:d)
```

这也就是条件表达式嵌套的情形，即其中的表达式又是一个条件表达式。

【案例 4-3】　观察下面程序的值。

```
# include < stdio. h >
void main( )
{
    int x = 13, y = 22, z = 4;
    printf(" % d\n",(z > = y)?1:0);
    printf(" % d\n",x < y?x++ :++ y);
    printf(" % d d\n",x, ++ y);
    printf(" % d\n",x > y?x > z?x:z:y > z?y:z);
}
```

程序运行结果：

程序说明：

（1）当 x=13,y=22,z=4 时，(z>=y) 为假，所以表达式(z>=y)? 1:0 的值为 0。

（2）当 x=13,y=22,z=4 时，x<y 为真，执行 x++，先输出 x 的值，然后 x++，所以输出 13。

（3）当 x=13,y=22,z=4 时，x++后 x 的值为 14，先 y+1 后输出，所以输出 14 23。

（4）当 x=14,y=23 时，x>y 为假，执行表达式 y>z? y:z,y>z 为真，所以表达式的值为 23，输出 23。

【案例 4-4】　判断一个年份 year 是否闰年。闰年的条件是：能被 4 整除，但不能被 100 整除，或者能被 400 整除。

算法分析：如果 a 除以 b 余数为 0，则 a 能被 b 整除，即如果 a%b=0，则 a 能被 b 整除。根据上面的分析，编写如下的代码。

95

```
//输入年份,判断是否为闰年
# include < stdio. h>
void main()
{
  int year;
  int isleap;
  printf("输入年份");
  scanf(" % d",&year);
  isleap = (year % 4 = = 0) && (year % 100!= 0)||(year % 400 = = 0);
  isleap?printf(" % d 是闰年",year): printf(" % d 不是闰年",year);
}
```

程序运行结果:

```
输入年份1998
1998 不是闰年
```

程序说明:根据闰年的条件可知,"能被 4 整除,但不能被 100 整除"的条件表示为 $(year\%4==0)\&\&(year\%100!=0)$,"能被 400 整除"的条件表示为 $year\%400==0$,两个条件之间是逻辑或的关系,即 $((year\%4==0)\&\&(year\%100!=0))||(year\%400==0)$。

4.1.4　任务分析与实施

1. 任务分析

判断某学生是否获得奖学金。获得奖学金的条件是:3 门考试成绩的平均成绩在 80 分以上且一门考试成绩不低于 70 分,或两门考试成绩均在 90 分以上,一门考试不低于 60 分。根据其条件,写出其逻辑表达式。

输入 3 门课程的成绩赋值给 scoreA、scoreB、scoreC,获得奖学金的条件如下:

(1) $(scoreA+scoreB+scoreC)/3>=80$ 并且 $scoreA>=70,scoreB>=70,scoreC>=70$。

(2) $scoreA>=90$ 并且 $scoreB>=90$ 并且 $scoreC>=60$。

(3) $scoreA>=90$ 并且 $scoreB>=60$ 并且 $scoreC>=90$。

(4) $scoreA>=60$ 并且 $scoreB>=90$ 并且 $scoreC>=90$。

2. 任务实施

根据上面的分析编写如下代码。

```
# include < stdio. h>
void main(){
 int scoreA,scoreB,scoreC;
 int flag;
 printf("输入成绩 A:");
 scanf(" % d",&scoreA);
 printf("输入成绩 B:");
 scanf(" % d",&scoreB);
 printf("输入成绩 C:");
 scanf(" % d",&scoreC);
 flag = (scoreA + scoreB + scoreC)/3 > = 80;
 flag = flag&&scoreA > = 70&& scoreB > = 70&& scoreC > = 70;
 flag = flag|| scoreA > = 90 && scoreB > = 90&&scoreC > = 60;
```

```
flag = flag|| scoreA >= 90 && scoreB >= 60&& scoreC >= 90;
flag = flag|| scoreA >= 60&& scoreB >= 90&&scoreC >= 90;
printf(flag?"发放奖学金\n":"没有奖学金\n");
}
```

程序运行结果：

程序说明：获得奖学金的条件是，只要满足上面的 4 个条件之一，所以它们是"或"的关系。这里为了阅读程序的方便，设置一个整形变量（布尔）flag，然后根据条件分别求其逻辑值。

 拓展训练

用 C 语言描述下列命题。

（1）i 小于 j 或小于 k。

（2）i 和 j 中有一个小于 k。

（3）i 不能被 j 整除。

任务 4.2　判断考试成绩是否合格
——简单分支程序设计

 问题的提出

在日常生活中，常根据不同的情况而做出不同的处理。当学生生病了，就上医院；当学生考试结束后，要判定学生是否考试合格，或者统计合格的人数；根据年龄确定是否离退休；根据学生的测验成绩分班，如果测验成绩为优秀，进入实验班，否则进入普通班等。这种结构根据条件满足或不满足可分别执行两种分支程序段，称为分支结构。

 **相关知识**

4.2.1　单分支结构的程序设计

在 C 语言中使用 if 语句来实现单分支结构，其语法为

if(表达式) 语句

其语义是：如果表达式的值为真，则执行其后的语句，否则不执行该语句。其执行流程如图 4-1 所示。

注意：

（1）表达式可以是逻辑表达式、关系表达式以及赋值表达式。

（2）当表达式的值为真则执行语句，即当表达式的值为非零时就执行语句。

（3）表达式必须用括号括起来。

（4）语句可以是复合语句。当 if 语句的条件成立时执行的语句多于一条时，必须用一对花括号"{}"括起来，表示执行复合语句。例如：

```
if (x = = y) z = 0;          //关系表达式,执行后当 x 等于 y 时,z = 0
if (x = 1) z = 0;            //赋值表达式,执行后 z = 0
if (x > 0 && y > 0) z = 0;   //当 x > 0 并且 y > 0 时,z = 0
```

【案例 4-5】 输入一个数，判断是否为偶数。

算法描述：如果一个数能被 2 整除，则该数是偶数；当一个数对 2 取模为 0 时，表示该数能被 2 整除。程序流程如图 4-2 所示。

图 4-1 if 语句执行流程　　　　　　图 4-2 案例 4-5 程序流程

编写如下的代码。

```
//输入一个整数,如果是偶数,输出"x 是偶数"
#include < stdio.h >
void main(){
  int x;
  printf("请输入 x:");
  scanf(" % d",&x);
  if (x % 2 == 0)
  printf("%d 是偶数" ,x);
}
```

程序运行结果：

```
请输入 x:50
50 是偶数
```

程序说明：x％2＝＝0 表示 x 对 2 取模运算为 0。当关系表达式 x％2＝＝0 条件成立时执行语句 printf("％d 是偶数",x);，否则不执行。

思考与讨论：

（1）如何判断一个数的个位数是 7？

（2）程序段

```
int a = 0;
if (!a++||++ a) printf("% d",a);
```

执行结果是什么？

4.2.2　双分支结构的程序设计

if 语句更常用的形式是双分支语句,一般形式如下:

```
if (表达式)
{
    语句1;
}
else
{
    语句2;
}
```

其语义是:当表达式为真(非 0)时,执行语句体 1,否则执行语句体 2。其流程可表示为图 4-3。例如:

```
if (x > y)
    max = x;
else
    max = y;
```

图 4-3　if-else 语句执行流程

🔔 注意:

(1) if 语句中,在 if 之后的表达式通常是逻辑表达式或关系表达式,但也可以是其他表达式,如赋值表达式等,甚至可以是一个变量。例如:

```
if(a = 5) 语句;
if(b) 语句;
```

都是允许的。只要表达式的值为非 0,即为"真"。

如在 if(a=5)…;中,表达式的值永远为非 0,所以其后的语句总是要执行,当然这种情况在程序中不一定会出现,但在语法上是合法的,所以在编写程序时一定要区分 a=b 和 a==b。

又如,有程序段:

```
if(a = b) printf("%d",a); else printf("a = 0");
```

本语句的语义是,把 b 值赋予 a,如为非 0 则输出该值,否则输出"a=0"字符串。这种用法在程序中是经常出现的。

(2) 在 if 语句中,条件判断表达式必须用括号括起来,在语句之后必须加分号。

(3) 在 if 语句中,所有的语句应为单个语句,如果要想在满足条件时执行一组(多个)语句,则必须把这一组语句用{}括起来组成一个复合语句。但要注意的是在"}"之后不能再加分号。例如:

```
if(a > b){
  a++;
  b++;
}
else{
```

99

```
    a = 0;
    b = 10;
}
```

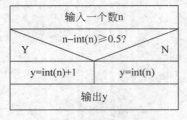

图 4-4　浮点数四舍五入程序流程

（4）if 语句和 else 语句属于同一个 if 语句，else 语句不能单独使用，它必须是 if 语句的一部分，与 if 配对使用。

【案例 4-6】　对一个浮点数进行四舍五入。

算法描述：输入一个数，如果这个数与其取整（向下取整）的差值大于等于 0.5，则这个数将五入，即将数取整后＋1，否则将数取整。其流程如图 4-4 所示。

根据分析，编写如下的代码。

```c
//输入一个实数,将其四舍五入后输出
# include < stdio. h >
void main()
{
    float x;
    int y;
    printf("请输入 x: ");
    scanf("% f",&x);
    if (x - int(x)> = 0.5) {
        y = int(x) + 1;
    }
    else{
        y = int(x);
    }
    printf("% f 经过四舍五入后的结果是 % d\n",x,y);
}
```

程序运行结果：

```
请输入x: 5.7
5.700000 经过四舍五入后的结果是6
```

程序说明：

（1）当输入的数值与其取整后的差大于或等于 0.5 时，将该数取整后加 1，实现了"五入"，否则将该数值取整实现"四舍"。

（2）当 if 语句或 else 后面只有一条语句时，可以不用一对花括号"{}"括起来。

4.2.3　任务分析与实施

判定学生的考试成绩是否合格。

算法描述：

（1）输入一个数 x。

（2）如果 x＜60 那么输出"不合格"，否则输出"合格"。

其流程如图 4-5 所示。

根据流程编写如下代码。

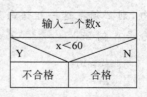

图 4-5　任务 4.2 程序流程

```
#include<stdio.h>
void main(){
  int score;
  printf("输入考试成绩");
  scanf("%d",&score);
  if(score<60)
    printf("考试成绩为%d,不合格\n",score);
  else
    printf("考试成绩为%d,合格\n", score);
}
```

程序运行结果：

```
输入考试成绩89
考试成绩为89,合格
```

拓展训练

输入三角形的 3 条边，计算其面积，当输入 3 条边的数据不能构成三角形时，输出"数据输入有误"。

任务 4.3　求解分段函数——多分支程序设计

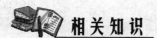

问题的提出

在实际问题中，常根据多个条件值执行不同的动作，这就需要用到多分支的选择结构。例如，按学生成绩分等级（90 分以上为优，80～89 分为良，70～79 分为中，60～69 分为及格，60 分以下为不及格），按职称、工资级别、工作业绩分发工资等。

相关知识

4.3.1　if 语句的多重选择程序设计

可以用 if 语句的嵌套来实现多分支选择。在 if 语句中又包含一个或多个 if 语句称为if 语句的嵌套。其一般形式如下：

```
if(表达式 1)
      语句 1;
    else if(表达式 2)
          语句 2;
    else if(表达式 3)
            语句 3;
          ⋮
```

```
else if(表达式 m)
        语句 m;
    else
        语句 n;
```

其语义是：依次判断表达式的值，当出现某个值为真时，则执行其对应的语句，然后跳到整个 if 语句之外继续执行程序。如果所有的表达式均为假，则执行语句 n，然后继续执行后续程序。if-else-if 语句的执行流程如图 4-6 所示。

🔔 **注意：**

（1）在 if 和 else 后面可以有一个内嵌的操作语句，也可以有多个操作语句，此时用花括号"{ }"将几个语句括起来成为复合语句。

（2）在嵌套结构中，要注意 if 与 else 的配对关系。

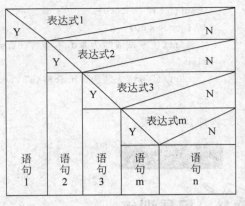

图 4-6　多重分支执行流程

在嵌套内的 if 语句可能又是 if-else 型的，这将会出现多个 if 和多个 else 重叠的情况，这时要特别注意 if 和 else 的配对问题。例如：

```
if(表达式 1)
if(表达式 2)
    语句 1;
else
    语句 2;
```

其中的 else 究竟是与哪一个 if 配对呢？

应该理解为

```
if(表达式 1)
    if(表达式 2)
        语句 1;
    else
        语句 2;
```

还是应理解为

```
if(表达式 1)
    if(表达式 2)
        语句 1;
else
    语句 2;
```

为了避免这种二义性，C 语言规定，else 总是与它前面最近的 if 配对，因此对上述例子应按前一种情况理解。在编程可以这样编写，提高程序的可读性。

```
if(表达式 1) {
    if(表达式 2)
        { 语句 1; }
    else
```

```
    { 语句 2; }
}
```

或

```
if(表达式 1) {
    if(表达式 2)
    {语句 1; }
}
else
{语句 2; }
```

【案例 4-7】   求一元二次方程 $ax^2+bx+c=0$ 的根。

算法分析：方程根的计算

$$x_1=\frac{-b+\sqrt{b^2-4ac}}{2a}, \quad x_2=\frac{-b-\sqrt{b^2-4ac}}{2a}$$

由求根公式中的判别式 $\Delta=\sqrt{b^2-4ac}$ 可知，当 $\Delta>0$ 时有 2 个不等的实根；$\Delta=0$ 时，有 2 个相等的实根；$\Delta<0$ 时，有 2 个复数根。其流程如图 4-7 所示。

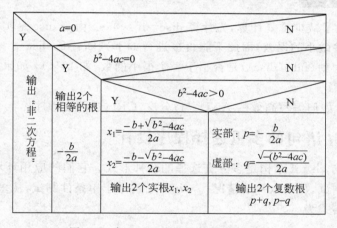

图 4-7   求一元二次方程的根程序流程

编写如下的代码。

```c
//求一元二次方程的根
# include < stdio. h>
# include < math. h>
void main(){
    float a,b,c, disc,x1,x2,realpart,imagpart;
    printf("输入 a,b,c:");
    scanf(" % f, % f, % f",&a,&b,&c);
    if (fabs(a)< = 1e - 6)
        printf("非二次方程");
    else {
        disc = b * b - 4 * a * c;
        if(fabs(disc)< = 1e - 6)
        printf("有两个相等实根:\nx1 = x2 = % 8.4f\n", - b/(2 * a));
        else
```

```
if(disc > 1e - 6) {
    x1 = ( - b + sqrt(disc))/(2 * a);
    x2 = ( - b - sqrt(disc))/(2 * a);
    printf("有两个实根:\nx1 = % 8.4f \nx2 = % 8.4f\n",x1,x2);
}
else{
    realpart = - b/(2 * a);                    //实部
    imagpart = sqrt( - disc)/(2 * a);          //虚部
    printf("有两个复根:\n");
    printf("x1 = % 8.4f + % 8.4fi\n",realpart,imagpart);
    printf("x1 = % 8.4f - % 8.4fi\n",realpart,imagpart);
}
    }
}
```

程序运行结果：

```
输入a,b,c:2,5,3
有两个实根:
x1= -1.0000
x2= -1.5000
```

程序说明：为了减少重复计算,先计算 disc＝b^2-4ac。由于 disc 是实数,而实数在计算和存储时会有一些微小的误差,因此不能直接进行如下判断：if（disc＝＝0）。采用的办法是判断 disc 的绝对值（fabs(disc)）是否小于一个很小的数（如 10^{-6}）,如果小于此数,就认为 disc＝0。

思考与讨论：如何编写高效的 AND（与）分支、OR（或）分支程序？

4.3.2　switch 语句的多重选择程序设计

switch 结构与 else if 结构是多分支选择的两种形式。它们的应用环境不同：else if 用于对多条件并列测试,从中取一的情况；switch 结构用于单条件测试,从多种结果中取一种的情况。其语法格式为

```
switch(表达式)
{
    case 常量表达式 1: 语句 1;
    case 常量表达式 2: 语句 2;
        ⋮
    case 常量表达式 n: 语句 n;
            default : 语句 n + 1;
}
```

其语义是：计算表达式的值,并逐个与其后的常量表达式值相比较,当表达式的值与某个常量表达式的值相等时,即执行其后的语句,然后不再进行判断,继续执行后面所有 case 后的语句。如表达式的值与所有 case 后的常量表达式均不相同时,则执行 default 后的语句。执行流程如图 4-8 所示。

【案例 4-8】　菜单程序的设计。设计一个菜单程序,用户选择菜单对应项,则执行相应的程序段。

其执行流程如图 4-9 所示。

显示菜单				
输入菜单选择项				
0	1	2	3	4
退出	增加信息	修改信息	删除信息	浏览信息

条件表达式				
case 1	case 2	…	case n	default
语句1	语句2	…	语句n	语句n+1

图 4-8　switch 语句执行流程　　　　　　图 4-9　switch 语句执行流程

根据流程图编写如下代码。

```
# include < stdio. h>
# include < stdlib. h>
void main(){
int ch;
printf("用户管理菜单\n");
printf("1.增加用户信息");
printf("2.修改用户信息\n");
printf("3.删除用户信息");
printf("4.浏览用户\n");
printf("0.退出\n");
printf("请选择(0--4)");
scanf(" % d",&ch);
switch (ch){
    case 1:printf("你选择的是'增加用户'\n");break;
    case 2:printf("你选择的是'修改用户'\n");break;
    case 3:printf("你选择的是'删除用户'\n");break;
    case 4:printf("你选择的是'浏览用户'\n");break;
     case 0:exit(0);break;
    default: printf("你输入有误\n");
}
}
```

程序运行结果：

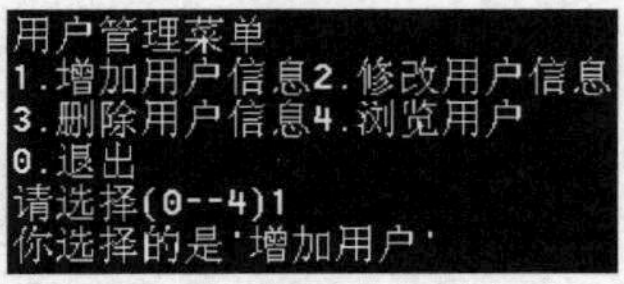

```
用户管理菜单
1.增加用户信息2.修改用户信息
3.删除用户信息4.浏览用户
0.退出
请选择(0--4)1
你选择的是'增加用户'
```

程序说明：程序执行时，根据菜单提示，选择输入 0～4，赋值给 ch 后，switch 的条件表达式是一个已有整数值，于是从上至下找 case 后面相匹配的常数 1、2、3、4、0，执行对应 case 后面的语句，直到遇到 break 退出 switch 结构。如果没有匹配的常量，则执行 default 后面的语句。

思考与讨论：如果没有 break 语句将会是什么结果？

🔔 **注意**：

（1）一个 switch 结构的执行部分是一个由一些 case 子结构与一个可以省略的 default

子结构组成的符号语句。要注意写一对花括号。

（2）switch 后面的表达式可以是 int、char 和枚举类型中的一种。与之对应，case 后面是整数、字符或枚举值，也可以是不含变量与函数的常量表达式。例如：

```
switch (c)
{
  case 3 + 4:
  case 8:
}
```

但不允许写为

```
int x = 3, y = 4;
switch (z)
{
  case x + y:
}
```

（3）每个 case 后面常量表达式的值必须各不相同，否则会出现相互矛盾的现象。

（4）case 后面的常量表达式仅起语句标号作用，并不进行条件判断。系统一旦找到入口标号，就从此标号开始执行，不再进行标号判断，所以必须加上 break 语句，以便结束 switch 语句。

（5）各个 case 及 default 子句的先后次序，不影响程序执行结果。default 子结构考虑了各 case 所列出情形以外的其他情形，这样就能在进行程序设计时，把出现频率低的情况写在 case 的后面，而将其余情况写在 default 后面作"统一处理"。如果只考对个别情况的处理，则应将各个情况分别写在各个 case 的后面，此时 default 可以省略。

（6）switch 允许嵌套。例如：

```
switch (exp1)
{
    case 'A' :
      …
  switch(exp2)
  {
    case 'a' :
      …
  }
    case 'B' :
      …
}
```

4.3.3　任务分析与实施

1. 任务分析

某公司的工资计算采用基本工资加绩效工资制度，其基本工资根据职工的等级确定，绩效工资根据其销售额进行提成。计算工资如下：

等级	基本工资
A	2000

B	1500
C	1000

销售额	绩效工资提成
profit≤1000	没有提提成
1000＜profit≤2000	提成 10％
2000＜profit≤5000	提成 15％
5000＜profit≤10000	提成 20％
10000＜profit	提成 25％

根据员工的等级和销售额编程,求应发工资的总额。

用户在使用时,提示输入员工的等级 A、B、C,然后提示输入该员工的销售额,输入数据后,计算机输出员工应得工资的总额。在程序设计中要注意两个问题。

(1) 连续区间的离散化处理。由于提成变化的转折点(1000,2000,5000,10000)都是 1000 的整数倍,所以用 profit 整除 1000。

(2) 重叠区间的处理。在离散化处理后,相邻区间 1000、2000、5000、10000 存在重叠,最简单的方法就是:profit−1(最小增量),再整除 1000。

定义如下变量:

```
char grade        //等级
float profit      //销售额
float salary      //应发工资的总额
```

算法流程如图 4-10 所示。

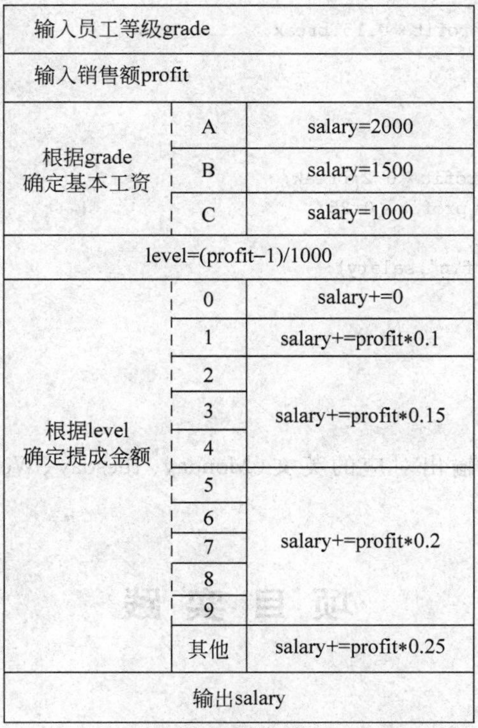

输入员工等级grade		
输入销售额profit		
根据grade 确定基本工资	A	salary=2000
	B	salary=1500
	C	salary=1000
level=(profit−1)/1000		
根据level 确定提成金额	0	salary+=0
	1	salary+=profit*0.1
	2	salary+=profit*0.15
	3	
	4	
	5	salary+=profit*0.2
	6	
	7	
	8	
	9	
	其他	salary+=profit*0.25
输出salary		

图 4-10   计算职工工资算法流程

2. 任务实施

根据上面的分析，编写代码如下：

```
#include<stdio.h>
void main(){
    long profit;
    double salary;
    int level ;
    char grad;
    printf("输入员工的等级");
    scanf("%c",&grade);
    printf("输入该员工的销售额");
    scanf("%ld",&profit);
    switch (grad)
    {
        case 'A':
        case 'a':salary = 2000;break;
        Vcase 'B':
        case 'b':salary = 1500;break;
        case 'C':
        case 'c': salary = 1000;break;
    }
    level = (profit - 1)/1000;
    switch (level){
        case 0:break;
        case 1:salary += profit * 0.1;break;
        case 2:
        case 3:
        case 4: salary += profit * 0.15;break;
        case 5:
        case 6:
        case 7:
        case 8:
        case 9:salary += profit * 0.2;break;
        default :salary += profit * 0.25;
    }
    printf("工资额:%.2f\n",salary);
}
```

 拓展训练

输入数字 1~7，打印输出对应的英文（Monday、Tuesday、Wednesday、Thursday、Friday、Saturday、Sunday）。

项 目 实 践

1. 需求描述

输入学生的考试百分制成绩，判断其等级。90 分以上为"优"，80~89 分为"良"，70~79 分为"中",60~69 分为"及格",60 分以下为"不及格"。

2. 分析与设计

本项目可以采用两种方案来实现:一种方案采用 if 条件嵌套的方式;另一种方案采用 switch 开关语句。

如果采用 if 嵌套方式,根据输入的成绩,从小到大查找该数值落在哪个分数段,再输出结果。其流程如图 4-11 所示。当然,也可以从大到小查找该数值落在哪个分数段。

采用 if 语句嵌套的形式来实现多分支结构,当分支较多时,由于 if 语句嵌套层次可能会很多,使得程序的可读性变差。这时常采用 switch 语句来实现。

为使用 switch 语句,必须将百分制成绩与等级的关系转换为整数与等级的关系。分析本题可知,等级变化的转折点(90,80,70,60,…)都是 10 的整数倍,所以将成绩整除 10 后进行离散化处理。

score<60	对应 0,1,2,3,4,5
60≤score<70	对应 6
70≤score<80	对应 7
80≤score<90	对应 8
score≥90	对应 9,10

将输入的考试成绩整除 10,转换成整数与成绩的对应关系,不同的整数值对应不同分数段,实现了判断其成绩等级的目的。其流程如图 4-12 所示。

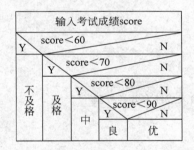

输入成绩score				
grade=score/10				
grade				
10, 9	8	7	6	5,4 ,3,2,1,0
输出"优"	输出"良"	输出"中"	输出"及格"	输出"不及格"

图 4-11 将百分制成绩转换为等级算法　　图 4-12 将百分制成绩转换为等级
流程(if 条件嵌套实现)　　　　　　算法流程(switch 实现)

3. 实施方案

根据上面的分析,可以有下面的两种解决方案。

方案 1:

```
//输入考试成绩,输出其等级
# include < stdio.h>
void main(){
    int score;
    printf("输入成绩: ");
    scanf(" % d",&score);
    if (score<0||score>100)        //输入成绩有效性校验
        printf("输入成绩有误: ");
    else
```

```
        if (score < 60)
          printf("不及格");
        else if (score < 70)
              printf("及格");
             else if (score < 80)
                   printf("中");
                  else if (score < 90)
                        printf("良");
                     else
                        printf("优");
    printf("\n");
}
```

程序运行结果：

```
输入成绩: 89
良
```

思考与讨论：改写程序,考虑如何提高程序的运行效率? 如何利用判定树、判定表工具来分析程序的结构?

方案 2：

```
//输入百分制成绩,判断其等级
# include < stdio. h >
void main(){
  int score;
  int grade;
  printf("输入成绩: ");
  scanf(" % d",&score);
  if (score < 0||score > 100)                  //输入成绩有效性校验
    printf("输入成绩有误: ");
  else{
//将成绩整除 10,转化为 switch 语句中的 case 标号
      grade = score/10;
      switch (grade)
      {
        case 10:
        case 9:printf("优");break;            //标号 10、9 都执行此行语句
        case 8:printf("良");break;
        case 7:printf("中");break;
        case 6:printf("及格");break;
        case 5:
        case 4:
        case 3:
        case 2:
        case 1:
        case 0:printf("不及格");break;
      //标号 5、4、3、2、1、0 都执行此行语句
        default:printf("成绩超出范围");        //提示错误
      }
```

```
    }
    printf("\n");
}
```

程序运行结果：

```
输入成绩: 90
优
```

程序说明：在本例中，grade＝10、grade＝9 都输出"优"，共用"printf("优")；"语句，所以"case 10;"后面没有语句，并且不能使用"break;"。若去掉程序中的所有 break 语句，将会出现什么情况？

小　　结

相关知识重点：

(1) 分支和条件逻辑。

(2) 简单分支程序设计。

(3) 多分支程序设计。

相关知识点提示：

(1) C 语言中关系运算符：＜（小于）、＜＝（小于或等于）、＞（大于）、＞＝（大于或等于）、＝＝（等于）、!＝（不等于），其结合性均为左结合。＜、＜＝、＞、＞＝的优先级相同，高于＝＝和!＝，＝＝和!＝的优先级相同。

(2) 逻辑运算符：＆＆（与运算）、||（或运算）、!（非运算）。与运算符 ＆＆ 和或运算符 || 均为双目运算符，具有左结合性。非运算符! 为单目运算符，具有右结合性。

优先级的关系可表示如下：!（非）→＆＆（与）→||（或）。

"＆＆"和"||"低于关系运算符，"!"高于算术运算符，关系运算符的优先级低于算术运算符，高于赋值运算符。

(3) 关系表达式和逻辑表达式的值为逻辑值：真(1)或假(0)。参与逻辑运算的操作数可以是逻辑值表达式，也可以是非逻辑值表达式。非逻辑值表达式的"真假"判断规则：0 判定为"逻辑假"，非 0 判定为"逻辑真"。关系表达式和逻辑表达式的值还可以参加其他种类的运算。

(4) 逻辑短路原则。在逻辑表达式的求值过程中，不是所有的逻辑操作符都被执行。只有在必须执行下一个逻辑操作符后才能求出逻辑表达式的值时，才继续执行该操作符。

(5) 由条件运算符组成条件表达式的一般形式为

表达式 1? 表达式 2: 表达式 3

其求值规则为：如果表达式 1 的值为真，则以表达式 2 的值作为条件表达式的值，否则以表达式 3 的值作为整个条件表达式的值。

(6) if 语句的 3 种形式：

① if (表达式) 语句;

② if（表达式）语句 1 else 语句 2
③ if（表达式 1）语句 1
  else if（表达式 2）语句 2
  else if（表达式 3）语句 3
  ⋮
  else if（表达式 m）语句 m
  else 语句 n

  表达式一般是关系表达式或逻辑表达式，当表达式的值为"0"时表示"假"，"非 0"时表示"真"。语句可以是复合语句，是复合语句时用括号{}括起来。在 if 语句嵌套时，else 与它上面距离最近且尚未匹配的 if 配对。

  （7）switch 结构的语法格式为

```
switch(表达式){
    case 常量表达式 1: 语句 1;
    case 常量表达式 2: 语句 2;
        ⋮
    case 常量表达式 n: 语句 n;
            default: 语句 n+1;
}
```

  表达式可以是 int、char 和枚举类型中的一种。与之对应，case 后面是整数、字符或枚举值，也可以不含变量与函数的常量表达式。case 后面的常量表达式仅起语句标号作用，并不进行条件判断，必须加上 break 语句用来结束 switch 语句。

习　题

一、判断题

1. switch 与 if 不同，switch 只能测试是否相等，而 if 中还能测试关系和逻辑表达式。
  （　　）
2. else 总是与它前面最近的 if 配对。 （　　）
3. switch 语句中各个 case 及 default 子句的先后次序，不影响程序执行结果。（　　）
4. switch 后面的表达式，可以是 int、char 和枚举类型中的一种。 （　　）
5. switch 语句中，case 可以是常量和变量，不能是表达式。 （　　）

二、选择题

1. 当 a=1,b=3,c=5,d=5 时，执行下面一段程序后，x 的值为（　　）。（1999 年 4 月）

```
if(a<b)
    if(c<d) x=1;
    else
        if(a<c)
            if(b<d) x=2;
            else x=3;
        else x=6;
    else x=7;
```

  A. 1   B. 2   C. 3   D. 6

2. 语句 printf("%d",(a=2)&&(b= -2)); 的输出结果是(　　)。(1999 年 9 月)

　　A. 无输出　　　　　　B. 结果不确定　　　　C. -1　　　　　　　　　D. 1

3. 当 c 的值不为 0 时,在下列选项中能正确将 c 的值赋给变量 a、b 的是(　　)。(1999 年 9 月)

　　A. c=b=a;　　　　　　　　　　　　B. (a=c)‖(b=c);

　　C. (a=c)&&(b=c);　　　　　　　　D. a=c=b;

4. 能正确表示 a 和 b 同时为正或同时为负的逻辑表达式是(　　)。(1999 年 9)

　　A. (a>=0‖b>=0)&&(a<0‖b<0)

　　B. (a>=0&&b>=0)&&(a<0&&b<0)

　　C. (a+b>0)&&(a+b<=0)

　　D. a*b>0

5. 以下程序的输出结果是(　　)。(1999 年 9 月)

```
# include < stdio. h>
void main( )
{
    int a = -1,b = 1;
    if((++a<0)&& ! (b-- <= 0))
            printf(" %d %d\n",a,b);
    else
            printf(" %d %d\n",b,a);
}
```

　　A. -1 1　　　　　　B. 0 1　　　　　　C. 1 0　　　　　　　D. 0 0

6. 有如下程序:

```
# include < stdio. h>
void main()
{ int x = 1,a = 0,b = 0;
  switch(x){
    case 0: b++;
    case 1: a++;
    case 2: a++;b++;
  }
  printf("a = %d,b = %d\n",a,b);
}
```

　　该程序的输出结果是(　　)。(2000 年 9 月)

　　A. a=2,b=1　　　B. a=1,b=1　　　C. a=1,b=0　　　D. a=2,b=2

7. 有如下程序段:

```
int a = 14,b = 15,x;
char c = 'A';
x = (a&&b)&&(c<'B');
```

　　执行该程序段后,x 的值为(　　)。(2000 年 9 月)

　　A. true　　　　　　B. false　　　　　　C. 0　　　　　　　　D. 1

8. 设 x、y、t 均为 int 型变量,则执行语句 x＝y＝3;t＝＋＋x||＋＋y;后,y 的值为（　　）。（2001 年 4 月）

    A. 不定值   B. 4   C. 3   D. 1

9. 若执行以下程序时从键盘上输入 9,则输出结果是（　　）。（2001 年 4 月）

```
# include < stdio. h >
void main()
{ int n;
  scanf(" % d",&n);
 if(n++<10) printf(" % d\n",n);
  else printf(" % d\n",n-- );
}
```

    A. 11   B. 10   C. 9   D. 8

10. 以下程序的输出结果是（　　）。（2002 年 4 月）

```
# include < stdio. h >
void main()
{ int a = 5,b = 4,c = 6,d;
  printf(" % d\n",d = a > b?(a > c?a:c):(b));
}
```

    A. 5   B. 4   C. 6   D. 不确定

11. 以下程序的输出结果是（　　）。（2002 年 4 月）

```
# include < stdio. h >
void main()
{ int a = 4,b = 5,c = 0,d;
  d = !a&&!b||!c;
  printf(" % d\n",d);
}
```

    A. 1   B. 0   C. 非 0 的数   D. －1

12. 有以下程序:

```
# include < stdio. h >
void main()
{ int a = 15,b = 21,m = 0;
  switch(a % 3)
  { case 0:m++;break;
    case 1:m++;
    switch(b % 2)
    { default:m++;
      case 0:m++;break;
    }
  }
  printf(" % d\n",m);
}
```

程序运行后的输出结果是（　　）。（2002 年 9 月）

    A. 1   B. 2   C. 3   D. 4

三、填空题

1. 条件"20＜x＜30 或 x＜－100"的 C 语言表达式是_____。(1996 年 4 月)

2. 若 x 为 int 类型,请以最简单的形式写出与逻辑表达式!x 等价的 C 语言关系表达式_____。(2000 年 4 月)

3. 表示"整数 x 的绝对值大于 5"时值为"真"的 C 语言表达式是_____。(2000 年 9 月)

4. 设 y 是 int 型变量,请写出判断 y 为奇数的关系表达式_____。(2001 年 9 月)

5. 若从键盘输入 58,则以下程序输出的结果是_____。(2002 年 4 月)

```c
# include < stdio. h>
void main()
{ int a;
  scanf(" % d",&a);
  if(a<50) printf(" % d",a);
  if(a<40) printf(" % d",a);
  if(a<30) printf(" % d",a);
}
```

6. 以下程序输出的结果是_____。(2002 年 4 月)

```c
# include < stdio. h>
void main()
{ int a = 5,b = 4,c = 3,d;
    d = (a > b > c);
    printf(" % d\n",d);
}
```

7. 若有以下程序:

```c
# include < stdio. h>
void main()
{ int p,a = 5;
  if(p = a!= 0)
      printf(" % d\n",p);
  else
      printf(" % d\n",p + 2);
}
```

执行后输出结果是_____。(2003 年 4 月)

8. 若有以下程序:

```c
# include < stdio. h>
void main()
{ int a = 4,b = 3,c = 5,t = 0;
    if(a < b)t = a;a = b;b = t;
    if(a < c)t = a;a = c;c = t;
    printf(" % d % d % d\n",a,b,c);
}
```

执行后输出结果是_____。(2003 年 4 月)

9. 以下程序运行后的输出结果是＿＿＿＿＿＿＿＿。（2003 年 9 月）

```
# include < stdio. h>
void main()
{ int p = 30;
   printf ("％d\n",(p/3<0 ? p/10:p％3));
}
```

10. 以下程序运行后的输出结果是＿＿＿＿＿＿＿＿。（2003 年 9 月）

```
# include < stdio. h>
void main()
{ int a = 1, b = 3, c = 5;
   if (c = a + b) printf("yes\n");
   else printf("no\n");
}
```

四、编程题

1. 已知银行整存整取存款不同期限的月利息率分别为

$$月利息率 = \begin{cases} 0.315\% & 期限一年 \\ 0.330\% & 期限二年 \\ 0.345\% & 期限三年 \\ 0.375\% & 期限五年 \\ 0.420\% & 期限八年 \end{cases}$$

要求输入存钱的本金和期限，求到期时能从银行得到的利息与本金的合计。

2. 编写表示函数 $y = \begin{cases} x & (x<1) \\ 2x-1 & (1 \leqslant x < 10) \\ 3x-11 & (x \geqslant 10) \end{cases}$ 的程序。

3. 编写一个简单计算器程序，输入格式为 opd1 opr opd2。其中 opd1 和 opd2 是参加运算的两个数，opr 为运算符，它的取值只能是＋、－、＊、/。

4. 输入一个字符，判断它是否大写字母，如果是，将其转换为小写字母；如果不是，不转换。

5. 输入一个字符，判断它是字母还是数字，如果是字母，显示"It is a letter"，否则显示"It is not a letter"。

项目5 学生成绩的统计分析
——循环程序设计

技能目标 掌握循环程序设计的分析与设计方法。

知识目标 循环结构是结构化程序设计的基本结构之一,它和顺序结构、选择结构共同作为各种复杂程序的基本构造单元。本项目涉及如下的知识点。

- for 循环结构;
- while/do-while 循环结构;
- 嵌套的循环结构;
- 循环的中断控制。

完成该项目后,达到如下的目标。

- 掌握如何用 C 语言来表达条件逻辑;
- 熟练掌握 for 语句的应用;
- 熟练掌握 while 语句的应用。

关键词 循环结构(loop construct)、条件(condition)、循环体(loop body)、循环嵌套(loop nesting)、空语句(null statement)

在信息管理系统中存在着对各类信息的分类统计,即将信息统一起来进行计算,它是对数据进行定量处理。对考试成绩统计分析包括课程平均分、最高分、最低分、成绩各分数段分布情况等。对数据的分析统计实际上是重复的输入数据并分析统计,这个时候就要使用循环。本项目就是要实现对学生成绩的统计分析。完成该项目,要注意以下几点:①如何确认数据输入结束;②成绩的分类标准及统计算法;③输入成绩的有效性问题。

任务 5.1 统计某门课程的平均成绩
——循环语句

 **问题的提出**

顺序结构、分支结构的程序设计所能解决的问题仍然很有限。在软件工程设计中,对于需要多次重复执行一个或多个任务的问题往往考虑使用循环来解决。例如输入多个同学的成绩、迭代求根等问题。使用循环程序设计,可以有效地缩短程序,减少程序占用的内存空间,提高程序紧凑性和可读性。

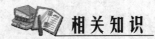
相关知识

所谓循环结构就是当给定条件成立时，反复执行某段程序，直到条件不成立时为止。给定的条件称为循环条件，反复执行的程序段称为循环体。C 语言中根据开始循环的初始条件和结束循环的条件不同，有下列几种循环结构。

(1) while 语句。

(2) do-while 语句。

(3) for 语句。

(4) 用 goto 语句和 if 语句构成循环。

5.1.1 用 while 语句处理循环

while 语句用来实现"当型"循环结构。while 循环结构常用于循环次数不固定，根据是否满足某个条件决定循环与否的情况。其一般形式为

```
while (表达式)
   { 循环体 }
```

while 循环的执行规则：当表达式为非 0 值时，执行 while 循环中的内嵌语句。其执行流程如图 5-1 所示。其特点是：先判断表达式，后执行语句。

应用 while 语句时应该注意：**一般来说在循环体中，应该包含改变循环条件表达式值的语句**，否则会出现无限循环（死循环）。

【案例 5-1】 模拟超市的收款。

分析：超市购买商结账时要统计所购买商品的总金额，当依次输入完所有的商品的单价、数量后，立即显示所购买商品的的数量和总金额。这里就是逐个数据的累加处理的过程，利用循环来完成。其程序流程如图 5-2 所示。根据流程图编写如下代码。

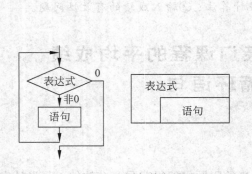

图 5-1 while 语句执行流程

图 5-2 案例 5-1 流程

```
# include < stdio. h>
void main(){
```

```
    float price, sum = 0;
    int counter = 0, number = 1;
    printf("输入单价和数量(单价为 0 结束)\n");
    printf("No % d\n", counter + 1);
    printf("单价: ");
    scanf(" % f", &price);
    while (price!= 0){
        printf("数量: ");
        scanf(" % d", &number);
        sum += price * number;
        counter++;
        printf("No % d\n", counter + 1);
        printf("单价: ");
        scanf(" % f", &price);
    }
    printf("总共 % d 件商品\t", counter++);
    printf("总金额: % 6.2f\n", sum);
}
```

程序运行结果:

```
输入单价和数量(单价为0结束)
No 1
单价: 12
数量: 3
No 2
单价: 1.5
数量: 1
No 3
单价: 0
总共2件商品　总金额:　37.50
```

程序说明:

(1) 在程序中,为了使用户操作方便,增加提示当前输入商品数量的语句 printf("No ％ d\n", counter＋1);。

(2) 程序中首先输入商品单价,如果不等于 0 进入循环体,再输入商品数量。将商品的单价作为循环控制条件。只有当单价大于 0 时,继续输入商品进行统计。

(3) sum＋＝price * number;,相当于累计求和。sum 的初始值等于 0。

(4) counter＋＋;,相当于计数器,统计商品的数量,其初始值为 0。

while 循环使用灵活,可以编写出很简洁的程序。例如:

```
while((ch = getchar())!= 'Q')
    ;
```

若键盘输入字母 Q,则退出循环。";"循环体为空语句,表达式中除判断循环是否终止外,还有赋值功能。

【案例 5-2】　统计从键盘输入一串字符的个数。

分析:每输入一个数就计数,直到输入为回车为止,程序流程如图 5-3 所示。编写如下程序:

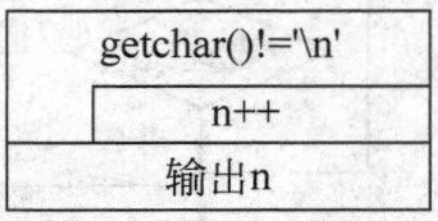

getchar()!='\n'
n++
输出n

图 5-3　案例 5-2 程序流程

```
# include < stdio. h >
```

119

```
void main(){
    int n = 0;
    printf("输入字符串,按回车结束:\n");
    while(getchar()!= '\n')
        n++;
    printf("总 %d 个字符\n",n);
}
```

程序运行结果:

```
输入字符串,按回车结束:
this is a C program!
总20个字符.
```

程序说明:

(1) 循环条件为 getchar()!='\n',表示只要从键盘输入的字符不是回车就继续循环。

(2) 循环体 n++完成对输入字符个数计数,从而实现了对输入字符串的字符个数计数。

5.1.2 用 do-while 语句处理循环

do-while 语句用来实现"直到型"循环结构。一般形式为

```
do
{ 循环体语句
}while(表达式);
```

do-while 循环与 while 循环的不同之处在于:先执行循环中的语句,然后再判断表达式是否为真,如果为真则继续循环;如果为假,则终止循环。其流程如图 5-4 所示。因此,**do-while 循环至少要执行一次循环语句。**

与应用 while 一样,应该注意,**在循环体中应该包含改变循环条件表达式值的语句,**否则会出现无限循环(死循环)。

【案例 5-3】 密码输入校验。

分析:在系统登录时要输入密码,假如允许输入 3 次密码,3 次中有一次输入正确,就可以进入系统并显示登录成功,否则显示登录失败。在程序中预置一个密码 PWD,其程序流程如图 5-5 所示。根据流程图编写如下代码:

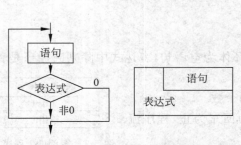

图 5-4 do-while 语句执行流程

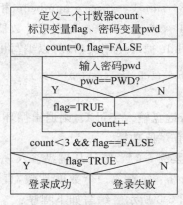

图 5-5 案例 5-3 程序流程

120

```
#include<stdio.h>
#define TRUE 1
#define FLASE 0
#define PWD 123456                              //初始密码
void main(){
//pwd 保存输入密码
//count 计数器,保存输入密码次数
  long pwd;
  int count = 0,flag = FLASE ;
//当密码不正确并且输入次数小于 3 次,重复输入
  do{
     printf("请输入密码");
     scanf(" %ld",&pwd);
     count++;
       //如果输入密码正确,退出循环
     if (pwd == PWD) flag = TRUE ;
  }while (count < 3 && !flag);
  if (flag)
     printf("登录成功\n");
  else
     printf("密码错误\n");
}
```

程序运行结果:

```
请输入密码12
请输入密码123456
登录成功
```

程序说明:

(1) 程序中预定义一个初始密码 PWD,定义一个变量 count 用于计数输入密码的次数,每输入一次密码就加 1。flag 变量作为循环控制标志,当输入密码正确时,其值为 TRUE,它是循环处理的条件之一。

(2) 程序中,一定要注意变量初始值的设置,count=0,flag=FLASE。

(3) 如果在循环处理中,没有输入正确的密码,flag 为假,所以可以利用 flag 来判断是否输入密码正确。

5.1.3　用 for 语句处理循环

for 循环亦称"步长型"循环。在 C 语言中,for 语句使用最为灵活,它完全可以取代 while 语句实现循环控制。一般形式为

for(表达式 1; 表达式 2; 表达式 3)
{ 循环体语句 }

说明:

表达式 1:用于循环开始前为循环变量设置初始值。

表达式 2:控制循环执行的条件,决定循环次数。

121

表达式 3：循环控制变量修改表达式。

循环体语句：被重复执行的语句。

它的执行过程如下：

(1) 求解表达式 1。

(2) 求解表达式 2，若其值为真(非 0)，则执行 for 语句中指定的内嵌语句，然后执行下面第(3)步；若其值为假(0)，结束循环，转到第(5)步。

(3) 求解表达式 3。

(4) 转回上面第(2)步继续执行。

(5) 循环结束，执行 for 语句下面的一个语句。

其执行流程如图 5-6 所示。

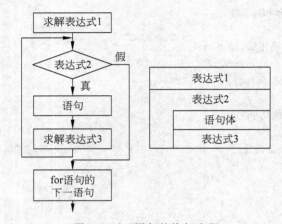

图 5-6　for 语句的执行流程

for 语句中表达式形式说明如下：

(1) for 循环中的"表达式 1(循环变量赋初值)"、"表达式 2(循环条件)"和"表达式 3(循环变量增量)"都是选择项，即可以省略，但";"不能省略。

省略 for 语句一般形式中的"表达式 1"，为了正常实现循环，则应在 for 语句之前给循环变量赋初值。例如：

```
sum = 0;i = 1;
for ( ; i <= 100;i++)
  sum = sum + i;
```

(2) 省略 for 语句一般形式中的"表达式 2"，即不判断循环条件，也就是认为表达式 2 始终为真，则循环无终止地进行下去。例如：

```
for(i = 1;;i++) sum = sum + i;
```

相当于

```
i = 1;
while(1) {          /* 循环条件永远为真 */
  sum = sum + i;
  i++;
```

```
}
```

为了避免死循环发生,可在循环体语句中采用条件判断来结束本次循环。例如:

```
for(i = 1;  ; i++){
  if(i > 100) break;      /* break 的作用: 终止循环 */
  sum = sum + i;
}
```

(3) 省略 for 语句一般形式中的"表达式 3",为了保证循环能正常结束,可在循环语句体中加入修改循环控制变量的语句。例如:

```
for(i = 1;i < = 100;){
  sum = sum + i;
  i++;           /* 修改循环控制变量 */
}
```

(4) 省略 for 语句一般形式中的"表达式 1"和"表达式 3"。例如:

```
i = 0;
for(;i < = 100;){
  sum = sum + i;
  i++;
}
```

相当于

```
i = 0;
while(i < = 100){
  sum = sum + i;
  i++;
}
```

(5) 省略 for 语句一般形式中的"表达式 1"、"表达式 2"和"表达式 3",即不设定初值,不判断条件,循环变量不增值,无终止地执行循环体。相当于

```
while (1)
{ 循环体; }
```

(6) for 语句中"表达式 1"和"表达式 3"可以是一个简单表达式,也可以是逗号表达式。例如:

```
for(i = 0,j = 100;i < = 100;i++,j -- )  k = i + j;
```

【案例 5-4】　求 $sum = \sum_{n=1}^{100} n$。

分析:这里进行 100 次循环累加,就实现了 1 加到 100 的累加。程序流程如图 5-7 所示。根据流程图编写程序如下:

```
# include < stdio. h>
void main(){
  int i, sum = 0;
```

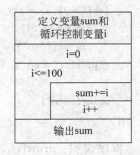

图 5-7　案例 5-4 程序流程

```
    for(i = 1;i <= 100;i++)
        sum += i;
    printf("%d\n",sum);
}
```

程序运行结果：

`5050`

程序说明：根据题意其循环次数已知，所以采用 for 语句是比较好的选择。

对于 for 循环的一般形式可以改写为 while 循环的形式：

```
表达式 1;
while(表达式 2){
    循环体语句
    表达式 3;
}
```

即

```
for(i = 1;i <= 100;i++) sum = sum + i;
```

相当于

```
i = 1;
while(i <= 100){
    sum = sum + i;
    i++;
}
```

【案例 5-5】 编程输出 ASCII 值为 32～127 的 ASCII 码值和对应的字符。

分析：由于 C 语言，字符在内存中是按其 ASCII 码值处理的，在输出时，允许把字符变量按整型量输出，也允许把整型量按字符量输出。所以输出 ACSII 值对应的字符，只需按不同的格式输出就可以了。程序流程如图 5-8 所示。根据流程图编写程序如下：

```
#include "stdio.h"
void main(){
    int   i;
    for(i = 32;i <= 127;i++){
        if(i % 8 == 0)
            printf("\n");                //每行输出 8 个
        printf("%6d %c",i,i);
    }
    printf("\n");
}
```

程序说明：printf("%6d %c",i,i);，语句中同样是输出 i，当输出 ASCII 值时按整数输出，输出其字符时按字符输出。

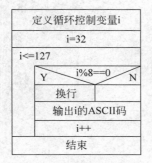

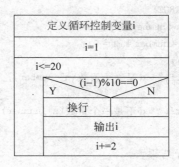

图 5-8　案例 5-5 程序流程　　　　图 5-9　案例 5-6 程序流程

【案例 5-6】　输出 1～20 以内的奇数。

分析：要求输出的奇数的规律是，设要输出的数为 i，i 从 1 开始每次递增 2，一直到 19。因此，若以 i 为循环变量，则其初值为 1，终值为 19，步长值为 2，且每次循环要进行的操作是输出 i 的值。程序流程如图 5-9 所示。根据流程图编写程序如下：

```c
#include <stdio.h>
void main(){
  int i;
  for(i=1; i<20; i+=2){
    if ((i-1)%10==0) printf("\n");   //每行 5 个数
    printf("%5d", i);
  }
  printf("\n");
}
```

程序运行结果：

```
1    3    5    7    9
11   13   15   17   19
```

程序说明：程序中为了每行只输出 5 个数据，则 (i-1)%10==0 时换行。

【案例 5-7】　输入一个任意数，判断它是否是素数。

分析：所谓素数是除 1 和自身外，再也没有能整除它的数。要判断一个数 number 是否为素数，最简单的方法是，在 2～number-1 中能否找到一个整数能将 number 整除。若 m 存在，则 number 不是素数；若找不到 m，则 number 是一个素数。程序流程如图 5-10 所示。根据流程图编写程序如下：

图 5-10　案例 5-7 程序流程

```c
#include <stdio.h>
#define TRUE 1
#define FALSE 0
void main(){
  int number,flag,m=2;
  printf("输入一个整数:");
  scanf("%d",&number);
```

125

```
   flag = TRUE;
   for (;m < number&&flag;m++)
       flag = number % m! = 0;
   if (flag)
       printf(" % d 是一个素数\n",number);
   else
       printf(" % d 不是一个素数\n",number);
}
```

程序运行结果：

程序说明：

(1) 语句 flag＝number％m!＝0;表示当 number 不能被 m 整除时其结果为真(1),通过循环结构,就可以判断 2～number－1 中是否有一个 m 数能整除 number,只要存在,则 flag 为假(0),退出循环。

(2) 当 m＝number 时,flag 始终为真,所以当 flag 为真时,number 就是素数。

(3) 为了缩小循环次数,循环条件可以修改为

m <＝number/2&&flag　或　m <＝sqrt(number)&&flag

5.1.4　循环嵌套的使用

在嵌套的各层循环体中,一般应使用复合语句,以保证逻辑上的正确性;循环嵌套的内层和外层的循环控制变量不应同名,以免造成混淆;循环嵌套不能交叉,即一个循环体内必须完整地包含另一个循环。正确的循环嵌套结构图如图 5-11 所示。

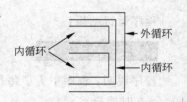

图 5-11　循环嵌套结构图

为了使嵌套的层次关系清晰明了,增强程序的可读性,建议使用"缩进"格式书写程序代码。常用循环嵌套的类型：

```
(1) while()           (2) do                (3) for(;;)
    {...                  {...                   {
      while()               do { ...               for(;;)
       {...}                } while();             {...}
    }                     } while();             }


(4)  while()          (5) for(;;)           (6) do
    {...                  {...                   {...
      do                    while()                for(;;)
      {...} while();        {...}                  {...}
    ...                   ...                    ...
    }                     }                      } while();
```

【案例 5-8】 编写程序输出由字母组成的等腰三角形图形,输出行数由键盘控制。若输出行数大于 26,则重新从'A'字符开始。

分析:采用双重循环,一行一行输出。每一行的输出步骤一般有 3 步。

(1) 光标定位:通过输出空格实现,在第 i 行有 n−i 个空格。

(2) 输出图形:若行号用 row 表示,则每行有"行数−行号"个前导空格,每行有 2 * row−1 个字母输出。

(3) 光标换行(\n)。

其流程如图 5-12 所示。根据流程图编写如下代码。

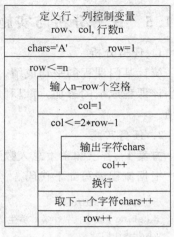

图 5-12 案例 5-8 程序流程

```c
# include < stdio. h>
void main ()
{ int   n,row,col;
  char chars = 'A';
  printf("请输入控制行数: ");
  scanf(" % d", &n);                    //输入控制行数
  for(row = 1; row <= n; row++) {
    for(col = 1;col <= n − row;col++)
        printf (" ");                   //输出空格
    for (col = 1;col <= 2 * row − 1;col++)
        printf(" % c",chars);           //输出(行)
    chars = chars + 1;                  //取下一个字符
    printf("\n") ;                      //输出换行符
    if(chars >'Z')
        chars = 'A';                    //让字母循环输出
  }
}
```

程序运行结果:

程序说明:

(1) 某行 row 输出的空格数为 n−row,所以利用循环输出前导空格数。

(2) 输出的字符数为 2 * row−1,循环输出字符 2 * row 次。

(3) 当输入的行数超过 26 行,实际上是输出的字符为'Z'时,取下一个字符取'A'。

思考与讨论:如何使输出图形倒向?

127

5.1.5　任务分析与实施

1. 任务分析

统计某门课程的平均成绩。对于某个班级学生某门课程平均成绩的统计，需要对每个学生该课程成绩的累加，可以利用循环方法分别输入各学生的成绩进行累加，然后求出平均成绩。

2. 任务实施

方案 1：若已知学生总人数，即知道循环次数，可以用 for 循环实现，其流程如图 5-13 所示。根据流程编写如下代码。

```c
# include "stdio. h"
# define NUM 3        / * 学生人数 * /
void main()
{
 float score,aver;
 float total = 0;
 int i;
 printf("请输入成绩: \n");
 for(i = 1;i < = NUM;i++)
 {
    scanf(" % f",&score);
    total += score;
 }
 aver = total/NUM;
 printf("平均成绩为: % f\n",aver);
}
```

方案 2：若不知道学生总人数，可以用 while 循环实现，当输入成绩为负数（结束标志）时退出循环，其流程如图 5-14 所示。根据流程编写如下代码。

图 5-13　求课程平均成绩处理流程

图 5-14　求课程平均成绩处理流程

```
# include "stdio.h"
void main(){
  float score,aver;
  float total = 0;
  int i = 0;
  printf("请输入成绩: \n");
  scanf("% f",&score);
  while(score > 0)        //若输入数据< 0,终止循环
    {
      i++;
      total += score;
      scanf("% f",&score);
    }
  aver = total/i;
  printf("平均成绩为: % 5.2f\n",aver);
}
```

 拓展训练

求 $n! = 1 \times 2 \times 3 \times \cdots \times n$。

任务 5.2　强制中断循环——控制转移语句

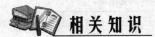 **问题的提出**

对于工程控制问题,往往无法确定循环次数或循环终止条件,可根据程序运行过程中发生的某种条件中断程序的运行,即所谓的强制中断。同样的,对于某些控制问题,可能希望提前结束本次循环而开始新一次的循环控制。要实现这种控制,可以采用 C 语言的控制转移语句 break、continue 和 goto,以控制程序流程的走向。

相关知识

5.2.1　break 语句

break 语句用于 while、do-while、for 循环语句中时,可以用来从循环体内跳出循环体,即提前结束循环(中断),接着执行循环体后面的语句。通常 break 语句总是与 if 语句联合使用,即满足条件时跳出循环。一般形式为

　if(表达式)　　break;

【案例 5-9】　求 300 以内能被 17 整除的最大的 3 个正整数。

分析:如果 m 被 n 整除,则 m%n=0,所以,求 300 以内能被 17 整除的最大的 3 个正整数,取 x 的值从 300 开始,如 x%17=0,表示 x 被 17 整除,只找 3 个这样的数,用一个计数器 count 计数。其程序流程如图 5-15 所示。根据程序流程编写如下代码。

```
# include "stdio. h"
void main(){
    int x;
    int count = 0;
    for(x = 300; x > = 17; x -- ){
        if(x % 17 == 0)
        { count++;
         if (count > 3) break;
         printf("x = % d\n",x);
        }
    }
}
```

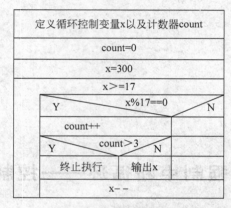

图 5-15　案例 5-9 程序流程

程序运行结果：

🔔**注意**：一般而言，break 语句只能出现在循环或 switch 语句中，如果一个 break 语句出现在其他地方，将导致编译错误。在循环嵌套中，break 只能退出它所在的那一层循环。

5.2.2　continue 语句

continue 语句用于 while、do-while、for 循环语句中时，与 if 语句联合使用，可以用来跳过本次循环中剩余的语句而强制执行下一次循环。一般形式为

　　if(表达式)　　continue;

【**案例 5-10**】　求 300 以内能被 17 整除的所有正整数。

分析：将从 1 到 300 的所有数 x 用来判断是否被 17 整除。程序流程如图 5-16 所示。根据程序流程编写如下代码。

```
# include "stdio. h"
void main(){
    int x;
```

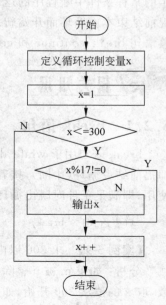

图 5-16　案例 5-10 程序流程

```
    for(x = 1; x <= 300; x++){
        if(x % 17!= 0)    continue;
        printf("% d    ",x);
    }
}
```

程序运行结果：

```
17   34   51   68   85  102  119  136  153  170  187  204  221  238  255  272  289
```

程序说明：在 1～300 间依次递增地除以 17，若某个数不能被 17 整除，则丢弃该数而开始新的一次循环判断；若能被 17 整除，则输出该数据。

5.2.3　goto 语句

goto 语句是一条无条件转移语句，是一种让程序员任意控制流程的有效工具，充分表现程序的灵活性。在结构化程序设计，goto 语句会使程序流程无规律、可读性差，因此，建议尽量少用或不用该语句。它常用在早期的高级语言中。在实践中，在需要跳出某种嵌套较深的结构时，如果使用 break 语句，只能跳出 break 所在层。如果一次要跳出二层甚至更多层，这时使用 goto 语句，就是不错的选择。

goto 语句的格式：

goto 标识符；

其中标识符是语句转移的目标。该标识符必须局限在当前函数的标号。标号的格式与变量名相同，并在其后跟冒号。

1.　用 if 语句和 goto 语句构成循环

可以利用 if 和 goto 语句实现循环，这种方式也是早期非结构化程序设置实现循环的一种方法。其处理流程如图 5-17 所示。

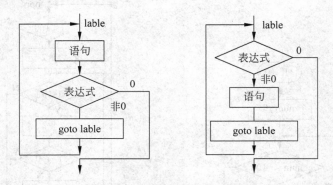

图 5-17　利用 goto 语句实现循环

【案例 5-11】　编程，求 1～10 的平方根。

分析：利用 if 和 goto 语句构成一个循环，设置变量 num，其取值为 1～10，并计算其平方根，当 num＞10 退出循环。其程序流程如图 5-18 所示。

```
# include < stdio. h >
# include < math. h >
void main()
```

```
{
    int num;
    printf("num\troot\n");
    num = 1;
    loop: if (num < = 10)
    {
        printf(" % d\t % 5.3f\n",num,sqrt(num));
        num++;
        goto loop;
    }
}
```

程序运行结果：

```
num      root
1        1.000
2        1.414
3        1.732
4        2.000
5        2.236
6        2.449
7        2.646
8        2.828
9        3.000
10       3.162
```

程序说明：这里应用 goto 语句实现循环，在结构化程序设计中，不建议采用这种方法。

2. 利用 goto 实现跳出循环

【案例 5-12】 用逐个判别法求 2～100 之间的所有素数。

分析：将 2～100 的所有整数逐个判断，如果是素数，则打印输出。程序流程如图 5-19 所示。

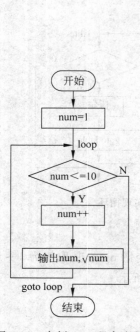

图 5-18　案例 5-11 程序流程

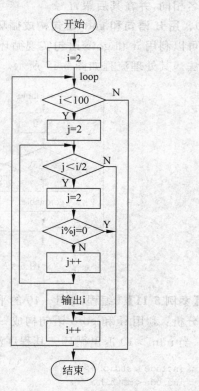

图 5-19　案例 5-12 程序流程

```
# include < stdio. h>
# include < math. h>
void main()
{
    int i,j,c;
    for (i = 2;i < 100;i++)
    {
        for (j = 2;j < i/2;j++)
            if(i % j == 0) goto ex;
        printf(" % 4d",i);
        c++;
        if (c % 5 == 0) printf("\n");
        ex:;
    }
}
```

程序运行结果：

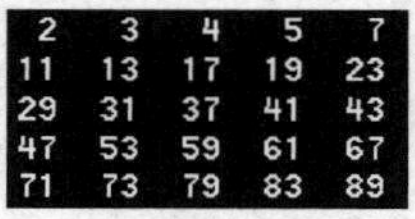

```
2    3    4    5    7
11   13   17   19   23
29   31   37   41   43
47   53   59   61   67
71   73   79   83   89
```

程序说明：

(1) 程序中 if(i%j==0) goto ex;,当 i 被 j 整除时,说明 i 不是一个素数,通过 goto 语句退出循环,再寻找下一个素数 i。

(2) 变量 c 是一个计数器,统计素数的个数。if (c%5==0) printf("\n");表示每行输出 5 个数。

5.2.4 任务分析与实施

1. 任务分析

统计某门课程的平均成绩。对于某个班级学生某门课程平均成绩的统计,需要对每个学生该课程成绩进行累加。可以利用循环方法分别输入各学生的成绩并累加,在成绩录入中需要对数据有效性进行验证,然后求出平均成绩。

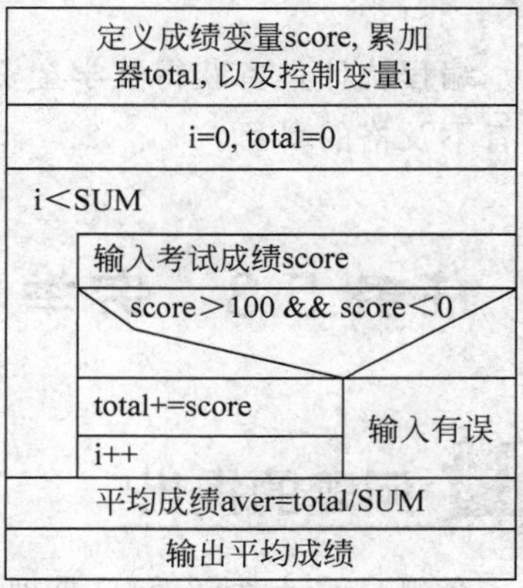

2. 任务实施

利用循环依次输入考试成绩,当输入的成绩是一个无效的成绩时,必须重新输入,不能将无效的数据进行累加。根据分析,其程序流程如图 5-20 所示。

图 5-20 成绩统计处理流程

```
# include "stdio. h"
# define SUM 3              //定义学生人数
void main(){
    float score,aver;
```

```
float total = 0;
int i;
printf("请输入成绩：\n");
i = 0;
for( ; i < SUM ; )
{
  printf("No. %d ", i + 1);
  scanf("%f", &score);
  /* 判断输入成绩的有效性 */
  if(score < 0 || score > 100)
  { printf("输入成绩无效,请重新输入!\n");
      continue;
  }
  total += score;                  //成绩累加
  i++;
}
aver = total/SUM;                  //求平均成绩
printf("平均成绩为：5.2f\n", aver);
}
```

程序说明：

(1) 程序中语句 for(;i<SUM;)相当于 while (i<SUM)。

(2) 当输入成绩无效时,停止后面的语句的执行,返回到 for 语句继续执行,利用 continue 语句改变程序的执行流程。

 拓展训练

编程统计具备获得奖学金资格的人数。其条件是：3 门课程的平均成绩在 85 分以上且没有不及格的科目。

任务 5.3　穷举与迭代——循环程序设计的应用

 问题的提出

在程序设计时,人们总是把复杂的不容易理解的求解过程转换为易于理解的多次重复操作。这样,一方面可以降低问题的复杂性,降低程序设计的难度,减少程序书写与输入的工作量;另一方面可以充分发挥计算机运算速度快、自动执行程序的优势。在循环算法中,穷举与迭代是两类具有代表性的基本应用,本次任务就是应用循环程序的设计实现这两种基本算法。

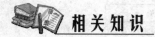

相关知识

5.3.1　穷举

穷举是一种重复型算法。它的基本思想是,对问题的所有可能状态一一进行测试,直到找到解或全部可能的状态都测试过为止。

穷举算法设计的 3 个关键如下。

(1) 确定穷举变量:问题涉及哪些因素需进行穷举。

(2) 确定穷举范围:问题所涉及的情况有哪些,穷举范围应该如何确定。

(3) 验证条件:分析出来的这些情况,需要满足什么条件才成为问题的答案。

利用穷举法,关键是如何控制循环。控制循环有两种方法:计数法和标志法。

计数法首先要确定循环次数,然后逐次测试,完成测试次数后,循环结束。标志法是让标志位为真,循环处理相关事务,当达到某一目标后,将标志设置为假,使循环结束。

计数使用起来方便,但要求程序执行前必须知道循环的总次数。如前面案例中已知学生人数,依次输入学生的成绩。标志法是在循环中根据环境状态的变化使标志发生变化而终止循环,当不知道循环次数时采用这种方法。

【案例 5-13】　编程输出九九乘法表。

分析:这里我们知道九九乘法表的行数以及每行的列数,只要"列举"所有情况就可以了。利用二重循环,其程序流程如图 5-21 所示。编写代码如下:

```
# include < stdio. h >
void main()
{
  int i,j;
  for (i = 1;i < = 9;i++)
  {
    printf("\n");  //换行
    for (j = 1;j < = i;j++)
        printf(" % d * % d = % d  ",i,j,i * j);
  }
  printf("\n");
}
```

程序说明:

(1) 外循环是控制输出的行数,内循环是每列输出的数据。

(2) 为了输出的格式,在每行结束(或开始)换行。

【案例 5-14】　求水仙花数。

分析:所谓水仙花数是指一个 3 位数,其各位的立方之和等于该数。如 $153 = 1^3 + 5^3 + 3^3$,所以 153 是水仙花数。

从 3 位数中找水仙花数,用循环来"穷举"所有的 3 位数,只要满足水仙花数的条件,输出该数就可以了。将循环控制变量的初值设为 100,终值设为 999,步长为 1,每个循环变量分离出个位、十位、百位 3 个数字,如果将这 3 个数字的立方和相加等于循环控制变量的值,则这个循环控制变量的值就是水仙花数。其算法的流程如图 5-22 所示。

135

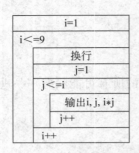

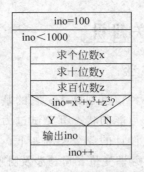

图 5-21　九九乘法表程序流程　　　　图 5-22　求水仙花数程序流程

编写代码如下：

```
#include<stdio.h>
void main() {
    int unit = 0, ten = 0, hundred = 0, itmp = 0, ino = 0;
    printf("水仙花数有:\n");
    for(ino = 100; ino < 1000; ino++) {
        unit = ino % 10;            //求个位数
        ten = (ino/10) % 10;        //求十位数
        hundred = (ino/100) % 10;   //求百位数
        itmp = unit * unit * unit + ten * ten * ten + hundred * hundred * hundred;
        if(itmp == ino)
        printf("%d\t", ino);
    }
    printf("%d\n", ino);
}
```

程序运行结果：

程序说明：

（1）表达式 ino％10 是求个位数，表达式（ino/10）％10 是求十位数，（ino/100）％10 是求百位数。

（2）由于水仙花数是 3 位数，所以穷举 100～999 的所有数值。

5.3.2　迭代

迭代是不断用新值取代旧值，或者由旧值递推出变量新值的过程。迭代与下面的因素有关。

（1）确定迭代变量。在能用迭代算法解决的问题中，至少存在一个直接或间接地不断由旧值递推出新值的变量，这个变量就是迭代变量。

（2）建立迭代关系式。所谓迭代关系式，指怎么从变量的前一个值推出其下一个值的公式（或关系）。迭代关系式的建立是解决迭代问题的关键，通常能使用递推或倒推的方法来完成。

（3）对迭代过程进行控制。在什么时候结束迭代过程？迭代过程的控制通常可分为两种情况：一种是所需的迭代次数是个确定的值，能计算出来；另一种是所需的迭代次数无法确定。对于前一种情况，能构建一个固定次数的循环来实现对迭代过程的控制；对于后一种情况，需要进一步分析出用来结束迭代过程的条件。

【案例 5-15】 按年 2% 的增长速度，现在有 13 亿人，多少年后人口达到 15 亿？

分析：设当年的人口数为 a，人口增长率为 rate，则第一年的人口数量为 $a*(1+\text{rate})$，第二年为 $a*(1+\text{rate})*(1+\text{rate})$，以此类推，第 n 年后人口数量为 $a*(1+\text{rate})^n$。根据分析，其程序流程如图 5-23 所示。编写如下程序：

```
# include < stdio.h>
void main()
{float rate = 0.02f,a = 13,b = 15;
 int i = 0;
 while (a < b){
     a = a + a * rate;
     i++;
 }
 printf(" % d",i);
}
```

程序运行结果：

```
8
```

程序说明：程序中，通过 $a=a+a*\text{rate}$ 的反复迭代运算，直到 a 大于或等于 b 时结束。迭代的次数，就是人口增长的年数，所以用一个计数器 i 来计数迭代的次数。

【案例 5-16】 求前 30 项斐波那契数。

分析：斐波那契数列的第 1、2 项分别为 1、1，以后各项的值均是其前两项之和。

设第一个数为 f_1，第二个数为 f_2，第三个数为 f_3，则 $f_1=1$，$f_2=1$，$f_3=f_1+f_2$。

根据这个规律，能归纳出下面的递推公式：

$$f_n = f_{(n-2)} + f_{(n-1)}$$

其程序流程如图 5-24 所示。

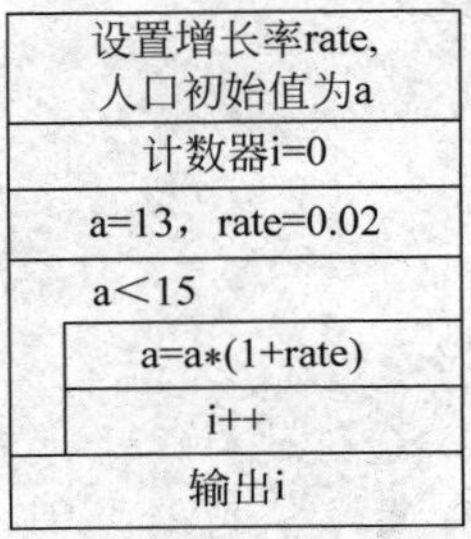

设置增长率rate，人口初始值为a
计数器i=0
a=13，rate=0.02
a<15
a=a*(1+rate)
i++
输出i

图 5-23 案例 5-15 程序流程

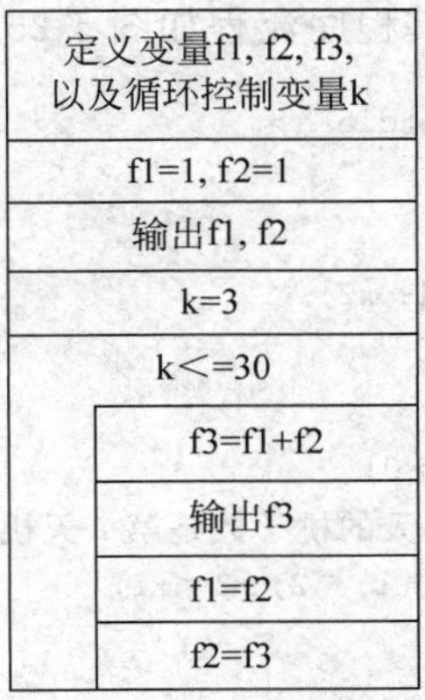

定义变量f1, f2, f3，以及循环控制变量k
f1=1, f2=1
输出f1, f2
k=3
k<=30
f3=f1+f2
输出f3
f1=f2
f2=f3

图 5-24 案例 5-16 程序流程

```
# include "stdio.h"
void main(){
    long  f1 = 1, f2 = 1, f3;
    int   k;
    printf("%10ld%10ld", f1,f2);
    for(k = 3;k <= 30;k++)
     { f3 = f1 + f2;
        printf("%10ld",f3);
        f1 = f2; f2 = f3;
     }
}
```

程序运行结果：

1	1	2	3	5	8	13	21
34	55	89	144	233	377	610	987
1597	2584	4181	6765	10946	17711	28657	46368
75025	121393	196418	317811	514229	832040		

程序说明：

（1）程序中通过 $f1 = f2, f2 = f3, f3 = f1 + f2$ 的反复迭代，实现了求斐波那契数列的目的。

（2）程序中 %10ld 为输出格式。

【案例 5-17】 猴子吃桃问题：猴子第一天摘下若干个桃子，当即吃了一半，还不过瘾，又多吃了一个，第二天早上又将剩下的桃子吃掉一半，又多吃了一个。以后每天早上都吃了前一天剩下的一半零一个。到第 10 天早上想再吃时，只剩下一个桃子了。求第一天共摘了多少个桃子？

分析：采取逆向思维的方法，从后往前推断。假设共有 X 个桃子，那么，第一天猴子吃掉的桃子数是 $X/2+1$ 个，也等于 $(X+2)/2$；第二天吃掉的桃子数是 $(X-(X/2+1))/2+1$ 个，也等于 $(X+2)/4$；到第九天吃掉的桃子个数 $F(9)$ 就是 $(X-F(8))/2+1$；第十天就只剩下 $F(10)=1$ 个了。以此类推，若第 n 天有 X_n，第 $n+1$ 天有 X_{n+1}，则它们的关系为 $X_n = 2*(X_{n+1}+1)$，反复迭代，就可以求出第 1 天的桃子了。依次分析，其程序流程如图 5-25 所示。编写程序如下：

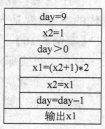

| day=9 |
| x2=1 |
| day>0 |
| x1=(x2+1)*2 |
| x2=x1 |
| day=day-1 |
| 输出x1 |

图 5-25　案例 5-17
程序流程

```
# include < stdio.h>
void main()
{
    int day, x1, x2;
    day = 9;
    x2 = 1;
    while(day > 0){
        /* 第一天的桃子数是第 2 天桃子数加 1 后的 2 倍 */
        x1 = (x2 + 1) * 2; x2 = x1;
        day-- ;
    }
    printf("第一天共摘了 %d 个桃子\n", x1);
}
```

程序运行结果：

第一天共摘了 1534 个桃子

程序说明：程序中 x1 表示前一天的桃子数，x2 表示当天剩余的桃子数，day 表示第几天。

5.3.3   任务分析与实施

1. 任务分析

本次任务分别利用穷举法和迭代法求两个数的最大公约数和最小公倍数。

（1）穷举法

从两个数中较小数开始由大到小列举，直到找到公约数立即中断列举，得到的公约数便是最大公约数。其程序流程如图 5-26 所示。

（2）迭代法

其算法过程为：设两数为 first、second，其中 first 做被除数，second 做除数，remainder 为余数。

① 大数放 first 中；小数放 second 中。

② 求 first/second 的余数。

③ 若 remainder＝0，则 second 为最大公约数。

④ 如果 remainder！＝0，则把 second 的值给 first，remainder 的值给 second。

⑤ 返回第②步，直到 remainder＝0，这时 first 就是其最大公约数。

其最小公倍数为给定的两个数的积除以最大公约数。其程序流程如图 5-27 所示。

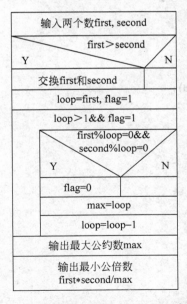

图 5-26   用穷举法求最大公约数的程序流程

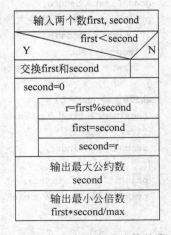

图 5-27   用迭代法求最大公约数的程序流程

2. 任务实施

根据流程编写程序。

(1) 穷举法

```
# include < stdio. h>
void main() {
    int second = 0, first = 0, max = 0, min = 0, temp = 0, flag = 1;
    int loop;
    printf("请输入两个数 m, n:");
    scanf(" % d, % d", &first, &second);
    if(first > second) {              //如果 first > second 则交换
       temp = first;
       first = second;
       second = temp;
    }
    loop = first;
    while(loop > 1 &&flag) {       //穷举小于等于 first 的所有数
       if(first % loop == 0&&second % loop == 0)
       { max = loop; flag = 0;}
          loop -- ;
    }
    min = first * second/max;
    printf(" % d 和 % d 的最大公约数: % d,", first, second, max);
    printf("最小公倍数: % d\n", min);
}
```

(2) 迭代法

```
# include < stdio. h>
void main(){
    int first, second, remainder, temp, gcd;
    printf("输入两个数 m, n:");
    scanf(" % d, % d", &first, &second);
    gcd = first * second;
    printf(" % d 和 % d 的最大公约数是:", first, second);
    if (first < second) {
       temp = first;
       first = second; second = temp;
    }
    while (second!= 0) {
     remainder = first % second;
     first = second;
     second = remainder;
    }
    printf(" % d ,", first);
    printf("最小公倍数 % d\n", gcd/first);
}
```

 拓展训练

用迭代法求 a 的平方根,其迭代公式: $x = (x + a/x) * 0.5$。

项 目 实 践

1．需求描述

每当一门课程考试结束后，将要统计学生的考试成绩，生成统计表，用于分析学生的学习情况，其统计的内容包括平均成绩、成绩分数段、最高分、最低分、及格率、优秀率。其分数段分为：优 90～100 分，良 80～89 分，中 70～79 分，及格 60～69 分，不及格＜60 分。优秀率＝优秀人数/总人数，及格率＝及格人数/总人数。

2．分析与设计

数据类型的定义（定义如下的变量）：

考试成绩：float Score

总成绩：float sum

平均成绩：float average

最高分：max

最低分：min

各个分数段分别用不同的计数器来表示：优 count9，良 count8，中 count7，及格 count 6，不及格 count5。

将各计数器的初始值设置为 0，最高分 max 的初始值设置为 0，最低分 min 的初始值设置为 100（假设考试成绩为百分制）。输入的成绩为负数时结束成绩的输入。其程序流程如图 5-28 所示。

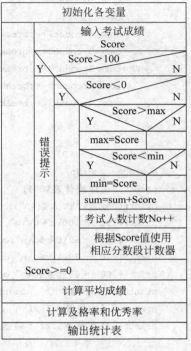

图 5-28　考试成绩统计程序流程

3．实施方案

根据上面的分析，编写如下代码：

```c
#include <stdio.h>
void main(){
    int count9,count8,count7;
    int count6,count5,No = 0;
    int Grade;
    float Score,sum = 0,average,max,min;
    count9 = count8 = count7 = count6 = count5 = 0;
    max = 0; min = 100;
    printf("请输入考试成绩(输入－1结束)\n");
    do{
        printf("No. %d   :",No + 1);
        scanf(" %f",&Score);
        if (Score > 100) {
            printf("数据有误,重新输入\n");
            continue;
```

```
            }
        if (Score > = 0){
            if (max < Score) max = Score;
            if (min > Score) min = Score;
            sum += Score; No++;
            if (Score < 60&&Score > = 0) Score = 50;
            Grade = (int)Score/10 - 5;
            switch (Grade){
              case 5:
              case 4:count9++;break;
              case 3:count8++;break;
              case 2:count7++;break;
              case 1:count6++;break;
              case 0:count5++;break;
            }
        }
    }while(Score > = 0);
    average = sum/No;
    printf("成绩统计表\n");
    printf("分数段\t 人数\n");
    printf("90 -- 100\t % 6d\n",count9);
    printf("80 -- 89\t % 6d\n",count8);
    printf("70 -- 79\t % 6d\n",count7);
    printf("60 -- 69\t % 6d\n",count6);
    printf("< 60\t % 6d\n",count5);
    printf("平均成绩 % 5.2f\n" ,average);
    printf("最高分 % 5.2f\t 最低分 % 5.2f\n",max,min);
    printf("优秀率 % 5.2f\t 及格率 % 5.2f\n",(float) count9/No * 100, (float)(No - count5)/No * 100);
}
```

小 结

相关知识重点:

3 种循环结构的编程。

相关知识点提示:

(1) 循环结构的特点是,在给定条件成立时,重复执行某程序段,直到条件不成立为止。

(2) while 循环用于在给定条件为真的情况下重复执行一组操作,while 循环先判断后执行。

(3) do-while 循环先执行后判断,因此循环将至少执行一次。

(4) for 循环与 while 循环类似,属于先判断后执行。

for 语句中有 3 个表达式:表达式 1 通常用来给循环变量赋初值;表达式 2 通常是循环条件;表达式 3 用来更新循环变量的值。

for 语句中的各个表达式都可以省略,但要注意分号分隔符不能省略。

如果省略表达式 2 和表达式 3,需要在循环体内设法结束循环,否则会导致死循环。

(5) 在循环中,要注意设定循环控制变量初值、修改循环变量的值以改变循环条件,否则有可能形成死循环。

(6) 3 种循环语句可以相互嵌套组成多重循环。循环之间可以并列但不能交叉。

(7) 如果要程序执行非正常流程,可以应用转移语句 goto、break、continue、return。其中 return 只能在函数被调用中使用。goto 使用在循环中时,只能转出循环体,不能转入循环体。一般情况下,结构化程序设计不主张使用 goto 语句。

在具体的循环程序设计中遇到的问题往往比较复杂,因此在设计前应该认真分析,要设定哪些变量,写出哪些计算公式,拟出解决问题的思路。

习 题

一、判断题

1. break 和 continue 语句都可用于选择结构和循环结构中。　　　　　　　(　　)

2. 用 do-while 语句构成的循环,在 while 后的表达式为零时结束循环。　　(　　)

3. break 可以终止程序的运行。　　　　　　　　　　　　　　　　　　　(　　)

4. exit(0)用于终止程序的执行。　　　　　　　　　　　　　　　　　　　(　　)

二、选择题

1. 以下程序的输出结果是(　　)。(1999 年 9 月)

```
# include < stdio.h>
void main()
{    int x = 10,y = 10,i;
     for(i = 0;x > 8;y = ++i)
         printf("% d;% d ",x-- ,y);
}
```

　　A. 10 1 9 2 　　　　　B. 9 8 7 6 　　　　　C. 10 9 9 0 　　　　　D. 10 10 9 1

2. 以下程序的输出结果是(　　)。(1999 年 9 月)

```
# include < stdio.h>
void main()
{     int n = 4;
      while(n-- )printf("% d ", -- n);
}
```

　　A. 2 0 　　　　　B. 3　1 　　　　　C. 3　2　1 　　　　　D. 2　1

3. 以下程序的输出结果是(　　)。(1999 年 9 月)

```
# include < stdio.h>
void main()
{    int i;
     for(i = 'A';i <'I';i++,i++)  printf("% c",i + 32);
```

```
    printf(" \n");
}
```

A. 编译不通过,无输出   B. aceg

C. acegi   D. abcdefghi

4. 以下循环体的执行次数是(   )。(2000 年 4 月)

```
# include < stdio. h >
void main()
{ int i,j;
  for(i = 0,j = 1;  i <= j + 1; i += 2, j -- )printf(" % d \n",i);
}
```

A. 3   B. 2   C. 1   D. 0

5. 以下叙述正确的是(   )。 (2000 年 4 月)

A. do-while 语句构成的循环不能用其他语句构成的循环来代替

B. do-while 语句构成的循环只能用 break 语句退出

C. 用 do-while 语句构成的循环,在 while 后的表达式为非零时结束循环

D. 用 do-while 语句构成的循环,在 while 后的表达式为零时结束循环

6. 有如下程序:

```
# include < stdio. h >
void main()
{ int i,sum;
  for(i = 1;i <= 3;i++)sum += i;
  printf(" % d\n",sum);
}
```

该程序的执行结果是(   )。(2000 年 9 月)

A. 6   B. 3   C. 不确定   D. 0

7. 有如下程序:

```
# include < stdio. h >
void main()
{ int x = 23;
  do
  { printf(" % d",x -- );}
  while(!x);
}
```

该程序的执行结果是(   )。(2000 年 9 月)

A. 321   B. 23   C. 不输出任何内容   D. 陷入死循环

8. 以下程序的输出结果是(   )。(2001 年 9 月)

```
# include < stdio. h >
void main()
{ int num = 0;
  while(num <= 2)
  {  num++;  printf(" % d\n",num);
  }
}
```

A. 1 　　　　　　B. 1 　　　　　　C. 1 　　　　　　D. 1
　　2 　　　　　　　　2 　　　　　　　　2
　　3 　　　　　　　　3
　　4

9. 以下程序的输出结果是(　　)。(2001 年 9 月)

```
# include < stdio. h>
void main()
{ int a, b;
  for(a = 1, b = 1; a < = 100; a++)
  {   if(b > = 10)   break;
      if (b % 3 == 1)
        { b += 3; continue; }
  }
  printf(" % d\n",a);
}
```

　　A. 101 　　　　　　B. 6 　　　　　　C. 5 　　　　　　D. 4

10. 以下程序的输出结果是(　　)。(2002 年 4 月)

```
# include < stdio. h>
void main()
{ int a = 0,i;
  for(i = 0;i < 5;i++){
    switch(i)
    {
      case 0:
      case 3:a += 2;
      case 1:
      case 2:a += 3;
      default:a += 5;
    }
  }
  printf(" % d\n",a);
}
```

　　A. 31 　　　　　　B. 13 　　　　　　C. 10 　　　　　　D. 20

11. 有以下程序：

```
int n = 0,p;
do{scanf(" % d",&p);n++;}while(p!= 12345 &&n < 3);
```

　　此处 do-while 循环的结束条件是(　　)。(2002 年 9 月)
　　A. P 的值不等于 12345 并且 n 的值小于 3
　　B. P 的值等于 12345 并且 n 的值大于等于 3
　　C. P 的值不等于 12345 或者 n 的值小于 3
　　D. P 的值等于 12345 或者 n 的值大于等于 3

12. 有以下程序：

```
# include < stdio. h>
void main()
{   int i;
    for(i = 0;i < 3;i++)
        switch(i)
        {   case 1:   printf("%d",i);
            case 2:   printf("%d",i);
            default:  printf("%d",i);
        }
}
```

执行后输出结果是(   )。（2003 年 4 月）

A. 011122   B. 012   C. 012020   D. 120

13. 有以下程序：

```
# include < stdio. h>
void main()
{   int i = 0,s = 0;
    do{
        if(i % 2){i++;continue;}
        i++;
        s += i;
    }while(i < 7);
    printf("%d\n",s);
}
```

执行后输出结果是(   )。（2003 年 4 月）

A. 16   B. 12   C. 28   D. 21

14. 若有如下程序段,其中 s、a、b、c 均已定义为整型变量,且 a、c 均已赋值(c 大于 0)

```
s = a;
for(b = 1;b < = c;b++) s = s + 1;
```

则与上述程序段功能等价的赋值语句是(   )。（2003 年 9 月）

A. s＝a＋b;   B. s＝a＋c;   C. s＝s＋c;   D. s＝b＋c;

15. 要求以下程序的功能是计算 $s = 1 + \frac{1}{2} + \frac{1}{3} + \cdots + \frac{1}{10}$：

```
# include < stdio. h>
void main ()
{ int n; float s;
  s = 1.0;
  for(n = 10;n > 1;n -- )
  s = s + 1/n;
  printf("%6.4f\n",s);
}
```

程序运行后输出结果错误,导致错误结果的程序行是(   )。（2003 年 9 月）

A. s＝1.0;   B. for(n＝10;n＞1;n--)

C. s＝s＋1/n;   D. printf("％6.4f/n",s);

三、填空题

1. 下面程序的功能是,输出 100 以内能被 3 整除且个位数为 6 的所有整数,请填空。(2000 年 4 月)

```
# include < stdio. h >
void main()
{    int i,j;
     for(i = 0; [1] ; i++)
     {   j = i * 10 + 6;
        if(____) continue;
        printf(" % d",j);
     }
}
```

2. 要使以下程序段输出 10 个整数,请填入一个整数。(2000 年 9 月)

```
for(i = 0;i < = _____;printf(" % d\n",i += 2));
```

3. 设有以下程序:

```
void main(){
  int n1,n2;
  scanf(" % d",&n2);
  while(n2!= 0)
  {   n1 = n2 % 10;
      n2 = n2/10;
    printf(" % d",n1);
  }
}
```

程序运行后,如果从键盘上输入 1298,则输出结果为_____。(2001 年 9 月)

4. 有以下程序:(2002 年 9 月)

```
# include < stdio. h >
void main()
{ char c;
  while((c = getchar( ))!= '?')putchar( -- c);
}
```

程序运行时,如果从键盘输入 Y? N? <回车>,则输出结果为_____。

5. 执行以下程序后,输出"#"号的个数是_____。(2003 年 9 月)

```
# include  < stdio. h >
void main()
{ int i,j;
  for(i = 1; i < 5; i++)
  for(j = 2; j <= i; j++)  putchar('#');
}
```

四、编程题

1. 编程求个位数为 5 或 7 的 200 以内的素数。

2. 用迭代公式求 $x = \sqrt{a}$。求平方根的迭代公式为

$$X_{n+1} = \frac{X_n}{2} + \frac{a}{X_n}$$

3. 编程求 $1! + 2! + \cdots + n!$。

项目 6 模块化与团队协作
——模块化程序设计

技能目标 通过本项目任务的学习,掌握模块化程序设计的基本方法。

知识目标 C 语言通过函数支持模块化程序设计思想,使得复杂问题得以轻松地解决。本项目涉及如下的知识点。

- 函数的定义与调用;
- 函数间数据的传递;
- 变量的生存周期与作用域;
- 嵌套与递归。

完成该项目后,达到如下的目标。

- 了解 C 语言函数的分类;
- 掌握函数的定义和调用方法;
- 了解变量的作用域与生命周期;
- 熟悉递归程序的设计方法。

关键词 标准库(standard library)、实际参数(actual parameter)、形式参数(formal parameter)、参数表(parameter table)、传地址(transfer address)、传值(transfer value)、引用(reference)、递归调用(recursive call)、回溯(backtracking)、返回值(return value)、静态(static)、局部变量(local variable)、全局变量(global variable)、模块化程序设计(modular programming)

该项目模拟多人编程,采用模块化程序设计的思想完成项目设计。在多人协作中,要注意如何划分模块,各个模块的边界,模块的接口,共享数据的约定等问题。本项目的任务就是利用模拟计算器,体会模块化与团队协作编程。

任务 6.1 成绩统计的模块化编程——函数

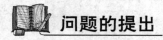 ## 问题的提出

人们在求解一个复杂问题时,通常采用的是逐步分解、分而治之的方法,也就是把一个大问题分解成若干个比较容易求解的小问题,然后分别求解。程序员在设计一个复杂的应用程序时,往往也是把整个程序划分为若干功能较为单一的程序模块,然后分别予以实现,最后再把所有的程序模块像搭积木一样装配起来,这种在程序设计中分而治之的策略,被称

为模块化程序设计方法。

在实际应用中,一个项目和工程由若干模块构成,人们将一个个的模块定义为函数,通过对函数模块的调用实现特定的功能。利用函数,让程序设计变得简单和直观,提高了程序的易读性和可维护性,这样可以大大地减轻程序员编写代码的工作量。

本次任务利用模块化程序设计思想完成学生成绩统计程序的设计。

 **相关知识**

6.1.1　函数的概念

在 C 语言中,函数是程序的基本组成单位。C 语言不仅提供了极为丰富的库函数,还允许用户建立自己定义的函数。用户可把自己的算法编成一个个相对独立的函数模块,然后用调用的方法来使用函数。可以说 C 程序的全部工作都是由各式各样的函数完成的,所以也把 C 语言称为函数式语言。

在 C 语言中可从不同的角度对函数分类。

(1) 从函数定义的角度看,函数可分为**库函数**和**用户定义函数**两种。

① 库函数:由 C 系统提供,用户无须定义,也不必在程序中做类型说明,只需在程序前包含有该函数原型的头文件即可在程序中直接调用。

② 用户定义函数:由用户按需要写的函数。对于用户自定义函数,不仅要在程序中定义函数本身,而且在主调函数模块中还必须对该被调函数进行类型说明,然后才能使用。

(2) C 语言的函数兼有其他语言中的函数和过程两种功能,从这个角度看,又可把函数分为**有返回值函数**和**无返回值函数**两种。

① 有返回值函数:此类函数被调用执行完后将向调用者返回一个执行结果,称为函数返回值。如数学函数即属于此类函数。由用户定义的这种要返回函数值的函数,必须在函数定义和函数说明中明确返回值的类型。

② 无返回值函数:此类函数用于完成某项特定的处理任务,执行完成后不向调用者返回函数值。这类函数类似于其他语言的过程。由于函数无须返回值,用户在定义此类函数时可指定它的返回为"空类型",空类型的说明符为"void"。

(3) 从主调函数和被调函数之间数据传送的角度看又可分为**无参函数**和**有参函数**两种。

① 无参函数:函数定义、函数说明及函数调用中均不带参数,主调函数和被调函数之间不进行参数传送。此类函数通常用来完成一组指定的功能,可以返回或不返回函数值。

② 有参函数:也称为带参函数。在函数定义及函数说明时都有参数,称为形式参数(形参)。在函数调用时也必须给出参数,称为实际参数(实参)。进行函数调用时,主调函数将把实参的值传送给形参,供被调函数使用。

(4) C 语言提供了极为丰富的库函数,这些库函数又可从功能角度做以下分类。

① 转换函数:用于字符或字符串的转换;在字符量和各类数字量(整型,实型等)之间进行转换;在大、小写之间进行转换。

② 目录路径函数：用于文件目录和路径操作。

③ 诊断函数：用于内部错误检测。

④ 图形函数：用于屏幕管理和各种图形功能。

⑤ 输入输出函数：用于完成输入输出功能。

⑥ 接口函数：用于与 DOS、BIOS 和硬件的接口。

⑦ 字符串函数：用于字符串操作和处理。

⑧ 内存管理函数：用于内存管理。

⑨ 数学函数：用于数学函数计算。

⑩ 日期和时间函数：用于日期、时间转换操作。

⑪ 进程控制函数：用于进程管理和控制。

⑫ 其他函数：用于其他各种功能。

在 C 语言中，所有的函数定义，包括主函数 main() 在内，都是平行的。也就是说，在一个函数的函数体内，不能再定义另一个函数，即不能嵌套定义。但是函数之间允许相互调用，也允许被调函数再调用其他函数，即**嵌套调用**。习惯上把调用者称为**主调函数**，被其他函数调用的函数称为**被调用函数**。函数还可以自己调用自己，称为**递归调用**。

main() 函数是主函数，它可以调用其他函数，而不允许被其他函数调用。因此，C 程序的执行总是从 main() 函数开始，完成对其他函数的调用后再返回到 main() 函数，最后由 main() 函数结束整个程序。**一个 C 源程序必须有，也只能有一个主函数 main()。**

6.1.2 函数的声明与定义

1. 函数声明与函数原型

变量和数组在使用之前必须先定义。函数也类似，一般情况下，**函数应先定义，后调用**。**若是处于先调用，后定义情况下，则需加适当的声明。**

在主调函数中对被调函数做说明的目的是使编译系统知道被调函数返回值的类型，以便在主调函数中按此种类型对返回值做相应的处理。

函数声明的一般形式为

类型说明符 函数名(类型 1 形参 1,类型 2 形参 2…);

或

类型说明符 函数名(类型 1,类型 2…);

括号内给出了形参的类型和形参名，或只给出形参类型。这便于编译系统进行检错，以防止可能出现的错误。

main() 函数中对 max() 函数的声明为

int max(int a, int b)

或写为

int max(int, int);

这样在程序中调用该函数时，就不会出现**编译错误**。

```
void main(){
  int x = 2, y = 3;
  x = max(x, y);
}
```

C 语言中又规定在以下几种情况时可以省去主调函数中对被调函数的函数说明。

（1）如果被调函数的返回值是整型或字符型时,可以不对被调函数的返回值类型做说明,直接调用时系统将自动对被调函数返回值按整型处理。

（2）当被调函数的函数定义出现在主调函数之前时,在主调函数中也可以不对被调函数再做说明而直接调用。

（3）如在所有函数定义之前,函数外预先说明了各个函数的类型,则在以后的各主调函数对库函数的调用不需要再做说明,但必须把该函数的头文件用 include 命令包含在程序段开头。

2. 函数的定义

函数定义的语法形式:

```
类型标识符 函数名(类型 1 形参 1, 类型 2 形参 2…)
{
  语句序列
}
```

（1）类型标识符:用来指定本函数返回值的数据类型,可以是各种数据类型,也可以是后面将要介绍的其他类型(如结构体等)。函数类型说明符也可以省略,若省略,则系统默认函数返回值的数据类型是 int。函数没有返回值,函数可以定义为空类型 void。

（2）函数名:是由用户命名的,命名规则同用户标识符。在同一个文件中,函数是不允许重名的。

（3）无参函数的函数名后面的"()"不能省略,在调用无参函数时,没有参数传递。有参函数的函数名后面的"()"内是用逗号分隔的若干个形式参数,每个参数也必须指定数据类型。

（4）语句序列:即函数体部分,包含该函数所用到的变量的定义或有关声明部分及实现该函数功能的相关程序段部分。

每个函数必须单独定义,不允许嵌套定义,即不能在一个函数的内部再定义另一个函数。

🔔注意:用户函数不能单独运行,但可以被主函数或其他函数所调用,它也可以调用其他函数。所有用户函数均不能调用主函数。

【案例 6-1】　无参函数的定义。

```
void Hello(){
  printf ("Hello, world \n");
}
```

这里,只把 main 改为 Hello 作为函数名,其余不变。Hello()函数是一个无参函数,当被其他函数调用时,输出"Hello, world"字符串。

【**案例 6-2**】 有参函数的定义,求两个数的最大值。

```
int max(int a,int b){
  return a>b ?return a: return b;
}
```

这个函数名为 max,有两个整型参数 a、b,函数的返回值为整型。 函数体是{return a>b ? return a:return b;}。

3. 形式参数

形式参数(形参)表中的内容如下:

参数类型 1 参数变量名 1,参数类型 2 参数变量名 2,…,参数类型 n 参数变量名 n

形式参数的作用是实现主调函数与被调函数之间的联系,通常将函数所处理的数据、影响函数功能的因素或者函数处理的结果作为形参。 没有形参的函数在形参表中可以写 void。

函数在没有调用的时候形参是静止的,此时的形参只是以一个符号,它标志参数出现的位置、类型和个数。函数调用时才执行。**发生函数调用时,主调函数把实参的值传送给被调函数的形参,** 从而实现主调函数向被调函数的数据传送,与数学中的函数概念相类似。

形参出现在函数定义中,在整个函数体内都可以使用,离开该函数则不能使用。

4. 函数的返回值

函数的值是指函数被调用之后,执行函数体中的程序段所取得的并返回给主调函数的值,要注意以下几点。

(1) 函数的值只能通过 return 语句返回主调函数。

return 语句的一般形式为

return 表达式;

或

return (表达式);

在函数中允许有多个 return 语句,但每次调用只能有一个 return 语句被执行,因此只能返回一个函数值。

(2) **函数值的类型和函数定义中函数的类型应保持一致。** 如果两者不一致,则以函数类型为准,自动进行类型转换。

(3) 如函数值为整型,在函数定义时可以省去类型说明(在 C++中,任何一个函数必须定义函数的类型)。

(4) 没有函数返回值的函数,可以明确定义为"空类型",类型说明符为"void"。

为了使程序有良好的可读性并减少出错,凡不要求返回值的函数都应定义为空类型。

6.1.3 函数的调用

1. 函数的调用形式

函数在调用前必须在主调函数中声明函数原型,或在调用函数之前定义被调函数。

C 语言中,函数调用的一般形式为

函数名(实际参数表)

对无参函数调用时则无实际参数表。实际参数表中的参数可以是常数、变量或其他构造类型数据及表达式。各实参之间用逗号分隔。

在 C 语言中,可以用以下几种方式调用函数。

(1) 函数表达式:函数作为表达式中的一项出现在表达式中,以函数返回值参与表达式的运算。这种方式要求函数是有返回值的。

例如,z＝max(x,y)是一个赋值表达式,把 max()的返回值赋予变量 z。

(2) 函数语句:函数调用的一般形式加上分号即构成函数语句。例如:

printf ("%d",a);　　scanf ("%d",&b);

都是以函数语句的方式调用函数。

(3) 函数实参:函数作为另一个函数调用的实际参数出现。这种情况是把该函数的返回值作为实参进行传送,因此要求该函数必须是有返回值的。例如:

printf("%d",max(x,y));

即是把 max()调用的返回值又作为 printf()函数的实参来使用的。

在函数调用中还应该注意的一个问题是求值顺序的问题。所谓求值顺序是指对实参表中各量是自左至右使用,还是自右至左使用。对此,各系统的规定不一定相同。

【案例 6-3】　输入两个数,求其最大值。

```
# include < stdio. h >
float   Max(float a, float b);
void main(){
    float x,y,z;
    printf("输入两个数 x,y");
    scanf("%f,%f",&x,&y);
    z = Max(x,y);
    printf("Max= %6.2f\n",z);
}
float   Max(float a,float b){
    if (a>b) return a;else return b;
}
```

程序运行结果:

```
输入两个数x,y2,5
Max= 5.00
```

程序说明:

(1) 首先声明函数 Max(),函数的类型为 float,形式参数为 a、b,形式参数的类型为 float,函数的返回值类型为 float。

(2) 在主调函数中调用函数 z＝Max(x,y),x、y 为实际参数,实参与形参的类型必须一致或赋值兼容。将函数的返回值赋值给变量 z,z 的类型与函数的返回值类型一致。

(3) 声明一个函数后,使编译系统知道被调函数的存在,要连接运行必须定义函数,函数的定义可以在主调函数前,也可以在主调函数的后面。如果在主调函数之前定义,则可以不声明函数。

(4) 形参只在函数调用时才分配内存单元,调用结束时内存单元被释放,变量 a、b 只在函数 Max()中起作用,在 main 中不起作用。

(5) 实参可以是常量、变量或表达式,但必须是个定值。可以这样调用:

c = max(3,a + b)

2. 函数调用的执行过程

程序在执行的过程中,如果遇到了对其他函数的调用,则暂停当前函数的执行,保存下一条指令的地址(即返回地址),作为从子函数返回后继续执行的程序入口,并保留现场,然后转到子函数的入口地址,执行子函数。当遇到 return 语句或函数结束时,则恢复先保存的现场,并从先前保存的返回地址开始继续执行。图 6-1 显示了函数调用和返回的过程。

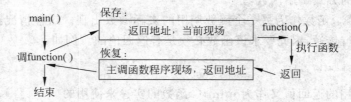

图 6-1 函数调用和函数返回过程

6.1.4 函数间的数据传递

在函数没有被调用之前,函数的形式参数并没有分配存储空间,也没有实际的值,只有在函数调用时形式参数才分配存储空间,并实现主调函数与被调函数之间到数据传递。函数间数据传递方式主要有利用函数参数传递、函数返回值和全局变量进行数据传递。函数参数的传递方式有传值方式、传地址方式。在 C++ 中函数参数的传递方式还有一种方式就是引用调用。

1. 传值方式

传值方式就是指发生函数调用时,给形式参数分配内存空间,并用实际参数来初始化形式参数(实现将实际参数的值传递给形式参数)。这一过程是参数值的单向传递。此后形式参数的值无论发生什么变化,都不会影响实际参数。

【案例 6-4】 分析下面程序执行的结果。

```c
#include< stdio. h>
void swap( int &x, int &y);          //函数声明
void main(){
    int a = 3, b = 4;
    swap(a,b);
    printf("a = % d,b = % d\n",a,b);
}
void swap( int x,int y){
    int temp;
    temp = x; x = y; y = temp;
```

```
    printf("x = % d, y = % d\n", x, y);
}
```

程序运行结果：

```
x=4,y=3
a=3,b=4
```

程序说明：在这里，实参为 main() 函数中的 a、b 整型变量，值为 3、4，形式参数为 swap() 函数中的 x、y。当调用 swap() 函数时，将 a、b 的值赋值给 x、y，虽然函数 swap() 中 x 和 y 的值相互交换，但不影响 a、b 的值。图 6-2 表示了程序执行过程中变量的变化情况。

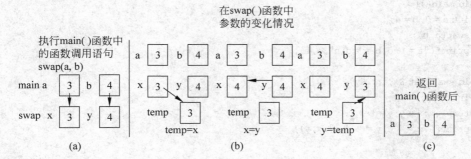

图 6-2 程序执行时变量的情况

2. 引用调用

值参传递参数时是单向传递，如何使在子函数中对形式参数的改变对主函数的实际参数产生影响呢？如案例 6-4，若希望函数中的实参数 a、b 的变化影响调用函数 x、y 的值，使用引用调用就可以了。

引用是一种特殊类型的变量，可以被认为是变量的一个别名。访问引用名和访问被引用的变量名的效果是一样的。

【案例 6-5】 引用调用。

```
# include < stdio. h>
void main(){
  int i, j = 5;
  int &r = i;     //建立一个 int 型的引用 r，并将其初始化为变量 i 的一个别名
  i = 10;
  printf("i = % d, j = % d, r = % d\n", i, j, r);
  r = j;          //相当于 i = j
  printf("i = % d, j = % d, r = % d\n", i, j, r);
}
```

程序运行结果：

```
i=10,j=5,r=10
i=5,j=5,r=5
```

程序说明：

(1) 声明引用时，必须同时对它进行初始化，使其指向一个已经存在的变量。

(2) 一旦一个引用被初始化后，就不能改变指向其他对象。

155

也就是说，一个引用从它诞生起，就必须确定是哪个变量的别名，并且始终只能作为这一个变量的别名，不能另作他用。

当引用作为形式参数时，其实际参数只能是变量。通过对主调函数调用时来初始化形式参数的引用，这样引用类型的参数就通过形实结合，对形式参数的任何操作都会直接影响实际参数。这里引用参数称为实际参数的一个别名。

【案例 6-6】 使用引用调用改写案例 6-4 的程序，实现两数的成功交换。

```c
# include< stdio.h>
void swap(int &x, int &y);
void main(){
    int a = 3, b = 4;
    swap(a, b);
    printf("a = % d, b = % d\n", a, b);
}
void swap(int &x, int &y){
    int temp;
    temp = x; x = y; y = temp;
    printf("x = % d, y = % d\n", x, y);
}
```

程序运行结果：

```
x=4,y=3
a=4,b=3
```

程序说明：从运行结果看，函数的形式参数改用引用后成功地实现了交换。引用调用与值调用的区别是函数的形式参数的写法不同，主调函数中的调用语句是完全一样的。其执行的过程如图 6-3 所示。

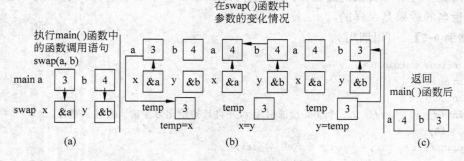

图 6-3　程序执行时变量的情况

3. 利用参数返回结果

这种传递方式实际上就是主调函数通过实际参数和形式参数将数据传递给被调函数，被调函数中的处理结果值返回到主调函数中。

【案例 6-7】 输入一组正整数并求和。

其程序处理流程如图 6-4 所示。

```c
# include< stdio.h>
```

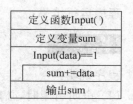

图 6-4　案例 6-7 程序流程

```
//输入一个正整数.当输入大于 0 时返回真,否则返回假
# include < stdio. h >
int Input(int &x){
    scanf(" % d",&x);
    return (x > 0);
}
void main()
{
    int data,i = 0;
    long int   sum = 0;
    printf("输入正整数(< = 0 结束输入)\n");
    printf("NO. % d:",i + 1);
    while (Input(data))
    { sum += data; i++;
      printf("NO. % d:",i + 1);
    }
    printf("其和为: % ld\n",sum);
}
```

程序运行结果：

```
输入正整数<0结束输入>
NO.1:1
NO.2:2
NO.3:3
NO.4:0
其和为:6
```

程序说明：

（1）函数 Input() 的形式参数 x 是引用类型,调用该函数时,类似实现函数间数据双向传递一样。利用函数参数 x 的值传递给主调函数 main() 的 data。

（2）while (Input(data)){...} 表示当输入的是有效数据时进行累计求和。

4. 利用函数返回值传递数据

从被调函数传递值给调用函数,也可以利用函数的返回值来实现。返回值是被调函数执行返回主调函数的一个值,它通过 return 语句来实现。

【案例 6-8】　求 1！+2！+3！+…+n！的值。

分析：编写程序求 i！的函数,然后在主函数中循环调用求和。其处理流程如图 6-5 所示。

图 6-5　案例 6-8 程序流程

```
# include < stdio. h >
long fact(int n){
    long f;
    int i;
    f = 1;
    for (i = 1; i < = n; i++)
     f * = i;
    return f;
}
void main(){
    int i;
```

```
long sum = 0;
for (i = 1;i < 5;i++)
sum += fact(i);
printf("sum = % d\n",sum);
}
```

程序运行结果：

`sum=33`

程序说明：

（1）函数 fact(n)求 n 的阶乘，主调函数传递 i，通过调用函数 fact()求 i 的阶乘。

（2）main()函数循环调用 fact()函数，依次求 1!、2!、…、5!，并累计求和，达到求阶乘和的目的。

5. 传地址方式

地址复制方式称为传地址方式，它是将地址常量（而不是数据）传递给被调函数的形参。这种方式可以很好地实现大量数据的传递，并能实现数据的双向传递。当数组、指针、函数作为函数的参数时，就是采用传地址的形式（这在后面到项目任务中将介绍）。

6. 利用全局变量传递数据

这种方式是在程序中设置一个全局变量（全局变量的概念将在后面介绍），该变量供程序中的所有函数所共享。

6.1.5　任务分析与实施

1. 任务分析

本次任务实现学生考试成绩的统计，其统计的内容包括平均成绩、成绩分数段、最高分、最低分、及格率、优秀率。其分数段分为：优 90～100 分，良 80～89 分，中 70～79 分，及格 60～69 分，不及格＜60 分。优秀率＝优秀人数/总人数，及格率＝及格人数/总人数。将整个任务分解为如下几个模块。

（1）成绩输入模块 Input(& x)：输入有效的考试成绩，要求输入的成绩为大于 0、小于 MAXSCORE(MAXSCORE 为设定值的成绩最高分)。

（2）成绩统计模块 Total(& c1,& c2,& c3,& c4,& c5,& max,& min)：统计各个分数段的人数。

（3）显示模块 Display()：显示统计报告。

（4）主控模块 main()：调用上面的函数，完成相应的功能。

模块之间的调用关系和部分程序流程如图 6-6 所示。

2. 任务实施

```
# include< stdio. h>
# include< iostream. h>
# define MAXSCORE 150      //成绩的最高分
# define MINSCORE 0        //成绩最低分
//功能：输入有效的考试成绩
//出口参数：x 为有效的考试成绩
//返回值：若成绩> 0 返回真,否则返回假
```

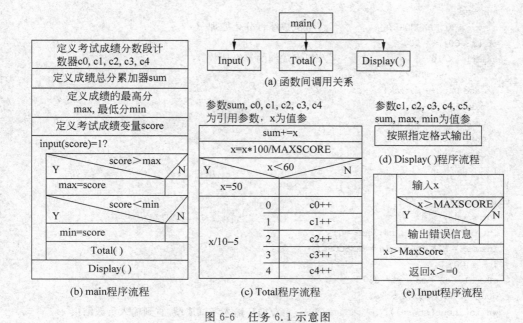

图 6-6 任务 6.1 示意图

```
int input(int &x){
do{
   cin >> x;
   if (x > MAXSCORE)
     cout <<"请重新输入";
}while (x > MAXSCORE);
   return x > = 0;
}
//功能:按一定的格式输出显示考试成绩的统计情况
//参数:c0、c1、c2、c3、c4 为分数段人数,sum 为总分,max 为最高分,min 为最低分
void Display(int c0, int c1, int c2, int c3, int c4, int sum, int
max, int min){
    int n;
    n = c0 + c1 + c2 + c3 + c4;//总人数
    cout <<"成绩统计表"<< endl;
    cout <<"分数段        人数"<< endl;
    cout <<"优            "<< c3 << endl;
    cout <<"良            "<< c3 << endl;
    cout <<"中            "<< c2 << endl;
    cout <<"及格          "<< c1 << endl;
    cout <<"不及格        "<< c0 << endl;
    cout <<"平均成绩"<<(float)sum/n << endl;
    cout <<"最高分:"<< max <<" 最低分"<< min << endl;
    cout <<"优秀率:"<< 100 * c4/(float)n <<"及格率"<< 100 * (n - c0)/(float)n << endl;
}
//功能:统计考试成绩的分数段人数以及总分
//出口参数:c0、c1、c2、c3、c4 为分数段人数,sum 为总分,max 为最高分,min 为最低分
void Total(int x, int &c0, int &c1, int &c2, int &c3, int
&c4, int &sum ){
```

```
        sum += x;
        x = x * 100/MAXSCORE;          //考试成绩百分化处理
        if (x < 60) x = 50;
        switch (x/10 - 5)              //根据成绩的等级计数
        {
          case 0:c0++;break;
          case 1:c1++;break;
          case 2:c2++;break;
          case 3:c3++;break;
          case 4:c4++;break;
        }
}
void main(){
        int score;
        int c0,c1, c2, c3, c4, sum = 0;
        int max = MINSCORE, min = MAXSCORE;
        int i = 0;
        c0 = c1 = c2 = c3 = c4 = 0;
        cout <<"No"<< i + 1 <<":    ";
        while(input(score))            //循环输入考试成绩,直到输入负数结束
        {
         if (score > max) max = score;  //求最高分
         if (score < min) min = score;  //求最低分
         Total(score,c0,c1,c2,c3,c4,sum); //统计分数段人数
         i = i + 1;                     //计数,作为输入顺序号
         cout <<"No"<< i + 1 <<":    ";
        }
        Display(c0,c1,c2,c3,c4,sum,max,min); //显示统计结果
}
```

 拓展训练

编写一个函数,判断 n 是否为素数,利用该函数求 200 以内的所有素数。

任务 6.2　多人协作完成一个任务
——变量的作用域与生存周期

 问题的提出

在程序设计中,对于设计量较大的程序,通常由几个人或更多人共同协作完成,每人编写其中一个或几个模块程序,程序调试成功后,再合并到一起联编,最终完成整个项目。

在共同设计时,有些数据和函数是需要程序都共享,有些数据和函数只在一些模块起作用,有些数据需要在整个程序到运行过程中都存储,要求在开发前要确定模块的边界和各自的任务。本次任务就是理解如何实现多人合作开发,理解如何实现数据与函数的共享。

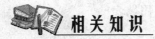相关知识

　　整型变量、实型变量和字符型变量等各种类型变量,这是从变量中存放的数据类型的角度来划分的。若从变量定义的位置或者说从变量的作用域(变量的有效范围)来划分的话,变量还可分为**局部变量**和**全局变量**。从变量值存在的时间(生存期)角度来分,可以分为**静态存储方式**和**动态存储方式**。

　　作用域和可见性可以说是对一个问题的两种角度的思考。"域",就是范围;而"作用",应理解为"起作用",也可称为"有效"。所以作用域就是讲一个变量或函数在代码中起作用的范围,或者说,一个变量或函数的"有效范围"。就像不同的管理人员有不同的管理范围,所有领导都有一定到任期,这里的任期就相当于变量的生存周期。

6.2.1　变量的作用域与可见性

　　变量的作用域是指一个范围,是一个标识符在程序正文中有效的区域。从代码空间的角度考虑问题,它决定了**变量的可见性**。作用域有函数原型作用域、块作用域(局部作用域)、函数作用域(局部作用域)、文件作用域(全局作用域),根据变量的作用域范围,将变量分为局部变量(local variable)、全局变量(global variable)。

　　1. 局部变量

　　所谓"局部变量"是指在一定范围内有效的变量。在 C 语言中,在以下各位置定义的变量均属于局部变量,其作用域也不同。

　　(1) 在函数体内定义的变量,在本函数范围内有效,即其作用域只局限在本函数体内。

　　(2) 有参函数中的形式参数也是局部变量,只在其所在的函数范围内有效。例如,有如下的函数定义。

```
int f1(int a)                        /* 函数 f1 */
{
    int b,c;
    …
}
int f2(int x)                        /* 函数 f2 */
{
    int y,z;
    …
}
main()
{
    int m,n;
    …
}
```

　　在函数 f1 内定义了 3 个变量,a 为形参,b、c 为一般变量。在 f1 的范围内 a、b、c 有效,或者说 a、b、c 变量的作用域限于 f1 内。同理,x、y、z 的作用域限于 f2 内,m、n 的作用域限于 main() 函数内。

161

（3）在函数原型声明时形式参数的作用域范围就是函数原型作用域。

例如，有如下函数声明。

```
double Area(double radius);
```

其中标识符 radius 的作用范围就在函数 Area() 的左右括号之间，在程序的其他地方不能引用这个标识符。

（4）在复合语句内定义的变量，仅在本复合语句范围内有效，也称为**块作用域**。

例如：

```
void main(){
   int s,a;
   …
   {
    int b;
    s = a + b;
    …                                    /* b 作用域 */
   }
   …                                     /* s,a 作用域 */
}
```

关于局部变量的作用域还要说明以下几点。

（1）主函数中定义的变量也只能在主函数中使用，不能在其他函数中使用。同时，主函数中也不能使用其他函数中定义的变量。因为主函数也是一个函数，它与其他函数是平行关系。这一点是与其他语言不同的，应予以注意。

（2）形参变量是属于被调函数的局部变量，实参变量是属于主调函数的局部变量。

（3）允许在不同的函数中使用相同的变量名，它们代表不同的对象，分配不同的单元，互不干扰，也不会发生混淆。

【案例 6-9】 各函数局部变量同名的应用例子。

```
# include < stdio. h >
int fun1( int x)                          //x 值参
{
  int i = 5;                              //函数内局部变量 i
  i = x * i;
  return i;
}
void fun2( int &i)                        //引用参数 i
{
  int x = 5;
  i = x * i;
}
void main(){
  int i;                                  //函数内的局部变量
  i = 5;
  {
    int i;                                //定义局部变量,具有块作用域
    i = 7;
    printf("i = % d\n",i);
```

```
    }
    printf("i = % d\n",i);
    printf("fun1: % d,i = % d\n",fun1(i),i);    //调用函数
    fun2(i);                                     //调用函数
    printf("i = % d\n",i);
}
```

程序运行结果：

```
i=7
i=5
fun1:25,i=5
i=25
```

程序说明：

（1）main()、fun1()、fun2()这 3 个函数是平行的，在函数中所定义的变量只在它所在的函数内有效。

（2）在 main()函数中定义了一个块级作用域的变量，且 i 与函数开始时定义的变量同名。这两者各自有自己的存储空间，在块内引用其变量 i 时，块级变量优先，所以输出结果为 7。当离开块，再引用变量 i 时，这时函数内的变量 i 有效，块内的 i 变量已经释放了所占用的存储空间，所以输出结果为 5。

（3）在 main()中调用 fun1()函数，这里参数 x 是值参，函数 fun1()中的定义 i 变量，其作用域仅限定在该函数范围内，所以输出函数的值为 25，而 i 的值仍然是 main()函数中当前的值。

（4）函数 fun2()的参数是引用型参数，它就是 main()函数中变量 i 的别名，在函数内变量 i 的变化实际上就是改变 main()函数中变量 i 的值，所以调用函数返回后，其 i 的值为 25。

2. 全局变量

全局变量声明在函数的外部，因此又称外部变量，其作用域一般从变量声明的位置起，在程序源文件结束处结束。全局变量作用范围最广，甚至可以作用于组成该程序的所有源文件。当将多个独立编译的源文件链接成一个程序时，在某个文件中声明的全局或函数，在其他相链接的文件中也可以使用它们，但是用前必须进行 extern 外部声明。extern 可以置于变量或者函数前，以表示变量或者函数的定义在别的文件中，提示编译器遇到此变量和函数时在其他模块中寻找其定义。例如：

```
int a,b;                         /* 外部变量 */
void f1()                        /* 函数 f1 */
{
    …
}
float x,y;                       /* 外部变量 */
int f2()                         /* 函数 f2 */
{
    …
}
void main()                      /* 主函数 */
{
```

```
    ...
}
```

从上例可以看出 a、b、x、y 都是在函数外部定义的外部变量,都是全局变量。但 x、y 定义在函数 f1 之后,而在 f1 内又无对 x、y 的说明,所以它们在 f1 内无效。a、b 定义在源程序最前面,因此在 f1、f2 及 main 内不加说明也可使用。

【案例 6-10】 全局变量和局部变量的应用例子。

```
# include < stdio. h >
int a = 30, b = 40;
void sub( int x, int y)
{ a = x; x = y; y = a; }
void main( )
{ int c = 10, d = 20;
  sub(c, d);
  sub(b, a);
  printf(" % d, % d, % d, % d\n", a, b, c, d);
}
```

程序运行结果:

```
40,40,10,20
```

程序说明:该程序在运行过程中,全局变量 a 发生两次变化。第一次是调用 sub()函数后,a 变为 10;第二次也是调用 sub()函数后,a 变为 40。

🔔 **注意:**

(1) 在全局变量和局部变量不同名时,其作用域是整个程序。

(2) 全局变量可以和局部变量同名,当局部变量有效时,同名的全局变量不起作用。

(3) 因为全局变量的定义位置都在函数之外(且作用域范围较广,不局限于一个函数内),所以全局变量又可称为外部变量。

(4) 使用全局变量可以增加各个函数之间数据传输的渠道,即在某个函数中改变某一全局变量的值,就可能影响到其他函数的执行结果。但它会使函数的通用性降低,使程序的模块化、结构化变差,所以应慎用、少用全局变量。

【案例 6-11】 观察下面程序的运行结果。

```
# include < stdio. h >
long gy = 1900, gm = 1, gd = 1;              //定义一个全局变量
//修改日期的值,即修改全局变量的值
void setday( int year, int month, int day){
    gy = year; gm = month, gd = day;
}
//显示日期. 即显示全局变量的值
void display(){
    printf(" % ld/ % ld/ % ld\n", gy, gm, gd);
}
void main(){
    int y, m, d;
    display();                               //显示默认日期
```

```
        printf("输入日期 yy/mm/dd :");
        scanf(" % ld/ % ld/ % ld",&y,&m,&d);
        setday(y,m,d);                        //修改日期
        display();
    }
```

程序运行结果：

```
1900/1/1
输入日期yy/mm/dd :1999/9/9
1999/9/9
```

程序说明：

（1）程序中定义 3 个全局变量 gy、gm、gd，这 3 个变量被 setday()、display()、main()这 3 个函数共享。

（2）在程序设计中一般少用全局变量，不然会出现不可预知的麻烦。

（3）想一想，如果不用全局变量，达到同样的效果，程序该如何写？

3. 可见性

从另一个角度——标识符的引用，来看变量的有效范围，即标识符的可见性。**程序运行到某一点，能够引用到的标识符，就是该处可见的标识符。** 文件的作用域最大，接下来依次是函数作用域和块作用域。图 6-7 描述了作用域的一般关系。可见性表示从内存作用域向外层作用域"看"时能看到什么，因此，可见性和作用域之间有密切的关系。

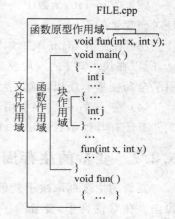

图 6-7　作用域关系图

作用域可见性的一般规则如下：

（1）标识符要声明在前，引用在后。

（2）在同一作用域中，不能声明同名的标识符。

（3）在没有相互包含关系的不同的作用域中声明的同名标识符互不影响。

（4）如果在两个或多个具有包含关系的作用域中声明了同名标识符，则外层标识符在内层不可见。

【案例 6-12】 作用域与可见性。

```
# include< iostream. h>
int i = 5, j = 5;                //全局变量,文件作用域
void fun(){
    i = 40;                      //给具有文件作用域的 i 赋值
    cout <<"global i = "<< i << endl;    //输出全局变量的值
}
void main(){
    int i;                       //局部变量,函数级作用域.和全局变量同名,局部变量优先
    i = 10;                      //局部变量赋值
    {
        int i;                   //块级作用域,局部变量,与函数级作用域变量同名,块级变量优先
        i = 30;                  //给块级作用域变量赋值
        cout <<"block i = "<< i << endl;
```

165

```
    }
    fun();                          //调用函数
    cout <<"local   i = "<< i << endl;   //输出函数级的局部变量
    cout <<"global j = "<< j << endl;    //输出全局变量的值
}
```

程序运行结果：

程序说明：

(1) 函数之前声明的变量 i、j 具有文件作用域，它的作用域是整个源代码文件。

(2) 在 main() 函数中声明了同名的变量 i，其作用域限定在该函数内。在函数内的 i 就是对该变量的引用。

(3) 在函数 main() 的块内，又定义一个同名变量 i，此时，在块内相对于块外的 i 不可见，所以在块内对 i 的引用就是块内的 i。一旦退出该块，块内的 i 就失效。在 main() 中引用了全局变量 j，所以 j 输出为 5。

(4) 在函数 fun() 中引用了全局变量 i，并修改了 i 的值为 40，所以输出为 40，若在同样文件下还有其他函数引用 i，此时的 i 的值为 40。

6.2.2　变量的生存周期

变量的生存期取决于变量的存储方式。在生存期内，变量将保持值不变，直到它被更新为止。在 C 语言中，变量的存储方式可分为以下两种。

(1) 动态存储方式：在程序运行期间根据需要进行动态分配存储空间的方式。自动变量(auto)和寄存器型变量(register)属于动态存储方式。

(2) 静态存储方式：指在程序运行期间分配固定的存储空间的方式。外部变量(extern)和静态变量(static)属于静态存储方式。

1. 动态存储方式

所谓"动态存储方式"指的是在程序运行期间根据需要为相关的变量动态分配存储空间的方式。**动态生存期变量诞生于声明点，结束于该标识符作用域结束处**。在 C 语言中，变量的动态存储方式主要有自动型存储方式和寄存器型存储方式等两种形式，下面分别加以介绍。

(1) 自动型存储方式(auto)

自动型存储方式(auto)是 C 语言中使用最多的存储方式，也是系统默认的存储方式。由自动类型存储的变量也可称为自动变量。

自动变量定义的一般格式为

[auto]　类型说明符　变量名 1[,变量名 2,…];

其中，auto 为自动型存储方式类别符，可以省略。当其省略时，系统默认为 auto。

前面各项目任务中所有程序中所用到的各个变量，都未说明存储方式，都是自动型(auto)存储方式，都属于自动变量。

在函数体内定义变量时,下面两种写法是等价的。

```
int x,y,z;
auto int x,y,z;
```

说明:

① 自动变量属于局部变量范畴。通常情况下,其作用域局限于定义它的函数范围内。

② C 语言允许在复合语句内定义自动变量,此时,其作用域仅局限于该复合语句内。

③ 当自动变量所在函数(或复合语句)执行后,系统即动态地为相应的自动变量分配存储单元。

④ 自动变量的生存期为该变量所在的函数(或复合语句)的执行时间,当函数(或复合语句)执行结束后,自动变量已失效,即其存储单元被系统释放掉了。所以,其原来的值不能保留下来。若对同一函数进行再次调用时,系统会对相应的自动变量重新分配存储单元。

(2) 寄存器型存储方式(register)

为了提高效率,C 语言允许将局部变量的值放在 CPU 中的寄存器中,这种变量叫寄存器变量,用关键字 register 作声明。寄存器变量也属于局部变量范畴。该存储方式是将相关变量的值存储在 CPU 的通用寄存器内。由于计算机的运算器和通用寄存器均集成在 CPU 芯片内,所以,从通用寄存器内读取数据比由内存中读取数据要快得多。因此,对于一些需要反复操作的数据,可使用寄存器型存储方式。寄存器变量定义的一般格式为

register   类型说明符   变量名 1[,变量名 2,…];

其中,register 是寄存器型存储方式类别符,不可省略。

【案例 6-13】 寄存器变量的应用例子。

```
# include < stdio.h>
long fun(register int n)            //fun()函数中的形参 n 是寄存器存储的整型变量
{ register long sum;                //sum 是寄存器存储的长整型变量
  for(sum = 0;n;n -- )
    sum += n;
  return sum;
}
void main()
{ int num;
  long s;
  printf("Enter number");
  scanf(" % d",&num);
  s = fun(num);
  printf("sum = % ld\n",s);
}
```

程序运行结果:

```
Enter number5
sum=15
```

程序说明:该例中的寄存器变量 n 和 sum,均只在 fun()函数中有效。

🔔 **注意：**

① 只有具备自动变量和形式参数才可以定义成寄存器变量，全局变量不行。

② 允许使用的寄存器数目有限，不能定义任意多个寄存器变量。

③ 寄存器变量是局部变量。

2. 静态存储方式

所谓"静态存储方式"指的是在程序编译时就给相关的变量分配固定的存储空间（即在程序运行的整个期间内都不变）的方式。**如果变量的生存期与程序运行期相同，就称其为静态生存期。**

（1）静态存储的局部变量

由静态存储方式存储的局部变量也可称为静态局部变量。该类变量的定义格式为

static　类型说明符　变量名[= 初始化值][, …];

其中，static 是静态型存储方式类别符，不可省略。例如：

static int a = 10, b;

说明：

① 静态局部变量的存储空间是在程序编译时由系统分配的，且在程序运行的整个期间都固定不变。因此，该类变量在其所在函数调用结束后仍然可以保留变量值。

② **静态局部变量的初值是在程序编译时一次性赋予的**，即在程序运行期间不再赋初值。如上例在程序编译时给变量 a 赋予 10，对未给定初值的变量 b，C 编译系统自动给它赋 0 值。若变量 b 为字符型变量，则 C 编译系统自动给它赋'\x0'（ASCII 代码为 0 的字符）。

【案例 6-14】　静态局部变量的应用例子。

```
# include < stdio.h>
void print();
void main(){
  int i = 0;
  for (;i < 5; i++)
    print();
  printf("\n");
}
void print(){
    static int st = -1;    //st 为静态变量
    st++;
    printf("s = %d", st);
}
```

程序运行结果：

```
s=0 s=1 s=2 s=3 s=4
```

程序说明：

① 程序中，st 定义为静态变量，在编译时赋予了初值 -1，当每次循环调用 print() 函数时，不再给 st 赋值。

② 每次调用 printf() 函数，实现将 st 变量增加 1，该变量的值在程序运行的整个期间都

固定不变,所以调用后返回再调用时,其值仍然被保存。

(2) 静态存储的全局变量

在 C 语言中,**全局变量的存储都采用静态存储方式**。即在程序编译时就对相应的全局变量分配固定的存储单元,且在程序执行的全过程中始终保持不变。全局变量赋初值的方法同静态局部变量,即在程序编译时一次性完成。

静态全局变量是在全局变量定义时,在其最前面也可加上 static 关键字。一般形式为

```
static int 变量名; /* 在函数外定义 */
```

静态全局变量只能用于本文件,不能被其他文件所引用,不加 static 关键字声明的全局变量是可以被其他文件所引用的。这两种形式所定义的全局变量都是静态存储方式,只是作用范围不同而已。

(3) 外部变量

外部变量和全局变量是对同一类变量的两种不同角度的提法。全局变量是从其作用域方式提出的,外部变量是从它的存储方式提出的,表示了它的生存周期。

【案例 6-15】 在多个文件中声明全局变量。

在一个工程中创建两个文件。

file1.cpp:

```
# include < stdio.h >
int x = 1;
func(int a);
main( )
{    int i = 3 ;
     func(i);
     printf(" % d\n",x);
}
```

file2.cpp:

```
extern x;
func(int a) {
   x = x + a;
}
```

程序运行结果:

```
4
```

程序说明:文件1(即 file1.c)中定义了一个全局变量 x,文件2(即 file2.c)中欲引用,则必须在引用前的适当位置用 extern 声明全局变量 x,也就是说,采用 extern 来声明。

【案例 6-16】 在一个文件中声明全局变量。

```
# include < stdio.h >
int min( int a, int b);
void main()
{ extern gx,gy;              /* 声明全局变量 gx,gy */
  printf(" % d\n",min(gx,gy));
}
```

169

```
int gx = 22, gy = 11;          /* 定义全局变量 gx,gy */
int min(int a, int b)
{ int c;
  c = a < b?a:b;
  return(c);
}
```

程序运行结果：

11

程序说明：该例中，全局变量 gx、gy 是在 main()和 min()两个函数之间定义的，其作用域并不包含 main()函数。而 main()函数中欲使用全局变量 gx、gy，只要在使用之前加以声明即可。

可见，由于在 main()函数首部采用 extern 来声明全局变量 gx、gy 后，已使变量 gx、gy 的作用域由 min()函数范围扩展到 main()函数。当然，若在 main()函数之前定义全局变量 gx、gy，就可省略声明全局变量语句了。

6.2.3 内部函数和外部函数

C语言程序是由函数构成的。函数的本性是属于全局的(外部的)、通用的。也就是说，函数通常既可以被本文件中的各个函数所调用，也可以被其他文件中的函数所调用。如 C语言所提供的库函数，任何用户的任何程序均可调用。当然，为了某种需求，也可以限定函数不能被其他文件中的函数所调用。因此，在 C语言中，根据函数的使用范围，可分为内部函数和外部函数。

1. 内部函数

所谓"内部函数"是指只能被本文件中的各个函数所调用，不能被其他文件中的函数所调用的一类函数。它们必须用 static 来说明，其一般格式为

```
static    函数类型说明符    函数名( 形式参数 )
{
    …
}
```

说明：

(1) 内部函数又可称为静态函数，它的使用范围仅限于定义它的源程序文件内。对其他文件而言，它是屏蔽的、不可见的，因而，内部函数的保密性很好。

(2) 不同文件中的内部函数可以同名，因它们的作用范围不同，不会造成混淆。

(3) 内部函数的 static 不可省略。

2. 外部函数

所谓"外部函数"是指可以被任何文件的任何函数所调用的一类函数。它们可以用 extern 来说明，其一般格式为

```
extern    函数类型说明符    函数名( 形式参数 )
{
    …
}
```

说明：

（1）外部函数的 extern 可省略。如果在定义函数时省略 extern，则**系统默认该函数是外部函数**。前面介绍的函数，其定义时均没有 extern，都是外部函数。

（2）外部函数可以被其他文件所调用。当某文件需调用其他文件定义的外部函数时，需在该文件的适当位置（通常在其首部）用 extern 来声明所用的函数是外部函数。

【案例 6-17】 外部函数的应用。

在一个工程中创建以下两个程序。

file1.cpp:

```
# include < stdio.h >
void main(){
  extern long fun(int i);
  int n;
  printf("enter n:");
  scanf(" % d",&n);
  printf("sum = % ld\n",fun(n));
}
```

fun.cpp:

```
static long fact(int n){
  long f = 1;
  int i;
  for (i = 1;i < = n;i++)
   f * = i;
  return f;
}
extern long fun(int n){
  int i;
  long s = 0;
  for (i = 1;i < = n;i++)
    s += fact(i);
  return s;
}
```

程序运行结果：

```
enter n:5
sum=153
```

程序说明：在文件 fun.cpp 中，函数 fact(n)是一个静态函数，该函数只限定在该文件内调用，而 fun(n)是一个外部函数，可以提供给该文件之外的文件调用。

有了内部函数和外部函数这个理念后，可以将一些函数设置为内部函数，封装在一个函数中，其他文件就不能访问，而将一些函数设置为外部函数，作为提供给外部用户的一个接口。

6.2.4 任务分析与实施

1. 任务分析

本次模拟多人共同完成一个任务，随机生成一个随机数列并判断该随机数列中奇数的

个数。将本次任务分为两部分,一个人编写生成一个随机数的函数,一个利用随机函数生成随机序列。各模块间的调用关系如下:

(1) 产生随机函数 Rand():产生一个随机数序列。

R = (R * 123 + 59) % 65536

只要给出一个 R 的初值,就能计算下一个 R,将 R 定义为一个全局静态变量。程序处理流程如图 6-8(c)所示。

(2) 设置随机种子 Randomstart(n),其作用是设置 R 一个初始值。

(3) 判断一个数是否为奇数 odd(n),如果 n 是奇数,返回真,否则返回假。程序处理流程如图 6-8(b)所示。

(4) main()函数程序流程如图 6-8(d)所示。

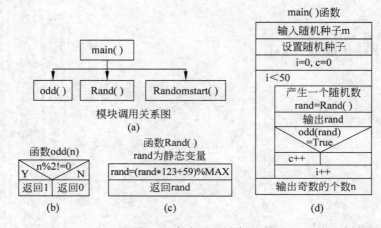

图 6-8　任务 6.2 示意图

2. 任务实施

实现该任务时,假设由两个人来完成,一个人负责 odd(n)、Randomstart(n)、Rand()函数的编写,一个人负责 main()函数的编写。在编写程序时要正确处理各个函数的任务的边界,数据共享变量的定义,函数的接口参数的定义,以保证模块和数据的共享。

因为任何程序必须有一个主函数,所以,负责 odd(n)、Randomstart(n)、Rand()函数编写的人在测试编写模块时要临时加主函数。

在联调时,所有的模块放在同一个工程中,注意包含文件的使用,以及共享变量、函数返回值类型的一致性。

根据上面的分析,编写如下的代码。

```cpp
//文件 Random.cpp
#define NUMMAX   100
static int number;
//产生一个随机数
double   Rand(){
    number = (number * 123 + 59) % NUMMAX ;
    return   number;
}
```

```
//设置随机种子
void Randomstart(int seed){
    number = seed;
}
//文件 Main.cpp
# include < stdio.h >
int odd(int n){
    return n % 2!= 0;
}
void main(){
    int m;
    int c = 0, i;
    int rand;
    extern void Randomstart(int seed);
    extern long  Rand();
    printf("请输入随机种子");
    scanf(" % d", &m);
    Randomstart(m);
    for (i = 0; i < 50; i++){
        rand = Rand();
        printf(" % d\t", rand);
        if (odd(rand)) c++;
    }
    printf("n = % d", c);
}
```

 拓展训练

利用上面的随机函数,模拟投掷骰子的程序。

任务 6.3　工资发放时币额数量的计算
——嵌套与递归

 问题的提出

模块程序设计是细化模块、逐步求精的过程,模块间存在相互之间的联系。用函数来描述模块时,函数之间存在相互调用,这种调用就是嵌套调用。本次任务模拟公司发放工资时,如何保证能正常发放,即有相应数量的币种。在程序设计时,将问题逐步细化求解,以便理解模块化程序设计的基本思想。

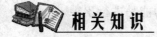 **相关知识**

6.3.1　嵌套

C 语言中不允许作嵌套的函数定义,因此各函数之间是平行的,不存在上一级函数和下

173

一级函数的问题。但是 C 语言允许在一个函数的定义中出现对另一个函数的调用，这样就出现了函数的嵌套调用，即**在被调函数中又调用其他函数**，这与其他语言的子程序嵌套的情形是类似的。

C 语言不能嵌套定义函数，但可以嵌套调用函数。图 6-9 说明了两层嵌套的执行过程。

【案例 6-18】 求 $1^k + 2^k + 3^k + \cdots + n^k$。

分析：编写两个函数，powers(m,n)求 m^n，add(a,b)求 a 个 $a^b(a=1\sim n)$之和。其函数之间的调用关系如图 6-10 所示。

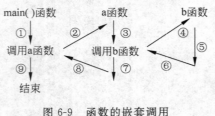
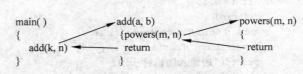

图 6-9　函数的嵌套调用　　　　　图 6-10　案例 6-18 示意图

```
#include<stdio.h>
long powers(int m,int n){
    int j;
    long p = 1;
    for (j = 1;j< = n;j++)
      p = p * m;
    return p;
}
long add(int a,int b){
    int i;
    long s = 0;
    for(i = 1;i< = b;i++)
      s += powers(i,a);
    return s;
}
void main(){
    int n = 6,k = 4;
    long sum;
    sum = add(k,n);
    printf("sum = % ld",sum);
}
```

程序运行结果：

```
sum=2275
```

程序说明：程序中有 3 个函数 main()、add()和 powers()。主函数 main()调用 add()函数，其功能是进行累加；在 add()函数中调用 powers()函数，其功能是进行累乘。

6.3.2　递归

函数的递归调用是指调用一个函数的过程中，直接或间接地调用该函数自身，这种函数称为递归调用。C 语言允许函数的递归调用。在递归调用中，主调函数又是被调函数。

递归算法的执行过程分递推和回归两个阶段。在递推阶段，把较复杂的问题（规模为 n）的求解推到比原问题简单一些的问题（规模小于 n）的求解。

例如前面求斐波那契数列的例子中，求 fib(n)，把它倒推解 fib($n-1$) 和 fib($n-2$)。也就是说，为计算 fib(n)，必须先计算 fib($n-1$) 和 fib($n-2$)，而计算 fib($n-1$) 和 fib($n-2$)，又必须先计算 fib($n-3$) 和 fib($n-4$)。以此类推，直至计算 fib(1) 和 fib(0)，分别能立即得到结果 1 和 0。在递推阶段，必须要有终止递归的情况。例如在函数 fib 中，当 n 为 1 和 0 时，递归终止。

在回归阶段，当获得最简单情况的解后，逐级返回，依次得到稍复杂问题的解。例如得到 fib(1) 和 fib(0) 后，返回得到 fib(2) 的结果，…，在得到了 fib($n-1$) 和 fib($n-2$) 的结果后，返回得到 fib(n) 的结果。

在编写递归函数时要注意，函数中的局部变量和参数的值局限于当前调用层，当递推进入"简单问题"层时，原来层次上的参数和局部变量便被隐蔽起来。在一系列"简单问题"层中，它们各有自己的参数和局部变量。

递归函数要避免死循环，编写递归调用程序时，必须在递归调用语句前面写上终止递归到条件，例如：

```
if(条件)
//终止递归
else
…递归调用
```

在编写递归函数时，必须注意以下两点。

(1) 如何实现递归，递归算法的描述。

(2) 递归的结束条件。

【**案例 6-19**】　用递归法计算 $n!$。

分析：求 $n!$ 可用下面的递推公式表示。

$$\begin{cases} n! = 1 & (n = 0,1) \\ n! = n * (n-1)! & (n > 1) \end{cases}$$

这里递归的结束条件为 $n=0$ 或 $n=1$，递归算法为 $n! = n * (n-1)!$。编写如下的程序。

```c
#include <stdio.h>
long fact(int n){
    long f;
    if(n<0) printf("n<0,input error");
    else if(n==0||n==1) f=1;
            else f=fact(n-1)*n;
    return(f);
}
void main(){
    int n;
    long y;
    printf("\n输入一个整数:");
    scanf("%d",&n);
    y=fact(n);
    printf("%d!=%ld\n",n,y);
}
```

175

程序运行结果：

```
输入一个整数:5
5!=120
```

程序说明：递归调用过程如图 6-11 所示。

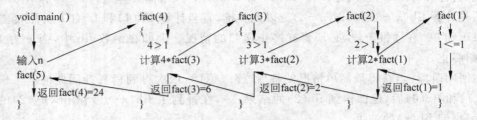

图 6-11　案例 6-19 示意图

（1）递归过程。将原始问题求 $n!$ 不断转化为规模小一级 $(n-1)!$ 的新问题，从未知向已知推进，即当 $n=1$ 时，$n!=1$，最终达到递归终结条件。

（2）回溯过程。从已知条件出发 $(1!=1)$，沿递归的逆过程，逐一求值返回，直至递归初始处，完成到递归结束条件。

在解某一问题时，若满足以下 3 个条件，即可考虑采用递归法进行设计。

（1）需要解决的问题可以转换为一个解决方法与原问题相同的新问题，只是问题的规模发生了规律性的变化（如递增或递减）。

（2）应用这个转换过程可以使原来的问题得到解决。

（3）必须存在一个明确的使递归结束的条件。

🔔 注意：由于递归引起一系列的函数调用，并且可能会有一系列的重复计算，递归算法的执行效率相对较低。当某个递归算法能较方便地转换成递推算法时，通常按递推算法编写程序。

6.3.3　任务分析与实施

1. 需求分析

某单位发放职工工资时，需要根据职工工资总额计算出各种面值币额的数量，即根据键盘输入的工资总额，分别计算 100 元币、50 元币、10 元币、5 元币、1 元币的数量，以此作为工资发放依据。

将问题分解为 4 个模块：统计模块 Total()、输入模块 Input()、计算模块 Calculate()、显示模块 Display()，它们之间的调用关系如图 6-12(a)所示，其程序处理流程如图 6-12(b)所示。

（1）输入模块 Input()：实现工资数据的输入并校验，要求输入的工资数必须是正整数。程序处理流程如图 6-12(d)所示。

（2）计算模块 Calculate()：计算指定工资额所需要的各种面值币额的数量。程序处理流程如图 6-12(c)所示。

（3）统计模块 Total()：根据工资总额计算出各种面值币额的数量。程序处理流程如图 6-12(f)所示。

（4）显示模块 Display()：显示统计结果。程序处理流程如图 6-12(e)所示。

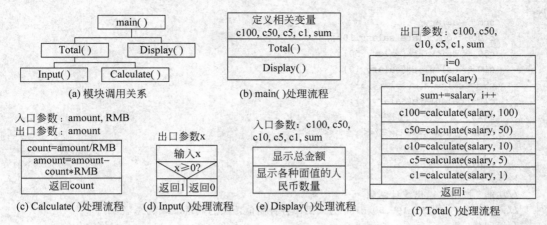

（a）模块调用关系   （b）main( )处理流程

（c）Calculate( )处理流程   （d）Input( )处理流程   （e）Display( )处理流程   （f）Total( )处理流程

图 6-12　任务 6.3 示意图

2. 任务实施

根据上面的分析，编写如下代码。

```cpp
# include < iostream. h >
# include < iomanip. h >
//功能：根据金额计算人民币张数
//入口参数：amount 金额,RMB 人民币种类
//出口参数 ：amount 余额
//返回值：人民币数量
int calculate( int &amount, int RMB)
{
    int count;
    count = amount/RMB;
    amount = amount − count * RMB;
    return count;
}
//功能：输入工资并校验
//出口参数：x 输入金额
//返回值：当输入小于 0 时返回 TRUE,否则返回 FALSE
int Input( int &x)
{
    cin >> x;
    return x > = 0;
}
//功能：依次输入工资数,统计人民币各种面值币额的数量
//入口参数：无
//出口参数：c1、c5、c10、c50、c100 为人民币各种面值币额的数量,sum 为总额
//返回值：员工人数
int Total( int &c1, int &c5, int &c10, int &c50, int &c100, double &sum)
{
    int i = 0;
    int salary;
    cout <<"No."<< setw(3)<< i + 1 <<": ";
```

177

```
        while (Input(salary))
        {
          sum += salary;
          c100 += calculate(salary,100);
          c50 += calculate(salary,50);
          c10 += calculate(salary,10);
          c5 += calculate(salary,5);
          c1 += calculate(salary,1);
          i++;
          cout <<"No."<< setw(3)<< i + 1 <<": ";
        }
        return i;
}
//功能: 按格式输出统计结果
//入口参数: c1、c5、c10、c50、c100 为人民币各种面值币额的数量,sum 为总额
//返回值: 无
void Display( int c1, int c5, int c10, int c50, int c100, double sum)
{    cout <<"合计:"<< sum;
     cout <<"   佰圆币:"<< c100 ;
     cout <<"   伍拾圆币:"<< c50 ;
     cout <<"   拾圆币:"<< c10 ;
     cout <<"   伍圆币:"<< c5 ;
     cout <<"   壹圆币:"<< c1 << endl;
}
void main(){
     int c100 = 0, c50 = 0, c10 = 0, c5 = 0, c1 = 0, n;
     double sum = 0;
     n = Total(c1,c5,c10,c50,c100,sum);
     cout <<"共"<< n <<"人"<< endl;
     Display(c1,c5,c10,c50,c100,sum);
}
```

 拓展训练

编程将十进制转换为二进制。

项 目 实 践

1. 需求描述

本次任务编程实现计算机自动出题程序,计算机随机出 100 以内的算术运算题,考生给出正确答案,计算机自动判断是否正确并评分,统计考生成绩。

2. 分析与设计

将本次任务分成 7 个模块,分别由 4 个人共同完成。模块间的调用关系如图 6-13 所示。

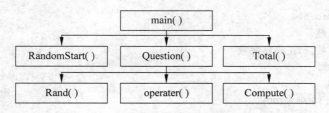

图 6-13　模块间的调用关系

（1）主函数 main()。

（2）随机种子 RandomStart()：设置随机函数的随机种子。

（3）出题 Question()；随机出题并判断答题结果

（4）统计成绩 Total()：统计正确率。

（5）随机函数 Rand()：产生一个随机数。

（6）计算正确答案 Compute()：计算算术题的正确答案。

（7）随机产生运算符号 operater()：随机产生加、减、乘、除运算符号。

程序处理流程如图 6-14 所示。

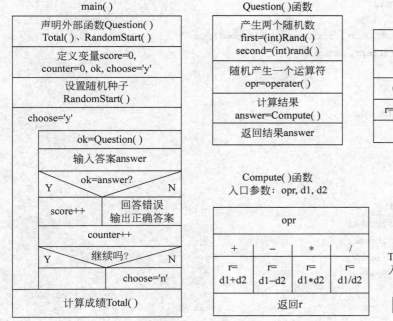

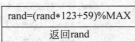

图 6-14　项目 6 示意图

3. 实施方案

模拟 4 个人编写 4 个不同的程序，调试正确后，再统一调试。根据上面的分析编写如下的程序。

（1）建立工程 Compute。

（2）将任务 6.2 中的文件 Random.cpp 加入到工程中。

（3）新建文件 question.cpp。

```
# include < stdio. h>
//功能：统计成绩
//参数：m:出题数,n:正确答案数
//返回值:正确率
float Total( int m, int n){
    return (float) n/m * 100;
}
//功能：随机出题
//返回值：返回运算的正确结果
float Question()
{
    extern char operater();
    extern float Compute(float opd1,char opr,float opd2);
    extern int  Rand();
    float first, second;
    float answer;
    char opr;
    first = (float) Rand();
    second = (float) Rand();
    opr = operater();
    printf(" % d % c % d = ?",(int)first,opr,(int)second);
    answer = Compute(first, opr, second);
    return answer;
}
```

（4）新建文件 compute. cpp。

```
extern int  Rand();
//随机产生一个运算符
char operater()
{     char op;
    switch (Rand() % 4){
        case 0:op = ' + ';break;
        case 1:op = ' - ';break;
        case 2:op = ' * ';break;
        case 3:op = '/';break;
    }
    return op;
}
//功能：根据给定的操作数和操作符运算
//参数：opd1、opd2 为操作数, opr 为运算符
//返回值：opd1    opdr   opr2 的运算的运算结果
float Compute(float opd1,char opr,float opd2)
{
    float Result;
    switch (opr){
        case ' + ':Result = opd1 + opd2;break;
        case ' - ':Result = opd1 - opd2;break;
```

```
        case '*':Result = opd1 * opd2;break;
        case '/':Result = (float)opd1/(float)opd2;break;
    }
    return Result;
}
```

（5）新建文件 Main. cpp 文件。

```
# include < stdio. h >
# include < math. h >
void main(){
    extern   float Total( int m, int n);
    extern void Randomstart( int seed);
    extern float Question();
    int score = 0, counter = 0;          //题目和成绩计数
    float ok, answer;                    //答案
    char choose = 'y';
    int sd;                              //随机种子
    printf("请输入随机种子");
    scanf(" % d", &sd);
    Randomstart( sd);
    while (choose == 'y' || choose == 'Y')
    { answer = Question();
        scanf(" % f", &ok);
        if (fabs(ok − answer)< 1e − 6){
            score++;
            printf("回答正确\n");
        }
        else   printf("回答错误,正确答案为 % 6.2f\n", answer);
        counter++;
        printf("继续吗(y/n)");
        getchar();
        choose = getchar();
    }
    printf("你的成绩为 % 6.2f", Total(counter, score));
}
```

（6）编译并运行。

小　　结

相关知识重点：

（1）函数的定义与调用。

（2）变量的作用域与生存周期。

相关知识点提示：

1. 函数的分类

（1）库函数：由 C 系统提供的函数。

（2）用户定义函数：由用户自己定义的函数。

（3）有返回值函数和无返回值函数：函数的返回值类型即为函数的类型。无返回值函数说明为空类型 void。

（4）有参函数和无参函数：有参函数由主调函数向被调函数传递参数。

（5）内部函数和外部函数：只能在本源文件中使用的为内部函数，用 static 来说明。可以在整个源程序中使用的为外部函数，用 extern 来说明，默认为外部函数。

2. 函数说明的一般形式

[extern] 类型说明符 函数名(类型 1 形参 2,类型 2 形参 2…);

函数在被调用前必须被声明或定义，否则会出现编译错误。

3. 函数定义的一般形式

[extern/static] 类型标识符 函数名(类型 1 形参 1,类型 2 形参 2…)
{
    语句序列;
}

函数在调用时必须已经被定义。

4. 函数调用的一般形式

函数名([实际参数表])

函数的调用可以是作为表达式中的一项调用函数，也可以作为函数语句调用函数。

5. 函数间数据的传递方式

函数间数据的传递方式有 3 种方式。

（1）函数参数传递：有传值、传地址、引用调用 3 种形式。在参数传递时，实际参数的类型、参数个数、顺序必须和形式参数保持严格的一致。如果是传值方式，则是单向传递的，其实际参数是值参，它可以是常量、变量、表达式，并且有确定的值；如果是引用型参数，则实际参数只能是变量，这时的形参可以认为是实参的别名；传地址是将实际参数变量的地址传递给形式参数，被调函数中对形式参数的操作就是对主调函数实际参数变量的操作。

（2）函数的返回值进行传递：主调函数通过实际参数和形式参数将数据传递给被调函数，被调函数中的处理结果值返回到主调函数中。

（3）全局变量进行传递：定义全局变量，实现所有函数共享数据。

6. 变量的作用域与生存周期

（1）变量的作用域指变量在程序中的有效范围，分为全局变量和局部变量。

（2）变量的生存期取决于变量的存储方式。变量的存储类型是值变量在内存中的存储方式，分为静态存储和动态存储。动态存储方式主要有自动型（auto）和寄存器型（register）两种形式；静态存储方式（static）有局部静态和全局静态方式。

7. 函数的嵌套与递归

在被调函数中又调用其他函数称为函数的嵌套，函数不能嵌套定义，但可以嵌套调用。函数直接或间接地自己调用自己，称为递归调用，递归函数要避免死循环。

8. 模块化程序设计

一个复杂的问题可以划分为若干个简单的问题来解决，即模块，模块是由函数来实现的。划分模块的基本原则如下：

(1) 模块相对独立。

(2) 模块具有共享性。

(3) 模块能够独立封装并能提供相应的接口供其他函数调用。

习　题

一、判断题

1. 局部变量在进入代码块时生成，退出代码块时消失。　　　　　　　　　　（　　）

2. 函数可以嵌套定义，也可嵌套调用。　　　　　　　　　　　　　　　　（　　）

3. 如果在程序中定义静态变量和全局变量时，未明确指明其初始值，那么它们可以在程序编译阶段自动被初始化为 0 值。　　　　　　　　　　　　　　　　　（　　）

4. 在 C 语言中，实参与其对应的形参各占独立的存储单元。　　　　　　　（　　）

5. 不同的函数中可以使用相同的变量名。　　　　　　　　　　　　　　　（　　）

6. 形式参数是局部变量。　　　　　　　　　　　　　　　　　　　　　　（　　）

7. C 语言中，函数调用时，只有当实参与其对应的形参同名时，才共占同一个存储单元。　　　　　　　　　　　　　　　　　　　　　　　　　　　　　　　（　　）

8. 凡是函数中未指定存储类别的局部变量其隐含的存储类别是自动变量。　（　　）

二、选择题

1. 请读程序：

```
# include < stdio. h >
func( int a, int b)
{ int c;
  c = a + b;
  return c;
}
main()
{ int x = 6, y = 7, z = 8, r;
  r = func(( x -- , y++, x + y), z -- );
  printf(" % d\n",r);
}
```

上面程序的输出结果是（　　）。（1996 年 4 月）

A. 19　　　　　　　　B. 20　　　　　　　　C. 21　　　　　　　　D. 31

2. 下面程序的输出是（　　）。（1996 年 9 月）

```
fun3(int x) {
  static int a = 3;
  a += x;
  return(a);
}
void main() {
```

```
   int k = 2, m = 1, n;
     n = fun3(k);
     n = fun3(m);
     printf(" % d\n",n);
   }
```

   A. 3   B. 4   C. 6   D. 9

3. 有以下程序：

```
int func(int a, int b)
{    return(a + b); }
main( )
{    int    x = 2, y = 5, z = 8, r;
     r = func(func(x, y), z);
     printf(" % \d\n",r);
}
```

   该程序的输出的结果是（　　　）。（2000 年 9 月）

   A. 12   B. 13   C. 14   D. 15

4. 以下程序的输出的结果是（　　　）。（2002 年 4 月）

```
# include < stdio. h >
int x = 3;
void incre()
{    static int x = 1;
     x * = x + 1;
     printf("   % d",x);
}
void main()
{    int i;
     for (i = 1; i < x; i++)   incre();
}
```

   A. 3 3   B. 2 2   C. 2 6   D. 2 5

5. 有以下程序：

```
int a = 3;
main()
{   int s = 0;
    { int a = 5;   s += a++; }
      s += a++; printf(" % d\n",s);
}
```

   程序运行后的输出结果是（　　　）。（2002 年 9 月）

   A. 8   B. 10   C. 7   D. 11

三、填空题

1. 下面程序的输出结果是_____。（1996 年 4 月）

```
# include < stdio. h >
fun(int x)
```

```
{ int p;
  if( x == 0 || x == 1) return(3);
  p = x - fun( x - 2);
  return p;
}
main()
{ printf( "%d\n", fun(9));}
```

2. 以下程序的输出结果是_____。（2000 年 9 月）

```
#include < stdio.h >
void   fun()
{ static int a = 0;
  a += 2; printf("%d",a);
}
main()
{  int cc;
   for(cc = 1;cc < 4;cc++) fun();
   printf("\n");
}
```

3. 以下程序输出的最后一个值是_____。（2001 年 9 月）

```
int   ff(int n)
{  static int f = 1;
   f = f * n;
   return   f;
}
main()
{   int i;
    for(i = 1;i <= 5;i++ printf("%d\n",ff(i));
}
```

4. 以下函数的功能是求 x 的 y 次方,请填空。（2001 年 9 月）

```
double   fun(double x, int y)
{   int   i;
    double z;
    for(i = 1, z = x; i < y; i++)   z = _____;
    return z;
}
```

四、编程题

1. 编写函数 fun() 计算 $m = 1 - 2 + 3 - 4 + \cdots + 9 - 10$。

2. 编写一个函数判定一个 n 是否为素数。

3. 编写一个函数求 $s = 1 + \dfrac{1}{2!} + \dfrac{1}{3!} + \cdots + \dfrac{1}{n!}$。

项目 7　学生成绩管理系统的设计(1)
——简单构造类型

技能目标　掌握对数据集合的访问与处理方法。

知识目标　在实际应用中,常需要对具有相同属性的数据集合中的元素进行处理,如对学生信息的增加、查找、修改、删除、统计等。要实现这些基本的要求,在 C 语言中提供了处理大量相同类型数据的一种类型——数组。本项目涉及如下的知识点。

- 一维数组的应用;
- 二维数组与多维的应用;
- 字符数组的应用;
- 数组与函数。

完成该项目后,达到如下的目标。

- 了解数组的概念,掌握数组的定义方法;
- 掌握数组的初始化及数组元素的引用;
- 掌握数组作为函数参数;
- 能运用字符数组来存储和处理字符串;
- 熟悉数据的查找、修改、删除、插入、排序等常用算法。

关键词　数组(array)、多维数组(multi-dimesional array)、数组初始化(array initialization)、数组大小(array size)、数组声明(array declaration)、数组下标(array subscript)、维数(dimension)、数组元素(elements in array)

　　管理信息系统的设计最基本的功能就是实现相关数据的存储与管理,完成对数据的增、删、改、查找、统计等功能。本项目就是利用数组实现对学生成绩信息的管理。为了完成该项目,必须要实现对数据的有效存储和访问,即如何应用数组来存储学生的考试信息,如何访问和处理数组的数据元素。

任务 7.1　统计分析考试成绩——一维数组

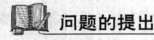 ## 问题的提出

　　当处理的数据量不是很大时,可以使用简单的数据类型,设几个简单的变量来完成数据的处理。但对于大规模的数据,尤其是相互间有一定联系的数据,通过简单变量的方法就不方便了。C 语言提供了处理大量相同类型数据的一种类型——数组。

当考试结束后,要统计 50 个学生考试的平均成绩、最高分和最低分。解决这个问题,可以设置 50 个变量用来存储 50 个学生的成绩,再分别用 3 个变量来存储平均分、最高分和最低分。这种方法虽然能解决问题,但程序的可扩展性、可读性很差,当学生人数发生变化时,程序也将做大量的修改。最好的方法是使用数组来存放学生的考试成绩,然后对数组元素进行运算处理。

相关知识

在程序设计中,常需要把具有相同类型的数据元素组织起来。C 语言利用数组来实现。**数组是具有一定顺序关系的若干数据的集合体,组成数组的元素称为数组元素**。数组中的每一个元素(每个成员)具有同一个名称、不同的下标。

在 C 语言中,**数组属于构造数据类型**。一个数组可以分解为多个数组元素,这些数组元素可以是基本数据类型或是构造类型。按数组元素的类型不同,数组又可分为数值数组、字符数组、指针数组、结构数组等各种类别。

数组可分为一维数组和多维数组(如二维数组、三维数组、…)。数组的维数取决于数组元素的下标个数,**每个元素有 n 个下标的数组称为 n 维数组**。即一维数组的每一个元素只有一个下标,二维数组的每一个元素均有两个下标,三维数组的每一个元素都有 3 个下标,以此类推。

7.1.1 一维数组的定义与初始化

1. 一维数组的定义

在 C 语言中使用数组必须先进行定义,然后使用。

一维数组的定义方式为

类型说明符　数组名[常量表达式],…;

(1) 类型说明符是任一种基本数据类型或构造数据类型,它表示数据元素的类型。

(2) 数组名是用户定义的数组标识符。

(3) 方括号中的常量表达式表示数据元素的个数,也称为数组的长度,即数组元素的个数。例如:

```
int number[10];    说明整型数组 number 有 10 个元素。
float sale[10];    说明实型数组 sale 有 10 个元素。
char chars[20];    说明字符数组 chars 有 20 个元素。
```

对于数组的定义应注意以下几点。

(1) 数组的类型是指数组元素的取值类型。同一个数组中所有元素的数据类型都是相同的。

(2) 数组名的命名规则必须符合标识符的命名规则。

(3) 数组名不能与其他变量名相同。例如:

```
main(){
  int a;
```

```
    float a[10];
        …
    }
```

是错误的。

（4）**方括号中常量表达式表示数组元素的个数**，它是一个整型常量，如 number[5]表示数组 number 有 5 个元素。其下标从 0 开始计算，因此 5 个元素分别为 number[0]、number[1]、number[2]、number[3]、number[4]。

（5）不能在方括号中用变量来表示元素的个数，但可以是符号常数或常量表达式。例如：

```
♯define N 5                //声明一个常量
void main(){
    int number[3 + 2],number[7 + N];
}
```

是合法的。但是下述说明方式是错误的。

```
void main(){
    int n = 5;
    int number[n];
}
```

（6）允许在同一个类型说明中，说明多个数组和多个变量。例如：

```
int n, score[10];
```

（7）当定义了一个数组后，C 编译程序为数组在内存中分配了相应个数连续的数据单元，每个单元占有的存储空间由数组的类型来确定，如图 7-1 所示。

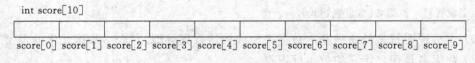

图 7-1　一维数组与内存单元

在这里，分配了 10 个连续的存储单元，每个单元占有 2 个字节（int），共分配了 20 个字节的存储单元。

（8）C 编译程序指定数组名数组的首地址，即 score 与 &score[0]等价。也就是说，在 C 语言中，每个已定义的数组，**其数组名有两个作用：其一代表该数组的名称；其二代表该数组在内存中的首地址**。

2. 一维数组的初始化

在定义的同时赋予初值，称为数组的初始化。对一维数组进行初始化，有以下几种形式。

（1）给全部数组元素赋初值。将数组元素的初值依次放在一对花括号内，数值之间用逗号分隔。数组的长度可以省略。例如：

```
int score[6] = {1,2,3,4,5,6};
```

也可写为

```
int score[ ] = {1,2,3,4,5,6};
```

score 数组初始化后,score[0]＝1,score[1]＝2,score[2]＝3,score[3]＝4,score[4]＝5,score[5]＝6。

（2）对部分元素赋初值。当所赋值个数少于数值元素个数时,C 语言会自动给后面的元素补上初值 0。例如：

```
int score[10] = {1,2,3};
```

score 数组初始化后,score [0]＝1,score [1]＝2,score [2]＝3,其余各元素均为 0。

（3）对数组的所有元素均赋予 0 值。例如：

```
int score [10] = {0};
```

或

```
int score [10] = {0,0,0,0,0,0,0,0,0,0};
```

7.1.2　一维数组的元素的引用

当定义了某数组后,就可以引用该数组中的任何元素了,其标识方法为数组名后跟一个下标,数组元素的引用形式为

数组名[下标]

其中下标只能为整型常量或整型表达式,如为小数时,C 编译程序将自动取整。下标表示了元素在数组中的顺序号。

🔔 注意：

（1）引用数据元素只能引用单个的数据元素,不能引用整个数组。

例如,输出有 10 个元素的数组必须使用循环语句逐个输出各下标变量。

```
for(i = 0; i < 10; i++)
    printf(" % d",number[i]);
```

而不能用一个语句输出整个数组。

下面的写法是错误的：

```
printf(" % d",number);
```

（2）在引用数组元素时,下标可以是整型常数、已赋值的变量或含变量的表达式。例如：

```
number[5]
number[i + j]
number[i++]
```

都是合法的数组元素。

（3）由于数组元素本身可看作同一类型的单个变量,因此,对变量的各种操作也都适用于数组元素。

（4）C 语言在引用数组元素时不检查数组边界,程序员在编写程序时要自己检查数组

元素的边界,下标上限(最大值)不能超界,也就是说,若数组含有 n 个元素,下标的最大值为 $n-1$(因下标从 0 开始);若超出界限,C 编译程序并不给出错误信息,程序仍可以运行,但可能会改变该数组以外其他变量或其他数组元素的值,由此出现不可预料的后果。

```c
int number[10],i;
for (i = 0;i < 100;i++)
    number[i] = i;    //当 i > = 10 时,出现数组越界错误
```

【案例 7-1】 阅读下面的程序,观察其运行结果。

程序 1:

```c
# include < stdio. h >
void main(){
    int i,number[10];
    for(i = 0;i < = 9;i++)
        number[i] = i;
    for(i = 9;i > 0;i -- )
        printf(" % d ",number[i]);
}
```

程序 2:

```c
# include < stdio. h >
void main(){
    int i,number[10];
    for(i = 0;i < 10;)
        number[i++ ] = i;
    for(i = 9;i > = 0;i -- )
        printf(" % d",number[i]);
}
```

程序 3:

```c
# include < stdio. h >
void main() {
    int i,number[10];
    for(i = 0;i < 10;)
        number[i++ ] = 2 * i + 1;
    for(i = 0;i < = 9;i++)
        printf(" % d ",number[i]);
    printf("\n % d % d\n",number[5.2],number[5.8]);
}
```

程序说明:在程序 1 中,首先定义一个可以存储 10 个整型数的数组 number,利用循环语句给数组依次赋值为 0~9 这 10 个整型数,然后按逆序输出这 10 个数。

在程序 2 中,第一个 for 语句省略了表达式 3,在下标变量中使用了表达式 i++,用以修改循环变量,实现了相同的功能。如果将语句 number[i++]=i 改为 number[++i]=i 将会产生什么结果?

在程序 3 中,用一个循环语句给 number 数组各元素送入奇数值,然后用第二个循环语句输

出各个奇数。C 语言允许用表达式表示下标,程序中最后一个 printf 语句输出了两次 number[5]的值,可以看出当下标不为整数时将自动取整(Turbo C 编译器,VC++ 6.0 将出错)。

定义数组Count[4]、选票编号No、循环控制变量	
初始化Count	
i=0	
i=<N	
输入选票编号No	
No>0&&No<4	
Count[No]++	Count[0]++
输出统计结果	

图 7-2　案例 7-2 程序流程

【**案例 7-2**】　统计选票数。现在有 3 个人参加选举,统计每个人的得票数。

算法分析:将参选人编号为 1、2、3,设置数组 Count,数组元素 Count[1]、Count[2]、Count[3]分别用于存放编号为 1、2、3 的得票数,Count[0]用于存放其他得票数。当输入选票编号 No 时,则对应的数组元素 Count[No]加 1,相当于对应参选人累计。程序流程如图 7-2 所示。

根据上面的分析,编写如下程序:

```c
# include< stdio. h>
# define N 6
void main(){
  int i;
  int No;                   //选票编号
  int Count[4] = {0,0,0,0}; //初始数组
  for (i = 0;i < N;i++){
    printf("输入选票编号:");
    scanf("% d",&No);
    if (No > 0 && No < 4)
      Count[No]++;          //有效票计数
    else
      Count[0]++;           //无效票计数
  }
  printf("编号\t 票数\n");
  for (i = 0;i < 4;i++)     //输出统计结果
    printf("% d \t % d\n",i,Count[i]);
}
```

程序运行结果:

程序说明:

(1) 数组 Count 的元素必须初始化,否则其初始值为随机值。也可以用循环来初始化数组中的元素。

```
for (i = 0;i < N;i++) Count[i] = 0;
```

（2）当输入的选票编号不为 1、2、3 时，将其 Count[0]计数，表示无效票。

7.1.3　一维数组作为函数参数

在实际应用中，常需要在函数中对数组进行处理，从而在调用函数时，需要将数组作为函数的参数。数组用作函数参数有两种形式，一种是把数组元素（下标变量）作为实参使用；另一种是把数组名作为函数的形参和实参使用。

1. 数组元素作为函数实参

数组元素就是下标变量，它与普通变量并无区别。因此它作为函数实参使用与普通变量是完全相同的，在发生函数调用时，把作为实参的数组元素的值传送给形参，被调函数的形式参数用一个简单变量来接受数组元素的值，实现单向的值传送。

【案例 7-3】　统计数组中零值元素的个数。

编程如下：

```
#include < stdio. h>
//判断 n 是否为 0
int is0(int n){
    return n == 0;
}
void main(){
    int num[10] = {1,2,0,312,0,45,21,0},i,count = 0;
    for(i = 0;i < 10;i++)
        if (is0(num[i]))
         count++ ;
    printf("零值元素的个数为：% d\n",count);
}
```

程序运行结果：

零值元素的个数为:5

程序说明：is0(int n)的功能就是判断 n 是否为 0，如果为 0 返回真，否则返回假。main()函数中循环调用 is0()函数，将数组元素作为参数传递给 is0 函数，依次判断数组元素是否为 0，并计数统计。

2. 数组名作为函数参数

用数组名作为函数参数时，要求形参和相对应的实参都必须是类型相同的数组，都必须有明确的数组说明。当形参和实参二者不一致时，即会发生错误。

在用数组名作为函数参数时，不是进行值的传送，编译系统不为形参数组分配内存。所进行的传送只是地址的传送，也就是说把实参数组的首地址赋予形参数组名。形参数组名取得该首地址之后，也就等于有了实参的数组。实际上是形参数组和实参数组为同一数组，共同拥有一段内存空间。

一维数组名作为函数形式参数而进行说明时，有下面的形式：

```
int fun(int array[]);
float fun(int array[],int n);
void fun(int array[MAX]);
```

【案例 7-4】　数组 Array 中存放了一个学生 5 门课程的成绩,求平均成绩。

```
# include < stdio. h >
//求数组 Array 数据元素的平均值
float average(float Array[5]){
    int i;
    float av,sum = Array[0];
    for(i = 1;i < 5;i++)
    sum = sum + Array[i];
    av = sum/5;
    return av;
}
void main(){
    float score[5] = {89,87,96,78,69},av;
    av = average(score);
    printf("平均值为 % 5.2f\n",av);
}
```

程序运行结果:

平均值为83.80

程序说明:本程序首先定义了一个实型函数 average(),有一个形参为实型数组 Array,长度为 5。在函数 average()中,把各元素值相加然后求出平均值,返回给主函数。主函数 main()中定义数组 score 并初始化,然后以 score 作为实参调用 average()函数,函数返回值送 av,最后输出 av 值。

当用数组名作函数参数时,由于实际上形参和实参为同一数组,因此当形参数组发生变化时,实参数组也随之变化。当然这种情况不能理解为发生了"双向"的值传递。但从实际情况来看,调用函数之后实参数组的值将由于形参数组值的变化而变化。

【案例 7-5】　将数组中小于 0 的元素置为 0。

```
# include < stdio. h >
void setvalue(int Array[5]){
    int i;
    for(i = 0;i < 5;i++){
        if(Array[i]< 0) Array[i] = 0;
    }
}
void display(int Array[5])
{   int i;
    for(i = 0;i < 5;i++)
    printf(" % d ",Array[i]);
}
void main(){
    int data[5] = {12, − 34,56, − 1, − 2};
```

```
        printf("\n 数组元素为:\n");
        display(data);
        setvalue(data);
        printf("\n 将数组中小于 0 的元素置为 0 后:\n");
        display(data);
        printf("\n");
    }
```

程序运行结果:

程序说明:本程序中函数 setvalue(),其功能是将数据元素为负数的值设置为 0,形参为整数组 Array,长度为 5;函数 display(),其功能是显示数组元素的值,形参为整数组 Array,长度为 5。在主函数中定义数组 data,并初始化,然后以数组名 data 为实参调用 setvalue()函数。返回主函数之后,再调用函数 display()输出数组 data 的值。从运行结果可以看出,数组 data 通过函数 setvalue()修改了数组中元素的值。这说明实参、形参为同一数组,它们的值同时得以改变。

用数组名作为函数参数时还应注意以下几点。

(1) 形参数组和实参数组的类型必须一致,否则将引起错误。

(2) 形参数组和实参数组的长度可以不相同,因为在调用时,只传送首地址而不检查形参数组的长度。当形参数组的长度与实参数组不一致时,虽不至于出现语法错误(编译能通过),但程序执行结果将与实际不符,这是应予以注意的。

【案例 7-6】 观察下面程序运行结果。

```
# include < stdio. h>
void display(int Array[8])
{  int i;
   for(i = 0;i < 8;i++)
   printf(" % d,",Array[i]);
   printf("\n");
}
void main(){
   int a[5] = {1,2,3,4,5};
   int b[10] = {1,2,3,4,5,6,7,8,9,10};
   display(a);
   display(b);
}
```

程序运行结果:

```
1, 2, 3, 4, 5, 1245120, 4199305, 1,
1, 2, 3, 4, 5, 6, 7, 8,
```

程序说明:本程序 display()函数的形参数组 Array 长度为 8,其功能是显示数组 Array 元素的值。在主函数中定义了两个数组 a[5]、b[8],数组 a 和实参数组 b 的长度不一致。编译能够通过,但从结果看,数组 b 的元素 a[5]、a[6]、a[7]显然是无意义的。

（3）在函数形参表中，允许不给出形参数组的长度，或用一个变量来表示数组元素的个数。

例如，可以写为

void Display(int Array [])

或写为

void Display (int Array [ ], int n)

其中形参数组 Array 没有给出长度，而由 n 值动态地表示数组的长度。n 的值由主调函数的实参进行传送。

【案例 7-7】　观察下面程序运行结果。

```
# include < stdio. h >
void display(int Array[], int n)
{ int i;
  for(i = 0; i < n; i++)
  printf(" % d,", Array[i]);
  printf("\n");
}
void main(){
  int a[5] = { 1,2,3,4,5};
  int b[10] = {1,2,3,4,5,6,7,8,9,10};
  display(a,5);
  display(b,10);
}
```

程序运行结果：

```
1,2,3,4,5,
1,2,3,4,5,6,7,8,9,10,
```

程序说明：本程序 display()函数形参数组 Array 没有给出长度，由 n 动态确定该长度。在 main()函数中，函数调用语句为 display(a,5)、display(b,10)，其中实参 5 或 8 将赋予形参 n，作为形参数组的长度。

7.1.4　任务分析与实施

1. 任务分析

本次任务输入学生的编号、C 语言的考试成绩，统计平均成绩并输出。

先输入学生的学号、考试成绩，分别用数组保存，然后统计并显示。

2. 任务实施

定义两个数组，一个数组用来存放学生编号；一个数组用来存放其考试成绩。将其划分为两个模块。

（1）函数 Input(No[],score[],int n)，输入学生编号、考试成绩。

（2）函数 Display(No[],score[],int n)，用于统计学生平均成绩并显示相关信息。

其程序流程如图 7-3 所示。

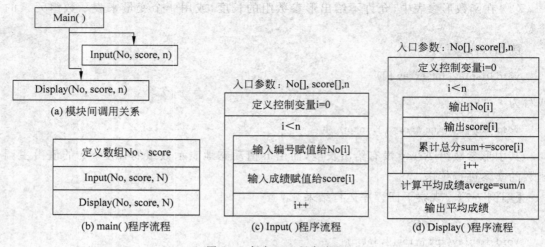

图 7-3　任务 7.1 程序流程

根据上面的分析,编写如下程序。

```c
#include < stdio. h >
#define N 5
//输入学生学号和考试成绩信息
void   Input(int No[],int score[],int n){
    int i;
    printf("请输入 %d 个学生的编号和成绩\n",N);
    for (i = 0;i < n;i++)
    { //输入 N 个学生的编号和成绩
        printf("编号:");
        scanf(" % d",&No[i]);
        printf("成绩:");
        scanf(" % d",&score[i]);
    }
}
//统计学生平均成绩并显示相关信息
void Display( int No[],int score[],int n)
{
    int i, sum = 0;
    float averge = 0;
    printf("编号\t\t 成绩\n");
    //输出 N 个学生的编号和成绩
    for (i = 0;i < n;i++)
    {
        sum += score[i];
        printf(" % d\t\t % d\n",No[i],score[i]);
    }
    averge = (float)sum/n;   //计算平均成绩
    printf("平均成绩: % 5.2f\n",averge);
}
//主函数
```

```
void main()
{
    int No[N],score[N];
    Input(No,score,N);
    Display(No,score,N);
}
```

程序说明：在计算平均成绩时，由于 sum 和 N 是整型，sum/N 为整型，所以必须将 sum 强制转换为 float，然后再除以 N，才能得到正确结果。

 拓展训练

编写程序，从键盘输入每个员工的工资，计算其平均工资和最高工资、最低工资。

任务 7.2　创建学生成绩表——一维数组的应用

 问题的提出

计算机信息管理，最基本的数据处理就是要实现信息的增、删、改、查找、统计等功能。本次任务将实现如何对学生成绩信息进行处理。

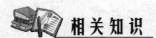 **相关知识**

7.2.1　数据元素的复制与选择

1. 数据元素的复制

在实际应用中，常要实现对数据的备份处理，程序中的备份可以将数组中数据元素复制到另一个数组中。在进行备份时，备份数组的数据类型必须和源数组的类型一致，数组的长度必须等于或大于源数组的长度，备份时数据的顺序也必须与原来的数据顺序一致。

【案例 7-8】　随机产生 100 个正整数存放到数组 soure 中，将该数组中的数据复制到数组 Object 中。

分析：定义以下 3 个函数。

(1) Create(data,n)：利用循环将随机函数产生的 n 个随机数存放到 data 数组中。

(2) Copy(Soure,Object,n)：利用循环将 Soure 数组的元素依次赋值给 Object 数组，实现数组的复制。

(3) Display(data,n)：显示数组 data 元素的值。

在 main() 先利用 Create() 函数和 Display() 函数产生 n 个随机数存放到数组 Soure 中，并显示，再利用 Copy() 函数将 Soure 数组的元素复制到 Object 数组中，然后利用 Display() 函数显示 Object 数组元素的值。其程序的流程如图 7-4 所示。

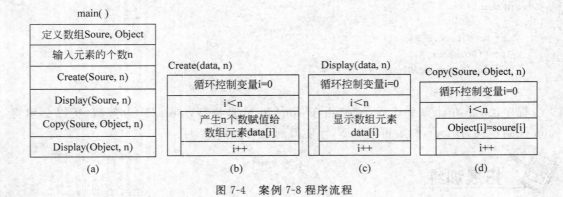

图 7-4　案例 7-8 程序流程

根据上面的分析,编写如下程序。

```c
# include < stdio. h >
# include < stdlib. h >
//产生 n 个随机数存放在数组 data 中
void Create( int data[ ], int n){
    int i;
    for ( i = 0; i < n; i++ )
        data[ i] = rand( ) % 1000;
}

//显示数组 data 中数据元素的值
void Display( int data[ ], int n){
    int i;
    for ( i = 0; i < n; i++ ){
      if ( i % 10 == 0) printf("\n");
        printf(" % d ", data[ i]);
    }
}

//将数组 Soure 中的 n 个元素复制到数组 Object 中
void Copy( int Soure[ ], int Object[ ], int n){
    int   i;
    for ( i = 0; i < n; i++ )
        Object[ i] = Soure[ i];
}
void main( ){
    int Soure[100], Object[100], n;
    printf("输入数组的大小(< 100)");
    scanf(" % d", &n);
    Create( Soure, n);                 //生成 n 个随机数
    printf("Soure Array:");
    Display( Soure, n);                //显示
    Copy( Soure, Object, n);           //复制数组元素
    printf("\nObject Array:");
    Display( Object, n);
    printf("\n");
}
```

程序运行结果:

```
输入数组的大小(<100)5
Soure Array:
41 467 334 500 169
Object Array:
41 467 334 500 169
```

程序说明:

(1) 在程序中,rand 是 C 语言库函数中提供的一个随机函数,该函数的作用是产生一个大于等于 0、小于 32767 的整数。rand()％1000 产生小于 1000 的整数。该函数包含在 stdlib.h 中,所以使用该函数必须在程序中加头文件 stdlib.h。

(2) 程序中 Object 数组的长度与类型必须与 Soure 数组一致。

(3) 数组的赋值、数组的输出必须通过逐个元素进行,因此要用循环来实现,不能直接赋值和输出,如 Object＝Soure 是错误的。

(4) if (i％10＝＝0) printf("\n"),实现每行输出 10 个元素就换行。

思考与讨论:程序每次运行时,产生的随机数序列是相同的,从某种意义,这不是一个真正的随机数序列,如何使得每次产生的随机数序列不同?

提示:在 C 语言的库函数中提供了一个 srand(r) 的函数,其作用是初始化伪随机数发生器,r 是函数的参数,其值为一个正整数,称为随机种子。不同的种子数,在调用随机函数时产生不同的数据。

2. 数据选择

在实际应用中,常将满足某条件的数据选择出来,如从一个存储学生考试成绩的数组中,选择考试成绩不及格的学生存放到另一个数组中。

【案例 7-9】 随机产生的 20 个 0～100 正整数存放到数组 Score 中,将该数组中小于 60 的数据元素存放到 Object 中。

分析:定义以下 3 个函数。

(1) Create(data,n):利用循环将随机函数产生的 n 个随机数存放到 data 数组中。

(2) Select(Soure,Object,n,exp):利用循环选择数组 Soure 满足条件 exp 的数据,依次赋值给 Object 数组,实现元素选择的功能。函数返回满足条件的元素的个数。

(3) Display(data,n):显示数组 data 元素的值。

在 main() 先利用 Create() 函数和 Display() 函数产生 n 个随机数存放到数组 Soure 中,并显示,再利用 Select() 函数将 Soure 数组中满足条件的元素复制到 Object 数组中,然后利用 Display() 函数显示 Object 数组元素的值。其程序的流程如图 7-5 所示。

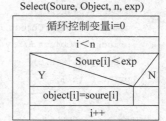

图 7-5 案例 7-9 程序流程

```c
# include < stdio.h >
# include < stdlib.h >
# include < time.h >
//产生 n 个随机数存放在数组 data 中
void Create( int data[ ], int n){
    int i;
```

```
    srand(time(0));//设置随机种子
    for (i = 0;i < n;i++)
        data[i] = rand() % 100;
}
//显示数组 data 中数据元素的值
void Display( int data[ ], int n){
    int i;
    for (i = 0;i < n;i++){
        if (i % 10 == 0) printf("\n");
        printf(" % d ",data[i]);
    }
}
//将 Soure 中的 n 个小于 exp 的元素复制到 Object 中,返回满足条件的元素的个数
int Selct( int Soure[ ], int Object[ ], int n, int exp){
    int i,count = 0;
    for (i = 0;i < n;i++)
        if (Soure[i]< exp) {
            Object[count] = Soure[i];
            count++;
        }
    return count;
}
//主函数
void main()
{
    int Soure[100], Object[100],n,c;
    printf("输入数组的大小(< 100)");
    scanf(" % d", &n);
    Create(Soure,n);
    printf("Soure Array:");
    Display(Soure,n);
    c = Selct(Soure,Object,n,60);
    printf("\nObject Array:");
    Display(Object,c);
    printf("\n");
}
```

程序运行结果：

```
输入数组的大小(<100)10
Soure Array:
36 60 63 76 51 37 77 15 8 17
Object Array:
36 51 37 15 8 17
```

程序说明：

(1) time(0)是 C 语言库函数中提供的时间函数,返回以秒为单位的当前值,它包含在 time.h 文件中,所以程序中必须加包含文件 #include<time.h>。

(2) 运用 srand(time(0))函数初始化随机函数发生器,由于每次运行时 time(0)的值不

同,实现了每次运行时产生不同的随机数序列。

（3）在程序中设置变量 count,一方面作为计算 Score 数组中小于 60 的元素的数量;另一方面作为 Object 数组的下标变量,实现将 Score 数组中小于 60 的数据元素依次存放到 Object 数组中。

7.2.2　数据元素的移动

当人们排队购物时,人们是依次向前移动,将队列这个集合存放到一个数组中,人就是数组中的元素,人的移动就是数组元素的移动,如图 7-6 所示。广告屏上文字的左右移动也是同样的道理。

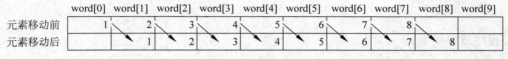

图 7-6　数组元素的移动

数据右移一位是将下标为 i 的元素赋值到下标为 i+1 的元素中,数据左移一位是将下标为 i 的元素赋值到下标为 i−1 的元素中。连续右移是从被移动的数据的最右边开始,连续左移是从被移动的左边开始。

右移：$word[i+1]=word[i]$　$0≤i≤n$　或　$word[i]=word[i−1]$　$0<i≤n$

左移：$word[i−1]=word[i]$　$0<i≤n$　或　$word[i]=word[i+1]$　$0≤i<n$

如果是循环移动,最后一个元素必须移动到第一个元素的位置,这时数据元素 i 移动的位置 pos 为 $pos=(i+1)\%m$,m 为数组的长度。

【案例 7-10】　将数组 element 中的数据元素循环移动一位。

根据前面数组元素循环移动的分析,得到程序流程图如图 7-7 所示。

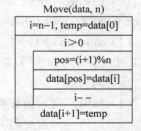

图 7-7　案例 7-10 程序流程

```c
# include < stdio.h >
# include < stdlib.h >
# include < time.h >
//将 data 数据元素循环移动一位
void Move( int Data[ ], int n){
  int i, pos, temp;
  i = n − 1;
  temp = Data[0];           //暂存元素第一个元素
  while (i > 0){
    pos = (i + 1) % n;      //确定循环移动后的元素的位置
    Data[ pos ] = Data[ i ];   //移动数据元素
    i − − ;
  }
  Data[ i + 1 ] = temp;
}
```

201

```
void main(){
    int Soure[100], n;
    printf("输入数组的大小(<100)");
    scanf(" % d",&n);
    Create(Soure,n);              //案例 7－9 中的函数
    printf("element before Move:");
    Display(Soure,n);             //案例 7－9 中的函数
    Move(Soure,n);
    printf("\nelement after Move :");
    Display(Soure,n);
    printf("\n");
}
```

程序运行结果：

```
输入数组的大小(<100)5
element before Move:
97 41 67 44 85
element after Move :
85 97 41 67 44
```

程序说明：

（1）利用案例 7-9 的 Create() 函数生成 10 个随机数，用来模拟数据元素的移动，并利用 Display() 函数来显示移动前后的情况。

（2）在函数 Move(data,n) 中，为了防止最后一个元素在循环移动到第一元素时元素 Data [0] 元素丢失，利用语句 temp＝Data[0] 将 Data[0] 暂存在 temp 中。

（3）语句 pos＝(i＋1)％n，n 为数组的长度，pos 表示右移动一位后元素的位置，当 i＝ n－1 时，(i＋1)％n ＝0，实现了 element[0]＝element[n－1]，达到循环移动的目的。

思考与讨论：

（1）如何实现右循环移动？

（2）如何将元素左移 n 位？

7.2.3　数据元素的查找与统计

1. 数据查找

作为数据的查找检索，是管理信息系统设计的重要方面，如查询学生的考试成绩，查找火车时刻表，图书馆查找图书等。在 C 语言中，可以将信息存放到数组中，然后按照一定的查找方式在数组中查找满足条件的数据元素。查找，一方面是查找该元素是否存在；另一方面是查找满足条件的数据元素的相关信息。

查找的算法有很多，这里采用最简单的方法，即顺序查找的方法，就是在数组中依次扫描各个元素，与要查找的元素进行比较判断，实现对数据元素的查找。

【案例 7-11】　查找指定编号（学号）学生的考试成绩。

分析：将学生学号和成绩分别存放到不同的数组中，但下标要一致，然后对学号数组从下标 0 到 N 进行扫描比较，如果找到要查找的学号，则停止扫描，否则直到比较完所有元素为止。其处理过程如图 7-8 和图 7-9 所示。

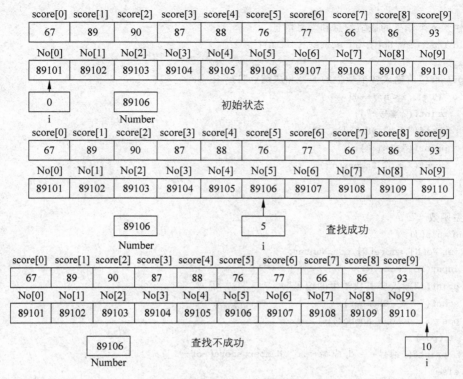

图 7-8 案例 7-11 示意图

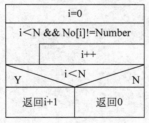

图 7-9 案例 7-11 程序流程

根据上面的分析,编写如下的程序。

```
# include < stdio.h >
# define N 3
//在数组中 data 查找指定元素 Number
int Find(int data[], int n, int Number)
{
    int i;
    i = 0;
    while (i < n && data[i]!= Number)
        i++;
    if (i < n) return i + 1; else return 0;
```

```
    }
    //输入 n 个学生的成绩信息和学号信息
    void input(int No[ ],int score[ ],int n){
        int i;
        printf("请输入各个学生的编号和成绩\n");
        for (i = 0;i < n;i++){
            printf("编号:");
            scanf("%d",&No[i]);
            printf("成绩:");
            scanf("%d",&score[i]);
        }
    }
    //主函数
    void main(){
        int No[N],score[N],pos,Number;
        input(No,score,N);
        printf("输入要查找学生的编号");
        scanf("%d",&Number);
        pos = Find(No,N,Number);
        if (pos)
            printf("编号: %d,成绩:%d",Number,score[pos - 1]);
        else
            printf("没有找到");
    }
```

程序运行结果:

```
请输入各个学生的编号和成绩
编号:2
成绩:67
编号:3
成绩:78
编号:5
成绩:78
输入要查找学生的编号5
编号: 5, 成绩:78
```

程序说明:

（1）分别用数组 No 和 score 存放学生学号和学生考试成绩,其下标变量相对应。定义变量 Number,用来存入需要查找的学生的学号。

（2）函数 Find(int data[ ],int n,int Number)中,使用循环语句对数组 data 的元素扫描查找,如果 data[i]＝Number,则找到要查找的学生,这时 i＋1 就是要查找元素的位序,退出循环。如果当 i＝n,即扫描完所有元素其条件 data[i]＝Number 都不成立,表示没有找到要查找的元素,返回 0。

（3）在 main()函数中,调用 input(No,score,n)输入学生学号和考试成绩,输入要查找的学生学号 Number,调用 Find(data,n,Number)函数,实现查找。

思考与讨论：如果扫描时,从下标最大值 N 开始扫描到 0,程序该如何修改?

2. 数据统计

数据的统计包括无条件统计、条件统计。如统计月销售情况,统计考试平均成绩、最高分、最低分、分数段情况,统计工资低于平均工资的人数等。解决此类问题,可以使用数组和循环语句来实现。

【案例 7-12】 查找某班考试的最高分和最低分,并求其平均成绩。

分析:设定两个变量 min、max 分别存放数组中的最小数和最大数在数组中的下标值,初始值为 0,数组 score 的第二个元素 score[1] 到最后一个元素依次扫描比较,如果 score[i] 大于 max 则 max=i,如果 score[i]<min 则 min=i,当扫描完所有元素时,数组中最大元素的下标为 max,最小元素的下标为 min。在扫描的过程中利用变量 sum 来实现对成绩的累积求和。其处理过程如图 7-10 和图 7-11 所示。

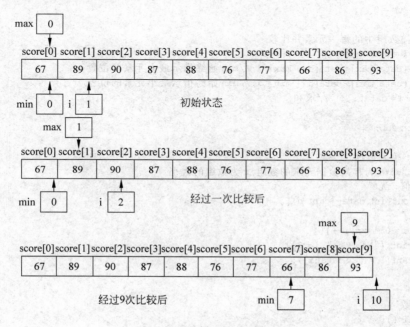

图 7-10 案例 7-12 示意图

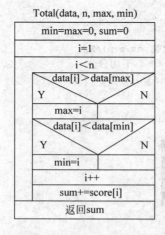

图 7-11 案例 7-12 程序流程

根据上面的分析和 N-S 图,编写如下程序。

```c
#include <stdio.h>
#define N 5
//功能: 统计数组 data 数据元素的和以及最大值、最小值在 data 中位置
//入口参数: data 为要统计处理的数组,n 为数组元素的个数
//出口参数: max 为最大元素的下标,min 为最小元素的下标
//返回值: data 为数据元素的和
long Total(int data[], int n, int &max, int &min){
    //设置最大值和最小值的初始位置为 0
    max = min = 0;
    long sum = 0;
    int i;
    //扫描数组中的每一元素并比较
    for (i = 0; i < n; i++){
        if (data[max] < data[i]) max = i;//max 始终指示最大元素的位置
        if (data[min] > data[i]) min = i;//min 始终指示最小元素的位置
        sum += data[i];    //求和
    }
    return sum;
}
//功能: 输入数据
//参数: data 为存放数据元素的数组,n 为数组的大小
//返回值: 无
void Input(int data[], int n){
    int i;
    for (i = 0; i < n; i++){
        printf("No. %d:", i + 1);
        scanf("%d", &data[i]);
    }
}
//主函数
void main(){
    int min, max, score[N];
    float averge;
    printf("输入考试成绩\n");
    Input(score, N);
    //求平均值
    averge = (float)Total(score, N, max, min)/N;
    printf("最高分:%d ,最低分:%d,平均分:
    %5.2f\n", score[max], score[min], averge);
}
```

程序运行结果:

```
输入考试成绩
No.1:78
No.2:67
No.3:56
No.4:83
No.5:90
最高分:90 ,最低分:56,平均分: 74.80
```

程序说明:

(1) 函数 Total() 的 max、min 参数是引用型。设置最大值元素指示器 max 和最小值元素指示器 min,其初始值为数组中的第一个元素,即 max=min=0。扫描数组的所有元素并

分别与 max 指示器和 min 指示器指示的元素比较,使 max 和 min 始终指示已比较元素的最大值和最小值。在扫描过程中同时累计求和 sum+=score[i],函数返回其和 sum。

（2）在函数 main()中,先调用 Input()函数输入学生考试成绩,然后调用 Total()函数求考试成绩的和以及最高分和最低分。

7.2.4　数据元素的修改、删除与插入

在信息管理中,常要修改不正确的信息,对于一些错误的信息或无效的信息,必须删除,随时有可能增加信息。C 语言中,要实现数据的插入和删除操作,可以利用移位数据元素的方法;对于修改,可以先找到要修改的数据元素所在的位置,然后直接使用赋值语句覆盖原有的数据即可。

1. 数据元素的插入

【案例 7-13】　在一个数组中的指定位置之前插入一个元素。

分析:要插入一个元素,当前数组中数据元素的个数必须小于所定义的数组大小,数据插入的位置必须适当。定义一个数组 Element[SIZEMAX],并且用一个变量 Length 来表示当前在数组中存放的有效数据元素的数量,其有效数据元素的下标为 0～Length−1,则数据元素插入的位置必须 0<position≤length。插入一个元素到 position 之前,实际上是将下标为 position～Length−1 的元素依次向后移动一位,然后将要插入的 e 元素赋值给下标为 position−1 的位置即可。插入结束后,当前数组中有效元素的个数就增加一个。其处理过程如图 7-12 和图 7-13 所示。

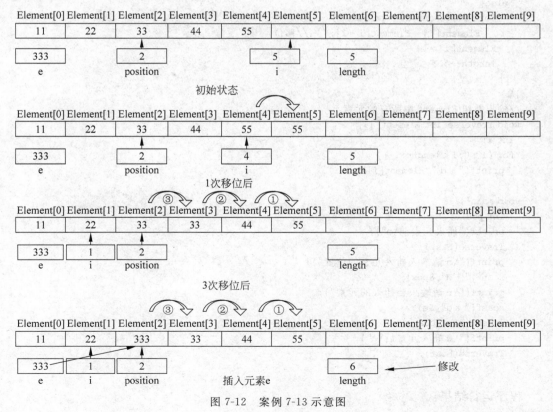

图 7-12　案例 7-13 示意图

207

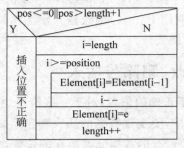

图 7-13　案例 7-13 程序流程

根据上面的分析，编写如下程序。

```c
# include< stdio. h>
# define SIZEMAX 10
int length = 5;                        //当前数组元素的个数
int List[SIZEMAX] = {1,2,3,4,5};       //初始化数组
//在数组 Element 指定位置 pos 之前插入一个元素 e
void Insert(int Element[ ], int pos, int e)
{ int i;
  if (pos < = 0 || pos > length + 1)
    printf("\n 插入位置不正确");
  else{
    for (i = length; i > = pos; i -- )
      Element[ i] = Element[ i - 1];    //移位
    Element[ i] = e;
    length++;
  }
}
//输出数组 Element 中所有的元素
void Traverse(int Element[]){
 int i;
 for (i = 0; i < length; i++)
   printf(" % d ",Element[ i]);
}
void main(){
   int pos,e;
   printf("插入元素前\n");
   Traverse(List);
   printf("\n 请输入插入元素的位置");
   scanf(" % d",&pos);
   printf("\n 请输入要插入的元素");
   scanf(" % d",&e);
   Insert(List,pos,e);
   printf("\n 插入元素后\n");
   Traverse(List);
}
```

程序运行结果：

程序说明：

（1）要将下标为 position 到 length－1 的所有元素后移一位，实际上就是下标为 i－1 的元素移动到下标为 i 的元素中。要注意的是，后移一位一定是从最后一个元素开始移动，即 element[length]＝length[length－1]。

（2）在插入结束后，数组中的有效数据元素增加了一个，所以 length＋＋。输出时要保证输出所有的数组元素。

思考与讨论：如果 Length＞SIZEMAX 时，将如何处理？

2．删除元素

【案例 7-14】　删除数组中指定位置的元素。

分析：在编辑文档时，如果要删除一行中的某个字符，其后面的字符自动向前移动一位。同样的道理，当要删除数组某个元素中的值时，可以将要删除数组元素后面的数组元素向前移动一位就可以了。其处理过程如图 7-14 和图 7-15 所示。

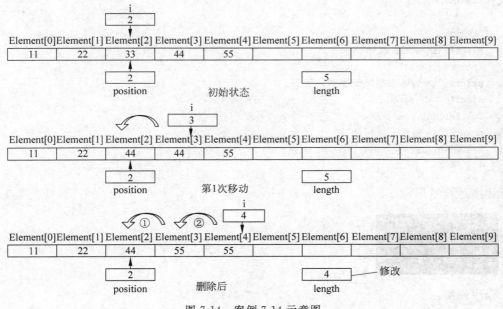

图 7-14　案例 7-14 示意图

Delete(Element[], pos)
length: 全局变量

图 7-15　案例 7-14 程序流程

根据上面的分析,编写如下程序。

```c
#include<stdio.h>
#define SIZEMAX 10
int length = 5;
int List[SIZEMAX] = {1,2,3,4,5};
//删除数组 Element 中指定位置 pos 的元素
void Delete(int Element[],int pos){
    int i;
    if (pos<=0 || pos>length)
        printf("\n 删除位置不正确");
    else{
        for (i=pos-1;i<length;i++)
          Element[i]=Element[i+1];//移位
        length--;
    }
}

void main()
{
    int pos;
    printf("删除元素前\n");
    Traverse(List);
    printf("\n 请输入删除元素的位置");
    scanf("%d",&pos);
    Delete(List,pos);
    printf("\n 删除元素后\n");
    Traverse(List);
}
```

程序运行结果:

```
删除元素前
1 2 3 4 5
请输入删除元素的位置3
删除元素后
1 2 4 5
```

程序说明:

(1) 要删除下标为 position 的数组元素,实际上是将下标为 position 到下标 length－1 的所有元素向前移动一位,即循环实现 Element[i]＝Element[i+1]。

(2) 完成删除操作后,数组中有效元素少了一个,所以数组的元素个数 length－－,使输出时保证输出所有的数据。

(3) 函数 Traverse()利用案例 7-13 中的 Traverse()函数。

3. 修改数组元素

【案例 7-15】 修改指定数据元素的值。

分析:修改指定数据,实际上就是直接使用赋值语句覆盖原来数据元素的值。在实际应用中,一般先利用数据元素的查找,确定数据元素的位置,然后修改。

```
# include < stdio. h>
# define SIZEMAX 10
int length = 5;
int List[SIZEMAX] = {1,2,3,4,5};
//修改数组 Element 中指定元素的值
void SetValue(int Element[],int pos,int e){
    if (pos <= 0 || pos > length)
        printf("\n 位置不正确");
    else
        Element[pos-1] = e;
}
void main(){
  int pos,e;
  printf("修改元素前\n");
  Traverse(List);
  printf("\n 请输入修改元素的位置");
  scanf("%d",&pos);
  printf("\n 请输入修改元素的值");
  scanf("%d",&e);
  SetValue(List,pos,e);
  printf("\n 修改元素后\n");
  Traverse(List);
}
```

程序运行结果：

```
修改前的数组元素
1 2 3 4 5
请输入修改元素的位置3
请输入修改后元素的值99
修改元素后
1 2 99 4 5
```

程序说明：

(1) 这里是修改指定位置的数据元素，所以其元素在数组中的下标为 pos-1。

(2) 函数 Traverse()利用案例 7-13 中的 Traverse()函数。

7.2.5　数据元素的排序

在日常生活中，常对一些数据进行排序处理，如考试结束后，对考试成绩进行排序，学生按身高体重进行排序等。有很多方法来实现对数据进行排序，常见的如选择法、交换法、插入法等。在这里分析一下简单选择排序法。

【案例 7-16】　将考试成绩排序。

分析：简单选择排序的基本思想就是，对数组元素进行扫描比较，在第 i 趟扫描时，选择数组中第 i+1 到 n 中的最大(小)的数组元素与第 i 个数组元素交换，通过 n-1 次的扫描后，完成对数组的排序操作，如图 7-16 和图 7-17 所示。

根据上面的分析，编写如下的程序。

211

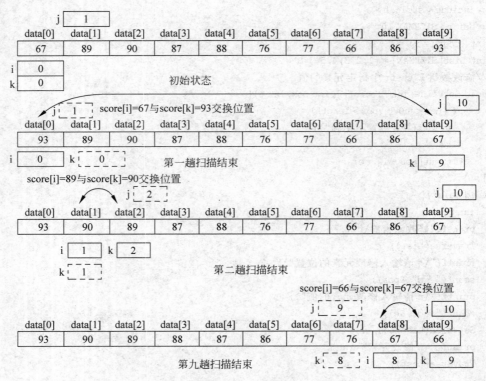

图 7-16 案例 7-16 示意图

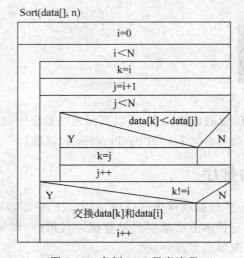

图 7-17 案例 7-16 程序流程

```
#include<stdio.h>
#define N 10
//对 data 数组中的 n 个元素排序
void Sort(int data[],int n){
    int i,j,k;
    int temp;
```

```
    for(i = 0;i < n − 1;i++) {
      k = i;
      for (j = i + 1;j < n;j++)
        if(data[k]< data [j]) k = j;
      if (i!= k){
        temp =  data [i];
        data [i] =  data [k];
        data [k] = temp;
      }
    }
  }
  //输出数组 data 中的所有元素
  void Traverse( int data[ ], int n){
    int i;
      for (i = 0;i < n;i++)
        printf(" % 8d", data[i]);
  }
  //主函数
  void main(){
    int Score[N] = {12,45,67,78,43,65,90};
    printf("\n 排序前:");
    Traverse(Score,7);
    Sort(Score,7);
    printf("\n 排序后:");
    Traverse(Score,7);
    printf("\n");
  }
```

程序运行结果:

```
排序前:      12       45       67       78       43       65       90
排序后:      90       78       67       65       45       43       12
```

程序说明:

(1) 变量 k 用来指示第 i 趟扫描后,数组的下标为 i 到 n−1 的 n−i 个数组元素的最大(小)值。

(2) 如果 i==k,表示在第 i+1 趟扫描结束后,k 值没有发生变化,下标为 i 的元素就是本次扫描的最大(小)元素。

(3) 在第 i 趟扫描结束后,将最大(小)值存放到下标为 i−1 的位置(因为数组的下标从 0 开始)。下一趟扫描时,从第 i+1 个元素开始扫描,到第 n 个元素结束。

(4) 只需通过 n−1 趟的扫描比较和数据的交换就完成了数据的排序。

思考与讨论:分析冒泡排序法并编写程序。

7.2.6   任务分析与实施

1. 任务分析

本次创建学生成绩表并根据学生的考试成绩排名次。

先将学生的学号、学生成绩保存到数组中,然后根据学生的考试成绩进行排序,在排序

213

过程中,确定每个人的名次,成绩相同的并列,最后将排序后的成绩按照一定的格式输出,并统计其平均成绩、最高分和最低分。

2. 任务实施

定义 4 个全局变量:Score[N],保存学生成绩;No[N],保存学生学号;mc[N],保存学生名次;Length,当前学生的人数,即数组中元素的数量。

将其任务分解为 4 个模块。

(1) 创建学生成绩表 Create()。

(2) 按照平均成绩排序 Sort()。

(3) 生成成绩报告 Report()。

(4) 输入学生有效成绩 Input(&No,&sc)。

各个模块的调用关系及程序流程如图 7-18 所示。

(a) 模块间的调用关系 (b) main()程序流程

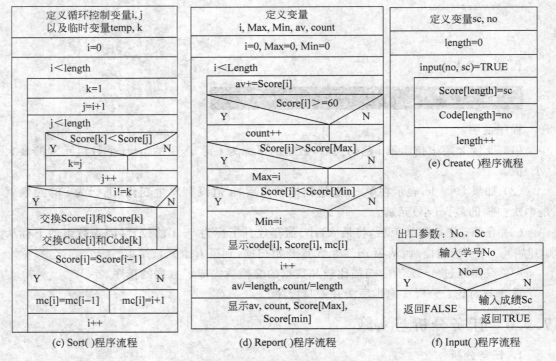

(c) Sort()程序流程   (d) Report()程序流程   (e) Create()程序流程   (f) Input()程序流程

图 7-18　任务 7.2 程序流程

根据上面的分析,编写如下程序。

```c
#include <stdio.h>
#define N 10
#define TRUE 1
#define FALSE 0
int Score[N] = ;          //成绩
int length = 0 ;          //当前学生人数
int mc[N];                //名次
long Code[N];             //学号
//功能: 输入学号和考试成绩
//出口参数: No 学号, sc 成绩
//返回值: 如果 No 为 0 返回 FALSE, 否则返回 TRUE
int input(int &No, int &sc){
  printf("学号: ");
  scanf("%ld",&No);
  if (No == 0)
  return FALSE;
  printf("成绩: ");
  scanf("%d",&sc);
  return TRUE;
}
//功能: 创建学生成绩表
//参数: 无
//返回值:无
void Create(){
  int sc,no;
  length = 0;
  printf("No.%d\n",length+1);
  while (input(no,sc)){          //输入学号和成绩
     Score[length] = sc;
   Code[length] = no;
   length++;                     //当前成绩表中人数
   printf("No.%d\n",length+1);
  }
}
//功能: 按成绩进行排序
//参数: 无
//返回值: 无
void Sort()
{
  int i,j,k;
  long temp;
  for(i = 0;i < length;i++) {
  k = i;
  for (j = i+1;j < length;j++)
    if(Score[k]< Score[j]) k = j;
  if (i!= k)
  {//交换成绩和学号
    temp = Score[i];Score[i] = Score[k];Score[k] = temp;
    temp = Code[i];Code[i] = Code[k];Code[k] = temp;
```

```
    }
    if (Score[i] == Score[i-1]) //学生名次
    mc[i] = mc[i-1];
    else
    mc[i] = i+1;
    }
}
//功能：生成成绩报告
//参数：无
//返回值:无
void Report(){
    int i, Max = 0,Min = 0,av = 0,count = 0;
    printf("  \n学号\t 成绩\t 名次\n");
    printf(" ----------------------- \n");
        for (i = 0;i < length;i++){
        av += Score[i];                        //累加
        if (Score[i]>= 60) count++;            //合格人数
        if (Score[i]> Score[Max]) Max = i;     //最高分
        if (Score[i]< Score[Min]) Min = i;     //最低分
        printf(" % 5d % 8d % 6d\n",Code[i],Score[i],mc[i]);
        }
    printf(" ----------------------- \n");
    printf("平均成绩 % 6.2f 合格率 % 6.3f\n",(float)av/length,
        (float)count/length * 100);
        printf("最高分 % d  最低分 % d",Score[Max],Score[Min]);
}
//主函数
void main(){
    Create();Report();
    Sort();
    Report();
    printf("\n");
}
```

 拓展训练

根据案例,编写函数实现学生信息的增加、删除与修改。

任务 7.3 统计分析多门课程成绩
——二维数组及其应用

问题的提出

在日常生活中,常有一些二维表格,如成绩表、工资表、课程表等,这些表格在 C 语言中如何来表达呢？一种方法是用多个一维数组,另一种方法是用一个二维数组来表达。例如,现在需要解决如下的问题,一个学习小组有 5 个人,每个人有 3 门课的考试成绩表,求全组各科的平均成绩和各科总平均成绩,然后按平均成绩排序。

 **相关知识**

对于一维数组来讲,它只有一个下标,其数组元素也称为单下标变量。实际上 C 语言允许构造多维数组,多维数组元素有多个下标,以标识它在数组中的位置,所以也称为多下标变量。

由于数组中的元素是顺序存储的,其数据元素的类型可以是简单的数据类型,也可以是复杂的构造类型(对复杂的构造类型将在后面的项目任务中介绍)。数组的元素还可以是数组,所以**如果对于一个一维数组,其数据元素是一个一维数组时,就构成了二维数组;相应的,如果一个二维数组,其数据元素是一个一维数组,就构成三维数组……以此类推。可以这么理解,对于一个 *n* 维数组,相当于一个 *n*−1 维数组的数据元素是一个一维数组。**这里主要介绍二维数组的应用。

7.3.1 二维数组的定义与初始化

1. 二维数组的定义

二维数组定义的一般形式为

类型说明符 数组名[常量表达式 1][常量表达式 2]

其中常量表达式 1 表示第一维下标的长度,常量表达式 2 表示第二维下标的长度。

例如,要表示某 4 个人 3 门课程的成绩,可以这样定义一个二维数组:

```
int  score[4][3]
```

将 score 看成有 4 个元素的一维数组,分别是 score[0]、score[1]、score[2]、score[3],而每个一维数组中的元素又是各为 3 个整型(int)元素的一维数组。如元素 Score[0]是一个含有 4 个元素{a00,a01,a02,a03}的一维数组。

二维数组在概念上是二维的,即是说其下标在两个方向上变化,下标变量在数组中的位置也处于一个平面之中,而不是像一维数组只是一个向量。可以将数组元素在数组中的位置理解为数据在一个二维表格中几行几列,如数组 score 中元素 score[2][1]相当于数组元素在表格的第 3 行第 2 列。但是,实际的硬件存储器却是连续编址的,也就是说存储器单元是按一维线性排列的。如何在一维存储器中存放二维数组呢? 在 **C 语言中,二维数组是按行优先的方式排列的,**即先存放 0 行,再存放 1 行,最后存放 2 行,每行中 4 个元素也是依次存放。**每个元素占用的字节数由数组的类型来确定,**如图 7-19 所示。

	0	1	2	3
0	a00	a01	a02	a03
1	a10	a11	a12	a13
2	a20	a21	a22	a23

0	1	2	3	4	5	6	7	8	9	10	11
a00	a01	a02	a03	a10	a11	a12	a13	a20	a21	a22	a23

图 7-19 二维数组存储空间分配

如果定义二维数组中第一个元素的位置为 a,对于一个 m 行 n 列的二维数组,则第 i 行 j 列的元素在存储空间的相应位置为

217

```
a+(i*n+j)
```

2. 二维数组的初始化

二维数组初始化也是在类型说明时给各下标变量赋以初值。二维数组可按行分段赋值，也可按行连续赋值。

（1）**分行给二维数组赋初值**。例如：

```
int score[3][2] = {{90,87},{82,93},{85,78}};
```

相当于

```
score[0][0] = 90, score[0][1] = 87, score[1][0] = 82, score[1][1] = 93, score[2][0] = 85, score[2][1] = 78
```

（2）**不分行给所有元素赋值，按数组排列的顺序对各元素赋初值。**

```
int score[3][2] = {90,87,82,93,85,78};
```

定义初始化后：

```
score[0][0] = 90, score[0][1] = 87, score[1][0] = 82, score[1][1] = 93, score[2][0] = 85, score[2][1] = 78
```

如果元素赋初值的数据的个数少于数组定义的元素个数，则后面没有数据的元素值为 0。例如，int score[3][2] = {90,89}，相当于 score[0][0] = 90, score[0][1] = 89，其余元素为 0。

（3）**可以只对每行的前几个元素赋初值，其余为 0**。例如，int score[3][2] = {{90},{89,87},{95}}，相当于 score[0][0] = 90, score[1][0] = 89, score[1][1] = 87, score[2][0] = 95。

（4）**如果对全部元素显式赋初值，则数组第一维的元素个数在说明时可以不指定，但第二维的元素个数必须指定。**例如：

```
int score[][3] = { 90,87,86,82,93,80,85,78,92,91,88,83};
```

系统会根据数据的总数和每行的个数（列数）自动分配存储空间，确定二维数组的行数。

7.3.2 二维数组的元素的引用

二维数组的元素也称为双下标变量，其表示的形式为

数组名[下标][下标]

其中下标应为整型常量或整型表达式。例如：

score[3][2]

表示 score 数组三行二列的元素。

注意：下标变量和数组说明在形式上有些相似，但这两者具有完全不同的含义。数组说明的方括号中给出的是某一维的长度，即可取下标的最大值；而数组元素中的下标是该元素在数组中的位置标识。前者只能是常量，后者可以是常量、变量或表达式。

【案例 7-17】 将二维数组 A_arrary 中的元素按行的顺序存放到一维数组 B_array 中。

分析：二维结构转换为一维线性结构,其转换的规则可以是按行优先,也可以按列优先的方式进行转换,对于二维数组在存储空间的存放,C 语言采用的是行优先的方式。这里,只要确定第 i 行 j 列的元素按行优先的方式存放时在一维数组中的存储位置 k 就可以了。如果数据元素在数组中存储的位置从 0 开始,则它们的关系为

$$k = i * N + j$$

其中,N 为每行元素的个数,即二维数组的列数。根据上面的分析,编写如下程序。

```c
# include < stdio. h>
# define M 3
# define N 3
# define SIZE   (M) * (N)
void main()
{   int A_array[M][N] = {1,2,3,4,5,6,7,8,9};
    int B_array[SIZE];
    int i,j,k;
    //二维数组 A_arrary 中的元素按行的顺序存放到一维数组 B_array 中
    for(i = 0;i < M;i++)
      for (j = 0;j < N;j++)
        B_array[i * N + j] = A_array[i][j];
    //输出数组 A_array 的元素
    printf("\nA_array 数据元素\n");
    for (i = 0;i < M;i++){
        printf("\n");
        for(j = 0;j < N;j++)
          printf(" % d\t",A_array[i][j]);
    }
    //输出数组 B_array 的元素
    printf("\nB_array 数据元素序列\n");
    for (k = 0;k < SIZE;k++){
        if (k % N == 0) printf("\n");
        printf(" % d\t", B_array[k]);
    }
}
```

程序运行结果：

程序说明：

(1) 注意 ♯define SIZE M * N 与 ♯define SIZE (M) * (N) 的区别。

(2) 通过二重循环一行一行地依次扫描,将二维数组中每个元素赋值给数组 B_array,第 i 行 j 列的元素存储在一维数组中 i * N+j 的位置,所以有

B_array[i * N + j] = A_array[i][j]

219

当然，这里也可以这样写：

```
k = 0;
for (i = 0;i < M;i++)
  for (j = 0;j < N;i++)
        B_array[k++] = A_array[i][j];
```

思考与讨论：

（1）如果要将二维数组中数据元素按列优先的方式存储到一维数组中，程序将如何编写？

（2）如果按行的优先次序存储到一维数组中，数组元素 B_array[p]相应的是数组 A_array 的第几行几列的元素？

【案例 7-18】 求两个矩阵的和，$C_{i,j} = A_{i,j} + B_{i,j}$。

分析：矩阵相加，必须是具有相同行、相同列的两个矩阵。用两个二维数组分别存放两个矩阵的数据元素，然后将对应行列元素相加，赋值给另一个具有相同列的二维数组的相应行列。

```
# include < stdio.h >
void main(){
    int MatrixA[3][3] = {1,2,3,4,5,6,7,8,9};
    int MatrixB[3][3] = {11,12,13,14,15,16,17,18,19};
    int MatrixC[3][3];
    int row,col;
    for (row = 0;row < 3;row++)
      for (col = 0;col < 3;col++)
        MatrixC[row][col] = MatrixA[row][col] + MatrixB[row][col];
    printf("矩阵的和为:");
    for (row = 0;row < 3;row++){
        printf("\n");
        for (col = 0;col < 3;col++)
          printf(" % d ",MatrixC[row][col]);
    }
    printf("\n");
}
```

程序运行结果：

```
矩阵的和为:
12 14 16
18 20 22
24 26 28
```

思考与讨论：如何实现矩阵相乘？

【案例 7-19】 已知有 5 个人 3 门课程，编程计算每门课程的平均成绩和班级各科总平均成绩。

分析：这个成绩表是一个二维的表格，同样，用一个二维数组来存放这个二维表中的数据，行数表示参加考试的人数，列数表示课程门数。单独用一个一维数组来存放每门课程的平均成绩，在统计每门课程的平均成绩时，按列循环累加求每门课程的总成绩，然后计算其平均成绩。有了每门课程的平均成绩，总的平均分＝每门课程平均成绩之和除以课程门数。

```c
#include<stdio.h>
void main()
{
    int i,j,sum, average,course[3];
    int
    score[5][3] = {{90,87,86},{82,93,80},{85,78,92},{91,88,83},{
    76,77,85}};
    for(i=0;i<3;i++){
        sum=0;
        for(j=0;j<5;j++)
            sum=sum+score[j][i];
        course[i]=sum/5;
    }
    average=(course[0]+course[1]+course[2])/3;
    printf("各科平均分\n");
    printf("数学:%d\nc语言:%d\n英语 :%d\n",course[0],course[1],course[2]);
    printf("总平均分:%d\n", average);
}
```

程序运行结果:

程序说明:程序中首先用了一个双重循环。在内循环中依次把某一门课程的各个学生的成绩累加起来,退出内循环后再把该累加成绩除以 5 送入 course[i]之中,这就是该门课程的平均成绩。外循环共循环 3 次,分别求出 3 门课各自的平均成绩并存放在 course 数组之中。退出外循环之后,把 course[0]、course[1]、course[2]相加除以 3 即得到各科总平均成绩。

7.3.3　二维数组作为函数参数

二维数组作为函数参数与一维数组相同,也有两种形式:一种是把数组元素作为参数;另一种是把数组名作为函数的参数。

二维数组名作为函数形式参数而进行说明时,可以不指定第一维数组的长度,但必须指定第二维数组的长度。例如:

```c
void fun(array[][3], int length)
void fun(array[5][3])
```

【案例 7-20】　二维数组作为函数参数。

```c
#include<stdio.h>
#define M 4
#define N 3
```

221

```
void display(int Array[][N],int m)
{   int i,j;
    for (i = 0;i < m;i++){
    printf("\n");
      for(j = 0;j < N;j++)
        printf("%d,",Array[i][j]);
    }
    printf("\n");
}
void main(){
    int a[M][N] = {1,2,3,4,6,7,8,9,10};
    display(a,4);
}
```

程序运行结果：

程序说明：函数 display()有两个参数，第 1 个参数是二维数组，其第一维的长度为 N，第二维的长度由函数的第 2 个 m 确定。所以在调用函数时，函数的实际参数为二维数组的名以及该二维数组的第二维长度。

7.3.4　任务分析与实施

1. 任务分析

一个学习小组有 5 个人，每个人有 3 门课的考试成绩。求全班各科的平均成绩和各科总平均成绩，然后按平均成绩排序，生成成绩表。

首先输入学生的学号以及每一门课程的成绩，分别保存到一个一维数组和一个二维数组中，利用二维数组的最后一列存放 3 门课程的平均成绩，然后计算每门课程的平均成绩存放到课程平均成绩数组中，最后按学生的平均成绩排序，输出成绩表并计算班级的平均成绩。

2. 任务实施

定义如下的数据结构。

(1) int No[N]：用来存放学生的编号。

(2) float Score[N][M]：来存放 N 个学生 M−1 门课程的成绩，数组元素 Score[i][M] 表示第 i+1 个学生的 M−1 门课程的平均成绩。

(3) Course[M−1]：存放某门课程的平均成绩。

3 个数组定义为全局变量，分成 4 个模块。

(1) InputScore()：输入 N 个学生 M−1 门课程的考试成绩，并求每个学生的平均成绩。

(2) process()：统计第 i 门课程的平均成绩。

(3) Sort()：按学生的平均成绩排序。

(4) Output()：按格式要求输出成绩表。

各个模块间的调用关系与各模块的程序流程如图 7-20 所示。

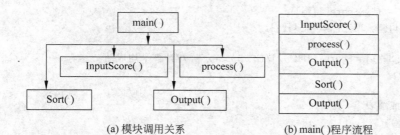

(a) 模块调用关系　　　　　　(b) main( )程序流程

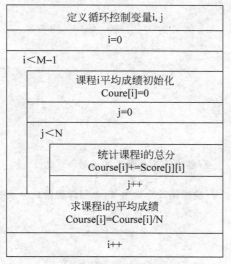

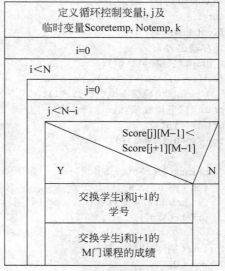

(c) process( )程序流程　　　　　　(d) Sort( )程序流程

图 7-20　任务 7.3 程序流程

根据上面的分析,编写如下代码。

```c
# include < stdio.h >
# define N 5                     //学生人数
# define M 4                     //课程数 + 1
float Score[N][M];               //存放学生成绩
int No[N];                       //学生编号
float Course[M-1];               //课程平均成绩
//功能:输入学生编号 No 和各门课程的成绩 Score,并计算学生平均成绩 Score[i][M-1]
//参数:无
//返回值:无
void InputScore(){
  int i,j;
  for (i = 0;i < N;i++){
    printf("编号:");
    scanf(" % d",&No[i]);        //输入学生编号
    Score[i][M-1] = 0;           //第 i 个学生的平均成绩
    for (j = 0;j < M-1;j++)      //输入第 i 个学生 M-1 门课程的成绩
    {
      printf("成绩 % d",j+1);
```

223

```
        scanf(" % f",&Score[i][j]);
        Score[i][M - 1] += Score[i][j];
      }
      Score[i][M - 1] = Score[i][M - 1]/(M - 1);          //计算平均成绩
  }
}
//功能：显示成绩表
//参数：无
//返回值：无
void Output(){
  int i,j;
  float sum;
    //输出表头
    printf("编号\t\t");
  for (i = 0;i < M - 1;i++)
      printf("成绩 % d\t\t",i + 1);
  printf("平均成绩\t\t",i + 1);
  printf("\n");
  for (i = 0;i < N;i++)
  {
    printf(" % d\t\t",No[i]);                    //输出第 i 个学生的编号
    for (j = 0;j < M;j++)
        printf(" % 5.2f\t\t",Score[i][j]);    //输出第 i 个学生 M - 1 门课程的成绩及平均成绩
    printf("\n");
  }
  printf("平均成绩\t");
    sum = 0;
  for (i = 0;i < M - 1;i++++)                    //输出课程平均成绩
  {
    sum += Course[i];                            //累计班级成绩
    printf(" % 5.2f\t\t",Course[i]);
  }
  printf(" % 5.2f",sum/(M - 1));                  //计算班级的平均成绩
  printf("\n\n");
}
//功能：按学生的平均成绩排序
//参数：无
//返回值：无
void Sort()
{
  int i,j,k;
  float Scoretemp;
  int Notemp;
  for (i = 0;i < N;i++)
    for (j = 0;j < N - i;j++)
    {//比较学生 j 和 j + 1 的平均成绩
        if (Score[j][M - 1]< Score[j + 1][M - 1])
        {   //交换学生 j 和 j + 1 编号
          Notemp = No[j];No[j] = No[j + 1];No[j + 1] = Notemp;
          for (k = 0;k < M;k++)
          {//交换学生 j 和 j + 1 的成绩
```

```
                Scoretemp = Score[j][k];
                Score[j][k] = Score[j + 1][k];
                Score[j + 1][k] = Scoretemp;
            }
        }
    }
}
//功能: 计算课程平均成绩
//参数: 无
//返回值: 无
void  process(){
    int i,j;
    for(i = 0;i < M - 1;i++)                   //计算 M - 1 门课程的平均成绩
    {
        Course[i] = 0;
        for(j = 0;j < N;j++)
            Course[i] += Score[j][i];          //累计课程 i 的 N 个学生的成绩
        Course[i] = Course[i]/N;               //求课程 i 的平均成绩
    }
}
void main(){
    InputScore();                              //输入学生编号和各门课程的成绩
    process();                                 //计算每门课程的平均成绩
//Output();                                    //输出成绩表
    printf("排序后:\n");
    Sort();                                    //排序
    Output();                                  //输出成绩表
}
```

程序运行结果:

编号	成绩1	成绩2	平均成绩
982	87.00	92.00	89.50
981	89.00	78.00	83.50
983	78.00	67.00	72.50
平均成绩	84.67	79.00	81.83

程序说明:

(1) 函数 InputScore()在输入学生成绩的同时计算学生的平均成绩,并将学生的平均成绩存放到数组 Score[i][M−1]中,对应于成绩表的最后一列。

(2) 函数 process()用来计算每门课程的平均成绩,对应于成绩表的最后一行。当要统计第 i 门课程的平均成绩时,相当于对 N 个学生的课程 i 的成绩 Score[j][i]进行一趟扫描并累加。

(3) 函数 Sort()采用的是冒泡法进行排序,按照学生的平均成绩进行排序。在比较学生成绩时,如果要交换学生的平均成绩 Score[i][M−1],必须将数组 No 和数组 Score 第 i 行和 i+1 行的所有数据元素进行交换。

 拓展训练

根据案例,编写一个函数,根据输入的学生编号,输出学生的各科成绩及平均成绩。

任务 7.4　查找考试成绩——字符数组与字符串

 问题的提出

在用计算机描述现实世界中的事物时,不仅是数字,更多地用到字符或字符串,如姓名、地址、个人简介等。C 语言中提供了对字符串处理的函数,以方便对字符串的处理。例如,需要对学生按学生姓名进行排序,按学生姓名进行查询、检索等,这就涉及对字符串的处理。

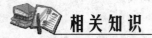 **相关知识**

用来存放字符量的数组称为字符数组。字符数组是存放字符型数据的数组,其中每个数组元素存放的值均是单个字符。字符数组也有一维数组和多维数组之分,比较常用的是一维字符数组和二维字符数组。

7.4.1　字符数组的定义、初始化及引用

字符数组的定义、初始化及引用同前面介绍的一维数组、二维数组类似,只是类型说明符为 char,对字符数组初始化或赋值时,数据使用字符常量或相应的 ASCII 码值。例如:

```
char  c[10],str[5][10];                //字符数组的定义
char  c[3] = {'r','e','d'};            //字符数组的初始化
printf("%c%c%c\n",c[0],c[1],c[2]);     //字符数组元素的引用
```

字符数组中的每个元素均占一个字节,且以 **ASCII** 代码的形式来存放字符数据。

7.4.2　字符串与字符数组

1. 字符串的存储方法

字符串是指若干有效字符的序列。有效字符是系统允许使用的字符。C 语言中的字符串可以包括字母、数字、专用字符、转义字符。

在 C 语言中没有专门的字符串变量,通常用一个字符数组来存放一个字符串。字符串存放在字符数组中,但字符数组与字符串可以不等长。字符串以 '\0' 字符作为字符串结束标志。

C 语言允许用字符串的方式对数组作初始化赋值。例如:

```
char c[] = {'c', ' ','p','r','o','g','r','a','m'};
```

可写为

```
char c[] = {"C program"};
```

或去掉{}写为

```
char c[] = "C program";
```

用字符串方式赋值比用字符逐个赋值要多占一个字节,用于存放字符串结束标志'\0'。上面的数组 c 在内存中的实际存放情况为

C		p	r	o	g	r	a	m	\0

'\0'是由 C 编译系统自动加上的。由于采用了'\0'标志,所以在用字符串赋初值时一般无须指定数组的长度,而由系统自行处理。

2. 字符数组的输入、输出

在采用字符串方式后,字符数组的输入输出将变得简单方便。除了上述用字符串赋初值的办法外,还可用 printf()函数和 scanf()函数一次性输出、输入一个字符数组中的字符串,而不必使用循环语句逐个地输入、输出每个字符。

【案例 7-21】 输入一字符串并统计其中的字符个数。

```
# include"stdio.h"
void main(){
    char str[255];
    int n;
    printf("please enter string!\n");
    scanf(" % s",str);
    n = 0;
    while (str[n])
    n++;
    printf("string Length: % d\n",n);
}
```

程序运行结果:

```
please enter string!
this is a computer
string Length:4
```

程序说明:

(1) 在程序中使用 scanf()函数输入字符赋值给 str 字符数组,输入时不能有空格。

(1) 字符串的结束标记为"\0",所以使用循环语句,当字符数组中的字符不为"\0"时(非 0)循环计数完成统计字符串中字符的个数。

7.4.3 字符串的处理

C 语言提供了丰富的字符串处理函数,大致可分为字符串的输入、输出、合并、修改、比较、转换、复制、搜索几类,使用这些函数可大大减轻编程的负担。用于输入、输出的字符串函数,在使用前应包含头文件 stdio. h,使用其他字符串函数则应包含头文件 string. h。

下面介绍几个最常用的字符串函数。

1. 字符串输出函数 puts()

格式:

puts (字符数组名)

功能:把字符数组中的字符串输出到显示器,即在屏幕上显示该字符串。

227

2. 字符串输入函数 gets()

格式：

```
gets(字符数组名)
```

功能：从标准输入设备键盘上输入一个字符串。

返回值：为该字符数组的首地址。

【案例 7-22】 字符串输入、输出函数。

```
# include < stdio. h>
void main(){
    char str1[5], str2[5], str3[5], str4[5];
    printf("输入 str1 str2\n");
    scanf("% s% s", str1, str2);
    printf("输入 str3 str4\n");
    gets(str3);gets(str4);
    printf("str1:\n");
    puts(str1);
    printf("str2:\n");
    puts(str2);
    printf("str3:\n");
    puts(str3);
    printf("str4:\n");
    puts(str4);
}
```

程序运行结果：

```
输入str1 str2
aa  bb
输入str3 str4
cc dd
str1:
aa
str2:
bb
str3:

str4:
cc dd
```

程序说明：根据 scanf() 和 gets() 这两个函数输入字符串的功能可知，str1 数组存储了"aa"串；str2 数组存储了"bb"串；str3 数组存储了""串（空串）；str3 数组存储了"cc dd"串。然后利用 puts() 函数依次输出这 4 个字符串。

对于字符串的输入，建议不要使用 scanf() 函数，而采用 gets() 或输入流 cin＞＞语句。

3. 字符串连接函数 strcat()

格式：

```
strcat(字符数组名 1, 字符数组名 2);
```

功能：将"字符数组名 2"为首地址的字符串连接到"字符数组名 1"的后面，且从"字符数组名 1"的 '\0' 所在单元连接起，即自动覆盖了"字符数组名 1"的结束标志 '\0'。本函数返回值是"字符数组名 1"的首地址。

说明：

（1）"字符数组名 1"所在的字符数组要留有足够的空间,以确保两个字符串连接后不出现超界现象。

（2）参数"字符数组名 2"既可以为字符数组名、指向字符数组的指针变量,也可以为字符串常量。

【案例 7-23】　实现字符串的连接。

```
# include "string. h"
void main(){
    char str1[20] = "good ",str2[ ] = "bye! ";
    strcat(str1,str2);
    puts(str1);
    strcat(str1,"2002");
    puts(str1);
}
```

程序运行结果：

```
good bye!
good bye!2002
```

4. 字符串复制函数 strcpy()

格式：

strcpy (字符数组名 1,字符数组名 2)

功能：把"字符数组 2"中的字符串复制到"字符数组 1"中,串结束标志'\0'也一同复制。"字符数组名 2"也可以是一个字符串常量,这时相当于把一个字符串赋予一个字符数组。

【案例 7-24】　字符串复制的例子。

```
# include"string. h"
void main(){
    char st1[15] = "program",st2[] = "C Language";
    strcpy(st1,st2);
    puts(st1);printf("\n");
}
```

程序运行结果：

```
C Language
```

程序说明：这里利用字符串复制函数将 st2 复制给 st1,所以 st1 和 st2 的值都为 C Language。

5. 字符串比较函数 strcmp()

格式：

strcmp(字符数组名 1,字符数组名 2)

功能：按照 ASCII 码顺序比较两个数组中的字符串,并由函数返回值返回比较结果。

字符串 1＝字符串 2,返回值＝0；字符串 1＞字符串 2,返回值＞0；字符串 1＜字符串 2,返回值＜0。

字符串之间比较的规则是：从第一个字符开始，依次对 str1 和 str2 为首地址的两个字符串中对应位置上的字符按 ASCII 代码的大小进行比较，直至出现第一个不同的字符（包括'\0'）时，即由这两个字符的大小决定其所在串的大小。

说明：

（1）两个参数"字符数组名"1 和"字符数组名 2"既可以为字符数组名、指向字符数组的指针变量，也可以为字符串常量。

（2）两个字符串比较结果的函数返回值等于第一个不同字符的 ASCII 代码比较。如"ABC"与"ABE"比较，其函数返回值为-1（即'C'、'E'的 ASCII 代码比较）。反之，"ABE"与"ABC"比较，则其函数返回值为 1。

（3）注意，对两个字符串比较，不能写成如下形式：

```
if(str1 == str2)      if(str1 > str2)      if(str1 < str2)
```

【案例 7-25】 字符串的比较。

```
# include"stdio. h"
# include"string. h"
void main()
{ char str1[] = "that is a computer", str2[] = "this is a computer";
  int n;
  if((n = strcmp(str1, str2)) > 0)
      puts(str1);
  else
      puts(str2);
  printf("n = % d\n", n);
}
```

程序运行结果：

```
this is a computer
n=-1
```

程序说明：程序中字符串 str1 和 str2 依次逐个字符比较，'a'<'i'，所以返回-1。

6. 测字符串长度函数 strlen()

格式：

```
strlen(字符数组名)
```

功能：测字符串的实际长度（不含字符串结束标志'\0'）并作为函数返回值。

【案例 7-26】 测字符串长度。

```
# include < string. h>
# include < stdio. h>
void main( )
{ char str1[ ] = "\t\v\\\0will\n\0";
  char str2[ ] = "ab\n\012\\\"";
  printf("str1: % d\t\t", strlen(str1));
  printf("str2: % d\n", strlen(str2));
}
```

程序运行结果：

str1: 3　　　　str2: 6

程序说明：strlen()函数在测定一个字符串的长度时,遇到第一个'\0'(字符串结束标志)就结束。但遇到符合'\ddd'的转义字符时,系统将按'\ddd'处理,而不看作为'\0','1', '2'。因此,第 1 个字符串的长度为 3,第 2 个字符串的长度为 6,而不是 3。

7.4.4　任务分析与实施

1. 任务分析

本次任务建立学生的成绩表,包括学生学号、姓名、成绩,根据学生姓名查找学生的成绩。

建立 3 个数组,分别用来存放学生的姓名、学号、成绩,查找时,输入学生的姓名,在学生姓名数组中找到学生在数组中的位置下标,然后学号数组、成绩中输出对应学生的信息。

2. 任务实施

定义以下全局数组和变量。

int No[SIZE]：保存学生学号,全局变量。

float Score[SIZE]：用来存储学生考试成绩,全局变量。

char Name[SIZE][20]：存放学生姓名,全局变量。

Length：来存储成绩表中学生人数,全局变量。

全局变量 Length 表示当前成绩表中的学生人数,每增加一个学生,length 必须加 1。

将任务划分为 4 个模块。

void Display()：显示学生的信息。

int InputNumber()：输入学号模块。

int Append()：增加学生信息。

Find()：给定学生姓名,查找该学生在数组中的位序。

模块间的调用关系及程序流程如图 7-21 所示。

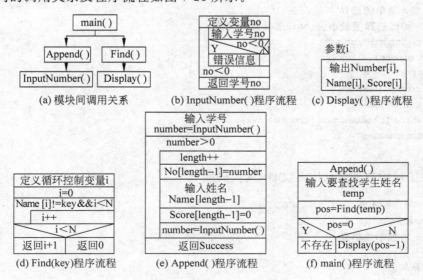

图 7-21　任务 7.4 程序流程

(1) 创建工程 STUMIS。

(2) 在工程中建立一个 data.h 头文件,其代码如下:

```
//文件 data.h
# include < stdio.h >
# include < stdlib.h >
# include < iostream.h >
# define TRUE 1
# define FALSE 0
//学生成绩表数据类型的定义
//全局变量 No:学生编号数组,Score:学生成绩数组,Length:当前数组中元素的数量
# define SIZE 50                 //分配数组的最大空间
int No[SIZE];                    //存放学生编号
float Score[SIZE];              //存放学生成绩
char Name[SIZE][20];            //存放学生姓名
int Length;
void Display(int pos){
    cout << No[pos]<<"\t"<< Name[pos]<<"\t"<< Score[pos]<< endl;
}
//功能:输入学生编号
//参数:无
//返回值:返回有效的输入值
int InputNumber(){
    int no;
    do {
        cout << "编号: ";
        cin >> no;
        if (no < 0)cout <<"编号必须是正整数"<< endl;
    }while (no < 0);
    return no;
}
//功能:菜单程序
//返回值:菜单的选择
//参数:min,选择值最小值;max,选择值最大值
int Menu(int min, int max)
{   int choose;
        do{
            cout << MENUHAED;
            cin >> choose;
        }while (choose < min||choose > max);
        return choose;
}
```

(3) 在工程中新建 Table.h 文件,其代码如下:

```
# include "data.h"
# include "string.h"
//功能:增加学生信息
//参数:无
//返回值:无
//输入学号为 0 时结束
```

```cpp
void Append(){
  int number;
  cout <<"输入学号、姓名.学号为 0 输入结束"<< endl;
  number = InputNumber();              //输入学号
  while (number > 0){
    Length++;                          //成绩表中人数 + 1
      //将学生信息加入到表中
    No[Length - 1] = number;
    cout <<"姓名: ";
    cin >> Name[Length - 1];
    Score[Length - 1] = 0;
    number = InputNumber();
  }
}
//功能: 在数组 Name 中查找 Key
//参数: Key,学生姓名
//返回 Key 在 Name 中的位序,若不存在,返回 0
int Find(char Key[]){
  int i;
  for (i = 0;strcmp(Name[i],Key)&&i < Length;i++)
      ;
  if (i > = Length) return 0;else return i + 1;
}
```

(4) 在项目中新建文件 Main.cpp,其代码如下:

```cpp
# define HEAD "学号\t 姓名\t 成绩\n"
# define MENUHAED "1.创建成绩记录 2.按学号查找成绩\n"
# include "Table.h"
void main(){
  int ch;
  int pos;
  char temp[20];
  Length = 0;
  while (1){
    ch = Menu(0,2);
      switch (ch){
      case 0:exit(0);break;
      case 1:Append();break;            //增加学生记录
      case 2:printf("输入要查找的学生姓名:");
              gets(temp);
              pos = Find(temp);         //查找
              printf(HEAD);             //显示表头
              if (pos)
                Display(pos - 1);       //显示查找结果
              else
                printf("没有找到");
    }
```

```
        }
    }
```

（5）编译并运行。

拓展训练

根据上面的程序，将成绩表按学生姓名排序。

项 目 实 践

1. 需求描述

实现对学生考试成绩的管理，包括增加学生信息、录入学生成绩、查找成绩、输出成绩表等功能。

2. 分析与设计

为了实现上述功能，利用上次任务中的数据结构。

根据程序功能要求，设计如下的功能模块。

```
void Output()                //输出成绩表模块
int Find(int number)         //查找指定姓名在成绩表中的位置模块
int InputNumber()            //输入学号模块
float InputScore()           //输入成绩模块
void Display(int position)   //显示指定位置的学生信息模块
int Append()                 //增加学生模块
void Message(int MessageNo)  //显示错误信息模块
```

各模块的调用关系及程序流程如图 7-22 所示。

3. 实施方案

根据上面的分析，编写如下代码。

（1）新建工程 STUMIS。

（2）将任务 7.4 中的头文件 data.h 加入到工程中，并增加如下函数代码。

```
//功能: 输入学生成绩
//参数: 无
//返回值: 返回有效的输入值
float InputScore(){
 float score;
 do{
   cout <<"成绩: ";
   cin >> score;
   if (score < 0)
     cout <<"输入的成绩必须大于 0,重新输入"<< endl;
 }while (score < 0);
 return score;
}
```

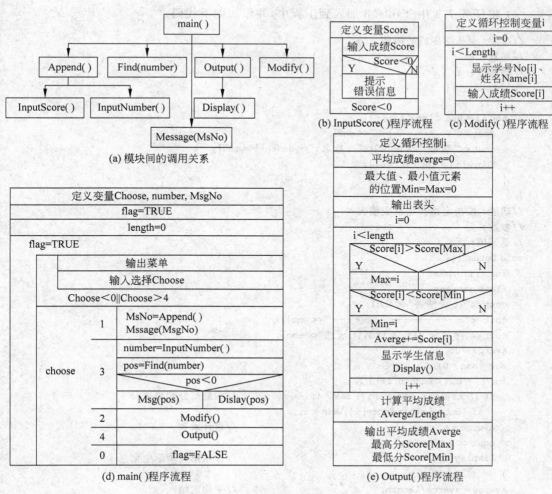

图 7-22 项目 7 程序流程

（3）新建头文件 ERROR.h,其代码如下:

```
/* 错误信息编码 */
#define SUCCSE   -100              //创建成功
#define OVERFLOWER -101            //存储空间已满
#define NOTFIND  -109              //没有找到
//功能：根据错误编码显示错误信息
//参数：MsgNo 错误编码
void Message(int MsgNo){
  switch (MsgNo)
  {
    case  OVERFLOWER:cout <<"存储空间已满!"<< endl;break;
    case  NOTFIND: cout <<"没有找到"<< endl;break;
    case  SUCCSE:cout <<"创建成功"<< endl;break;
  }
}
```

235

（4）将任务 7.4 中 Table. h 加入到工程中，并添加如下代码。

```
//功能：录入学生成绩信息
//参数：无
//返回值：无
void Modify(){
  int i;
  for (i = 0;i < Length;i++){
    cout <<" ---------- "<< endl;
    cout <<"学号:"<< No[i]<<"  姓名:"<< Name[i]<< endl;
    Score[i] = InputScore();
  }
}
//功能：按指定格式输出成绩表
//参数：无
//返回值：无
void Output(){
  int i,min,max;
  float averge;
  cout <<"\t 成绩表"<< endl;
  cout <<" ------------------ "<< endl;
  cout <<"序号\t 编号\t 姓名\t 成绩"<< endl;
  averge = 0;
  max = min = 0;
  for (i = 0;i < Length;i++) {
    if (Score[max]< Score[i]) max = i;          //求最高分和最低分
      if (Score[min]> Score[i]) min = i;
    averge += Score[i];                          //累计求和
    cout << i + 1 <<"\t";
    Display(i);                                  //显示第 i 个学生信息
  }
  averge = averge/Length;                        //平均成绩
  cout <<" ---------------- "<< endl;
  cout <<"最高分:"<< Score[max]<<"\t 最低分:"<< Score[min]<< endl;
  cout <<"平均成绩:"<< averge << endl;
}
```

（5）将任务 7.4 中的 Main. cpp 加入该项目，并做如下修改（粗体部分）。

```
#define HEAD "学号\t 姓名\t 成绩\n"
#define MENUHAED "1.创建成绩记录 2.按学号查找成绩\n3.录入成绩 4.输出成绩表\n"   //修改
  # include "Table. h"
  # include "ERROR.h"                            //错误提示（增加代码）
  void main(){
    int ch;
    int pos;
    char temp[20];
    Length = 0;
    while (1){
      ch = Menu(0,2);
        switch (ch){
          case 0:exit(0);break;
```

```
            case 1:Append();break;                    //增加学生记录
            case 2:printf("输入要查找的学生姓名:");
                   gets(temp);
                   pos = Find(temp);                    //查找
                   printf(HEAD);                        //显示表头
                   if (pos)
                     Display(pos - 1);                  //显示查找结果
                   else
                     Message(pos);                      //显示错误提示（修改代码）
            case 3: Modify();break;                     //录入成绩（增加代码）
            case 4: Output();break;                     //输出成绩表（增加代码）
        }
    }
}
```

（6）编译并运行。

小　　结

相关知识重点：

（1）数组的定义、初始化以及数组元素的引用。

（2）字符数组与字符串。

（3）数组在数据处理方面的常见算法。

相关知识点提示：

1. 数组的定义与初始化

数组是一个顺序存储的具有相同类型的数据元素的集合，属于构造类型的数据结构。与简单变量一样，必须先定义、后使用。其定义格式如下：

（1）一维数组的定义

类型说明符　　数组名[常量表达式],…;

数组的元素可以是任何已定义的类型，如果数组元素也是数组，则构成二维数组；如果数组元素是二维数组，则构成三维数组，以此类推可以构成多维数组。

（2）二维数组的定义

类型说明符　数组名[常量表达式 1][常量表达式 2]

数组可以在定义时给其赋初值实现数组的初始化。

2. 数组的存储

数组的所有元素均按顺序存放在一个连续的存储单元中，数组名就是这个存储空间的首地址。二维数组中的各元素，在内存中按行优先存放。

3. 数组元素的引用

（1）一维数组元素的引用形式：

数组名[下标表达式]

（2）二维数组元素的引用形式：

数组名[下标表达式][下标表达式]

数组的下标从 0 开始，最后一个下标是数组长度减 1。

4. 字符数组与字符串

如果数组元素是字符型，称为字符数组，字符数组可以用于存储字符串。字符数组只有在定义时才允许整体赋值。字符串以'\0'作为结束标记，存储字符串占用的存储空间为字符串的长度加 1 个字节。对字符串的运算（赋值、复制、比较、连接等）应该使用 C 语言的库函数。

5. 数组作为函数参数

数组用作函数参数有两种形式，一种是把数组元素（下标变量）作为实参使用；另一种是把数组名作为函数的形参和实参使用。二维数组名作为函数形式参数而进行说明时，可以不指定第一维数组的长度，但必须指定第二维数组的长度。数组元素作为函数实参使用与普通变量是完全相同的，在用数组名作函数参数时，不是进行值的传送，而是地址的传递。

习　　题

一、判断题

1. 数组不可以整体赋值。　　　　　　　　　　　　　　　　　　　　　　　　（　　）

2. 一个数组能够存储不同类型的数据。　　　　　　　　　　　　　　　　　　（　　）

3. 设有定义：char　a[2][3]={1,2,3,4};，则数组元素 a[1][1]的值为 0。　　（　　）

4. 若用数组名作为函数的实参，传递给形参的是数组第一个元素的值。　　　（　　）

二、选择题

1. 执行下面的程序段后，变量 k 中的值为（　　）。（2000 年 4 月）

```
int   k = 3, s[2];
s[0] = k;   k = s[1] * 10;
```

A. 不定值　　　　　　B. 33　　　　　　C. 30　　　　　　D. 10

2. 设有数组定义：char array [ ]="China";，则数组 array 所占的空间为（　　）个字节。（2000 年 4 月）

A. 4　　　　　　　　B. 5　　　　　　C. 6　　　　　　D. 7

3. 有如下程序：

```
main()
{   int   n[5] = {0,0,0},i,k = 2;
    for(i = 0;i < k;i++)   n[i] = n[i] + 1;
    printf(" % d\n",n[k]);
}
```

该程序的输出结果是（　　）。（2000 年 9 月）

A. 不确定的值　　　　B. 2　　　　　　C. 1　　　　　　D. 0

4. 以下程序的输出结果是(　　)。(2001 年 4 月)

```
main()
{ int  a[3][3] = { {1,2},{3,4},{5,6} },i,j,s = 0;
  for(i = 1;i < 3;i++)
        for(j = 0;j <= i;j++)s += a[i][j];
  printf("%dn",s);
}
```

A. 18　　　　　　　B. 19　　　　　　　C. 20　　　　　　D. 21

5. 以下程序的输出结果是(　　)。(2001 年 9 月)

```
main()
{  char  st[20] = "hello\0\t\\\"";
   printf("%d %d \n",strlen(st),sizeof(st));
}
```

A. 9 9　　　　　　　B. 5 20　　　　　　C. 13 20　　　　　D. 20 20

6. 有以下程序:

```
main()
{ int aa[4][4] = {{1,2,3,4},{5,6,7,8},{3,9,10,2},{4,2,9,6}};
  int i,s = 0;
  for(i = 0;i < 4;i++)  s += aa[i][1];
  printf("%d\n",s);
}
```

程序运行后的输出结果是(　　)。(2002 年 9 月)

A. 11　　　　　　　B. 19　　　　　　　C. 13　　　　　　D. 20

7. 有以下程序:

```
#include< stdio. h>
void main()
{  int  p[7] = {11,13,14,15,16,17,18},i = 0,k = 0;
   while(i < 7&&p[i]%2)
   {
   k = k + p[i];i++;
   }
   printf("%d\n",k);
}
```

执行后输出结果是(　　)。(2003 年 4 月)

A. 58　　　　　　　B. 56　　　　　　　C. 45　　　　　　D. 24

8. 以下函数的功能是:通过键盘输入数据,为数组中的所有元素赋值。

```
#define    N    10
void    arrin(int    x[N])
{ int    i = 0;
  while(i < N)
     scanf("%d",_____);
}
```

在下画线处应填入的是(　　　)。(2003 年 4 月)

A. x+i　　　　　　B. &x[i+1]　　C. x+(i++)　　D. &x[++i]

9. 以下不能正确定义二维数组的选项是(　　　)。(2003 年 9 月)

A. int　a[2][2]={{1},{2}};　　　　　　B. int　a[][2]={1,2,3,4};

C. int　a[2][2]={{1},2,3};　　　　　　D. int　a[2][]={{1,2},{3,4}};

10. 有以下程序:

```
main()
{ char a[ ] = {'a','b','c','d','e','f','g','h','\0'}; int  i,j;
  i = sizeof(a);   j = strlen(a);
  printf("%d,%d\b"i,j);
}
```

程序运行后的输出结果是(　　　)。(2002 年 9 月)

A. 9,9　　　　　　B. 8,9　　　　　　C. 1,8　　　　　　D. 9,8

11. 以下程序的输出结果是(　　　)。(2002 年 4 月)

```
# include < stdio. h>
f(int  b[],int  m,int  n)
{  int  i,s = 0;
  for(i = m;i < n;i = i + 2)
      s = s + b[i];
  return  s;
}
void main()
{  int  x,a[] = {1,2,3,4,5,6,7,8,9};
  x = f(a,3,7);
  printf("%d\n",x);
}
```

　A. 10　　　　　　B. 18　　　　　　C. 8　　　　　　D. 1

12. 以下程序中函数 reverse()的功能是将 a 所指数组中的内容进行逆置。

```
void reverse(int   a[ ],int n)
{ int   i,t;
  for(i = 0;i < n/2;i++)
  {
      t = a[i]; a[i] = a[n - 1 - i];a[n - 1 - i] = t;
  }
}
main()
{ int   b[10] = {1,2,3,4,5,6,7,8,9,10}; int i,s = 0;
  reverse(b,8);
  for(i = 6;i < 10;i++)
      s += b[i];
  printf("%d\n",s);
}
```

程序运行后的输出结果是(　　　)。(2002 年 9 月)

A. 22　　　　　　B. 10　　　　　　C. 34　　　　　　D. 30

三、填空题

1. 下面 fun()函数的功能是：将形参 x 的值转换成二进制数,所得二进制数的每一位数放在一维数组中返回,二进制数的最低位放在下标为 0 的元素中,其他以此类推。请填空。(1996 年 4 月)

```
fun(int x, int b[ ])
{ int k = 0, r;
do
{   r = x % _____;
    b[k++] = r;
    x/ = _____; } while(x); }
```

2. 若想通过以下输入语句使 a 中存放字符串 1234,b 中存放字符 5,则输入数据的形式应该是_____。(1999 年 4 月)

```
char   a[10], b;
scanf("a = % s b = % c", a, &b);
```

3. 以下程序的功能是：从键盘上输入若干个学生的成绩,统计计算出平均成绩,并输出低于平均分的学生成绩,用输入负数结束输入。请填空。(1999 年 9 月)

```
main() {
float   x[1000], sum = 0.0, ave, a;
int     n = 0, i;
printf("Enter mark: \n"); scanf("% f", &a);
while(a > = 0.0&& n < 1000)
        {   sum + _____;
            x[n] = _____ ;
            n++;
            scanf("% f", &a);
        }
    ave = _____;
    printf("Output: \n");
    printf("ave = % f\n", ave);
    for (i = 0; i < n; i++)
        if _____printf ("% f\n", x[i]);
}
```

4. 下面程序的功能是：将字符数组 a 中下标值为偶数的元素从小到大排列,其他元素不变。请填空。(2000 年 4 月)

```
# include < stdio. h >
# include < string. h >
void main()
{  char   a[ ] = "clanguage", t;
   int   i, j, k;
   k = strlen(a);
   for(i = 0; i <= k - 2; i += 2)
      for(j = i + 2; j <= k; _____)
         if(_____)
            { t = a[i]; a[i] = a[j]; a[j] = t; }
```

```
  puts(a);
  printf("\n");
}
```

5. 下列程序段的输出结果是_____。（2001 年 4 月）

```
main()
{  char b[] = "Hello,you";
   b[5] = 0;
   printf(" % s \n", b );
}
```

6. 以下程序的输出结果是_____。（2002 年 4 月）

```
main()
{  char s[] = "abcdef";
   s[3] = '\0';
   printf(" % s\n",s);
}
```

7. 以下程序运行后的输出结果是_____。（2003 年 9 月）

```
void main()
{ int i, n[] = {0,0,0,0,0};
  for(i = 1;i < = 4;i++)
  {   n[i] = n[i - 1] * 2 + 1;
      printf(" % d",n[i]);
  }
}
```

8. 下面的 findmax()函数返回数组 s 中最大元素的下标,数组中元素的个数由 t 传入,请填空。（1996 年 4 月）

```
findmax(int s[], int t)
{ int k, p;
  for( p = 0, k = p; p < t; p++)
    if(s[p] > s[k])_____;
  return k;
}
```

9. 下面 invert()函数的功能是将一个字符串 str 的内容颠倒过来。请填空。（1996 年 9 月）

```
# include < string.h>
void invert(char str[])
{ int i,j,_____ ;
  for(i = 0,j = strlen(str); i < j;_____)
  { k = str[i]; str[i] = str[j]; str[j] = k;}
}
```

10. 若已定义：int a[10], i;,以下 fun()函数的功能是：在第一个循环中给前 10 个数组元素依次赋 1、2、3、4、5、6、7、8、9、10；在第二个循环中使 a 数组前 10 个元素中的值对称折叠,变成 1、2、3、4、5、5、4、3、2、1。请填空。（2001 年 9 月）

```
fun(int  a[ ])
```

```
{ int i;
  for(i = 1; i <= 10; i++)_____ = i;
  for(i = 0; i < 5; i++)_____ = a[i];
}
```

四、编程题

1. 自己定义一个函数,以实现和函数 strlen() 相同的功能,即任意输入一个字符串,调用该函数可以计算输入字符串的实际长度,然后打印。

2. 定义一个函数求数组元素中最接近所有元素平均值的数据元素在数组中的位置。

3. 编程求数组元素中最小值和次小值。

4. 将一组数据去掉最高分和最低分求平均值。

5. 输入 3 个学生 4 门课程的考试成绩,求每个学生的平均成绩并输出。

6. 有一个 3×4 的矩阵,找出最大值及该值所在位置。

项目 8 学生成绩管理系统的设计(2)
——复杂构造类型

技能目标 掌握对批量的、具有一定内在联系的数据的处理方法。

知识目标 在实际应用中,一组数据中的每一个数据之间都存在密切的关系,它们作为一个整体来描述一个事物或实体对象的几个方面,它们有不同的数据类型。如描述一个人的基本属性(姓名、性别、身高,体重),每个属性的数据类型不同,不能用数组来描述。如果用不同的变量来描述,又难以体现其内在的联系。在 C 语言中引入了一种数据类型——结构体类型,这种类型可以有不同的数据类型的成员。本项目涉及如下的知识点。

- 结构体的定义与引用;
- 共用体的定义与引用;
- 枚举的定义与引用。

完成该项目后,达到如下的目标。

- 了解结构体、共用体、枚举的概念;
- 掌握结构体、共用体、枚举的定义和使用方法;
- 在实际编程中能够灵活运用结构体数组来解决实际问题。

关键词 结构(structure)、结构变量(structure variable)、结构成员(structure member)、结构成员运算符(structure member operator)、结构数组(array of structure)、联合(union)、枚举(enumeration)、枚举表(enumeration definition list)

本项目利用结构数据类型实现对处理对象的定义,完成对基本信息的增加、删除、修改、查询、统计等功能。要完成本项目,必须了解数据对象的基本属性,数据对象如何定义,如何建立基本信息表以及如何对信息表进行操作。

任务 8.1 创建成绩表(1)——结构体

 问题的提出

通过前面项目的学习,掌握了 C 语言中的一些基本数据类型:整型、字符型、浮点数型、数组等。在实际应用中,计算机要处理的数据往往要比这些基本数据类型复杂。计算机表达一个对象常有多方面的属性,这些属性又需要用不同类型的数据进行描述,这些数据元素既是独立的,又有着密切的联系。例如,要建立学生的通信录,如何描述一个学生,学生有学

号、姓名、性别、年龄、成绩、地址等信息。"学号"可用字符数组表示,"姓名"用字符数组表示,"性别"应用字符表示,"成绩"应用浮点数表示,等等。如果要描述一个学生的基本信息,可以把他的数据分开来表示,例如:

```
char ID[10];                //学号
char name[20];              //姓名
float score;                //成绩
```

上述数据是相互独立的,从它们的定义中很难反映出它们之间的联系。如果要处理100名同学的姓名,就需要定义100个元素的二维字符数组,而且学生的姓名和其他的数据没有足够的对应关系和联系。在实际编程中,需要花很多精力去寻找数据之间的对应关系,这不仅费时,而且极易出错。如何表达它的整体性和它们之间的关系呢?这里引入结构的概念。

 **相关知识**

8.1.1 结构与结构变量的定义

结构体(structure)是一种复杂的数据类型,用来表示一组相关的数据项,这些数据项称为它的"成员"。在上面的例子中,可以把学生的数据信息设计成一个结构体,这个结构体包含学号、姓名、成绩等成员。

1. 结构体的声明

一般形式为

```
struct 结构体名
{
    类型 成员列表;
};
```

其中,struct 是 C 语言中的关键字,是结构体类型的标志。

🔔 **注意**:结构体说明同样要以分号";"结尾。

成员列表由若干个成员组成,每个成员都是该结构的一个组成部分。对每个成员也必须做类型说明,其形式为

```
类型说明符 成员名;
```

成员名的命名应符合标识符的书写规定。

例如,定义一个"学生"类型的结构体如下:

```
struct student{
    char ID[10];
    char name[20];
    float score;
};
```

在这个结构定义中,结构名为 student,该结构由 3 个成员组成,即 ID、name、score。应注意在右括号后的分号是不可少的。结构定义之后,即可进行变量说明。凡说明为结构

student 的变量都由上述 3 个成员组成。由此可见，**结构是一种复杂的数据类型，是数目固定、类型不同的若干有序变量的集合。**

2. 结构体变量的定义

结构变量定义有以下 3 种方法。以上面定义的 student 为例来加以说明。

（1）先定义结构体类型，再单独定义变量。例如：

```
struct student{
    char ID[10];
    char name[20];
    float score;
};
struct student boy1,boy2,person[3];
```

此处先说明了结构体类型 struct student，再由一条单独的语句定义了变量 boy1、boy2、数组 person。使用这种定义方式应注意：不能只使用 struct 而不写结构体标识名 student，因为 struct 不像 int、char 可以唯一地标识一种数据类型。

（2）在定义结构类型的同时说明结构变量，即紧跟在结构体类型说明之后进行定义。例如：

```
struct student{
    char ID[10];
    char name[20];
    float score;
}boy,person[3];
```

此处在声明结构体类型 struct student 的同时，定义了一个结构体变量 boy，具有 3 个元素的结构体数组 person。

（3）在说明一个无名结构体类型的同时，直接进行定义。例如：

```
struct {
    char ID[10];
    char name[20];
    float score;
} boy,person[3];
```

这种方式与前一种的区别仅是省去了结构体标识符，通常用在不需要再次定义此类型结构体变量的情况。

🔔 **注意：结构体的声明和结构体变量的定义是两个概念。** 声明结构体相当于告诉编译系统，现在存在某一个特殊的类型，这种类型包含一些不同类型的数据项，**在结构体声明的时候并没有分配空间。但是在定义结构体变量的时候，系统将为结构体变量分配空间。**

3. 结构的嵌套定义

结构体类型可以嵌套定义，即结构体成员中的数据类型本身又是结构体类型，需要逐级引用其最低一级成员。如描述一个学生的属性：

```
struct date{
    int year;
    int month;
    int day;
```

```
};
struct student{
    Char ID[10];
    char name[20];
    float score;
    struct date birthday;
};
```

先定义一个 struct date 类型,用来表示某人的生日,由 month(月)、day(日)、year(年) 3 个成员组成。在定义 struct student 的时候,它的一个成员 birthday(生日)被定义成 struct date 类型的变量。

8.1.2　结构成员的初始化

与其他变量一样,结构类型的变量可以在定义时进行初始化。结构的初始化可以在定义的后面使用初始值表进行。初始化的一般形式为

struct 结构名　结构变量 = {初始数据};

对结构体变量赋初值时,C 编译程序按每个成员在结构体中的顺序——对应赋初值,不允许跳过前面成员给后面成员赋初值,但可以只给前面的若干个成员赋初值,对于后面未给赋初值的成员,系统将自动为数值型和字符型数据赋初值零。例如:

```
struct date{
    int year;
    int month;
    int day;
}Today = {2000,12,1};
```

这里 date 是结构类型名,Today 是 date 类型的变量,分别给变量的成员赋值,可以理解为

Today. year = 2000, Today. month = 12, Today. day = 1

上述定义和初始化同时完成了 3 件事:①定义了名为 date 的结构类型;②定义了名为 Today 的 date 结构类型的变量;③给变量 Today 的成员赋值。

也可以分两步做,先声明结构类型,再定义结构类型变量并初始化。

```
struct date{
    int year;
    int month;
    int day;
}
struct date Today = {2000,12,1};
```

也可以分 3 步做,即声明类型,再定义变量,然后初始化变量。

```
struct date{
    int year;
    int month;
    int day;
```

```
};
struct date Today;
Today.year = 2000;Today.month = 12;Today.day = 1;
```

8.1.3   结构成员的访问

在程序中访问结构变量时,往往不把它作为一个整体来使用。除了允许具有相同类型的结构变量相互赋值以外,一般对结构变量的使用,包括赋值、输入、输出、运算等都是通过结构变量的成员来实现的。

1. 对结构体变量中的成员进行操作

结构体变量中的每个成员都属于某个具体的数据类型,因此,结构体变量中的每个成员都可以像普通变量一样,对它们进行同类变量所允许的任何操作。

表示结构变量成员的一般形式如下:

(1) 结构体变量名.成员名

(2) 指针变量名－＞成员名

(3) (＊指针变量名).成员名

其中,点号"."称为成员运算符;箭头"－＞"称为结构指向运算符。

例如,定义结构体变量 struct student boy,则 boy.ID 即学生的学号。

如果成员本身又是一个结构,则必须逐级找到最低级的成员才能使用。

例如,访问学生的出生月份:

```
boy.birthday.month
```

成员变量可以在程序中单独使用,与普通变量完全相同。

指向结构的指针将在后面学习。

2. 相同类型的结构体变量之间的整体赋值

允许相同类型的结构体变量之间进行整体赋值。

有定义:

```
struct student boy1,boy2;
```

执行赋值语句 boy1＝boy2 后,boy2 中每个成员的值都赋给了 boy1 中对应的同名成员。

结构变量的赋值就是给各成员赋值,可用输入语句或赋值语句来完成。

【案例 8-1】   给结构变量赋值并输出其值。

```
#include < stdio.h >
void main(){
struct date{
  int year;int month;int day;
};
struct student{
  char name[20];
  struct date birthday;
  float score[2];
}stu,std = {"Li Ming",1990,5,10,88.5,76};
int i;
```

```
printf("姓名:% s\n",std.name);
printf("出生:% d/% d/% d\n", std.birthday.year, std.birthday.month, std.birthday.day);
printf("输入成绩\n");
//给结构体成员赋值
for (i = 0;i < 2;i++){
  printf("成绩% d:",i + 1);
  scanf(" % f",&std.score[i]);
}
  stu = std; //结构体变量整体赋值
  //输出结构体变量 std 的值
  printf("姓名:% s\n",stu.name);
  printf("出生:% d/% d/% d\n", stu.birthday.year, stu.birthday.month, stu.birthday.day);
  printf("成绩:% 6.2f,% 6.2f\n", stu.score[0], stu.score[1]);
}
```

程序运行结果:

```
姓名:Li Ming
出生日期:1990/5/10
输入成绩
成绩1:89
成绩2:98
姓名:Li Ming
出生:1990/5/10
成绩: 89.00, 98.00
```

程序说明:

(1) 程序中定义了一个 student 结构类型,该结构类型有 3 个成员,其中一个成员 birthday 是结构类型 data。然后定义了两个结构体变量 stu、std,并对 std 进行了初始化。

(2) 使用 scanf()函数给成员 score 数组的两个元素赋值。

(3) 语句 stu=std 实现结构体变量的整体赋值。

(4) 输出 stu 结构体的所有成员,其成员的值和 std 相等。

8.1.4 结构与函数

由于结构可以整体赋值,所以可以将结构作为值参数传递给函数,也可以定义为返回结果值的函数。利用函数来处理结构里存储的数据有 4 种方法。

(1) 将结构的成员作为函数的参数传递给函数。

(2) 将结构体变量作为参数传递给函数,这种参数称为结构参数,可以是值参或引用。

(3) 将结构体变量作为函数的返回值,这种函数称为结构型函数。

(4) 将结构体变量的地址传递给函数,也就是传递指向结构的指针值,称为结构指针参数(将在后面介绍)。

【案例 8-2】 有一个关于平面坐标系中点的结构体,它包含了点的 x、y 坐标值,编写一个函数,计算平面上两点之间的距离。

在主函数中调用,程序代码如下:

```
# include < stdio. h >
# include < math. h >                  //程序中用到 sqrt 数学函数
struct point{
  float x;                             //点的横坐标
```

249

```
    float y;                        //点的纵坐标
};
//给结构体成员赋值
point Point(float x,float y){       //结构体函数
  point Pt;
  Pt.x = x;
  Pt.y = y;
  return Pt;
}
//求坐标上两个点的距离
//结构体类型变量作为函数的参数
float GetDis(struct point p1,struct point p2) {
  return sqrt((p2.x - p1.x) * (p2.x - p1.x) + (p2.y - p1.y) * (p2.y - p1.y) );
}
void main()
{
  struct point pA,pB;              //定义结构体变量 pA,pB
  float x,y;
  printf("输入点 a 的坐标值(x,y):");
  scanf("%f,%f",&x,&y);
  pA = Point(x,y);                 //构造点 pA
  printf("输入点 b 的坐标值(x,y):");
  scanf("%f,%f",&x,&y);
  pB = Point(x,y);                 //构造点 pB
  printf("a,b 两点的距离为: %6.2f\n",GetDis(pA,pB));
}
```

程序运行结果：

```
输入点a的坐标值(x,y):1.2
输入点b的坐标值(x,y):3.4
a,b两点的距离为:   2.83
```

程序说明：

（1）首先定义一个结构类型 point，然后定义一个结构体函数 Point()，该函数返回 point 类型的值，该函数实现给结构体变量的成员赋值。

（2）利用 pA＝Point(x,y)和 pB＝Point(x,y)"构造"两个坐标点，注意 Point()函数中的 Pt 结构体变量是一个临时变量，一旦函数返回，其变量将不会撤销。

（3）调用函数 GetDis(pA,pB)计算点 pA 和 pB 的距离，这里 Pa、pB 是一个结构体参数。

8.1.5　结构数组

数组的元素也可以是结构类型的，因此可以构成结构型数组。**结构数组的每一个元素都是具有相同结构类型的结构变量**。在实际应用中，经常用结构数组来表示具有相同数据结构的一个群体，如一个班的学生档案，一个车间职工的工资表等。例如：

```
struct student{
  int num;
  char name[30];
```

```
    float score;
  }students[2];
```

定义了一个结构数组 students，共有 2 个元素：students[0]、students[1]，每个数组元素都具有 struct student 的结构形式。

对结构数组可以作初始化赋值。例如：

```
struct stu{
  int num;
  char name[30];
  float score;
}boy[2] = { {101,"Li ping",45},{102,"Zhang ping",62.5}};
```

当对全部元素作初始化赋值时，也可不给出数组长度。

【案例 8-3】　计算学生的平均成绩和不及格的人数。

```
#include < stdio. h>
struct student{
  char num[10];
  char name[30];
  float score;
}students[] = {{101,"Li ping",45},{102,"Zhang ping",62.5},{103,"He fang" , 92.5} , {104,
"Cheng ling",87},{105,"Wang ming",58}};
void main() {
  int i,count = 0;
  float averge,s = 0;
  for(i = 0;i < 5;i++){
    s += students[i]. score;
    if(students [i]. score < 60) count += 1;
  }
  averge = s/5;
  printf("平均成绩:% 5.2f\n < 60 分人数:% d\n", averge, count);
}
```

程序运行结果：

```
平均成绩:69.00
<60分人数:2
```

程序说明：程序中定义了一个外部结构数组 students，共 5 个元素，并做了初始化赋值。在 main()函数中用 for 语句逐个累加各元素的 score 成员值存于 s 之中，如 score 的值小于 60（不及格）则计数器 count 加 1，循环完毕后计算平均成绩 averge，并输出平均分及不及格人数。

8.1.6　任务分析与实施

1. 任务分析

本次任务创建学生信息表并输出信息表的内容。学生的基本信息包括学号、姓名、成绩，利用结构数组创建学生信息表。

2. 任务实施

定义学生结构类型：

```
struct student{
```

```
    char  ID[10];                    //学号
    char Name[20];                   //姓名
    float Score;                     //成绩
};
```

学生集合的定义,用结构数组来表示一个班级的所有学生。

```
struct student[MAX]              //MAX 为允许存储的学生人数的最大值
```

定义如下的函数模块。

(1) Input(student &s):输入一个学生信息,如果学号为"♯"则返回 FALSE,否则返回 TRUE。s 为引用参数。

(2) Display(student s):显示学生的信息。

(3) Create(struct student[]):创建学生基本信息表,返回值表示表中学生人数。用结构数组来存放学生信息。

(4) Traverse(struct stu[]):访问输出学生信息表中的所有学生。

在程序设计中,要考虑程序的可重用性、易修改性,所以划分了 4 个模块。其模块间的调用关系和程序流程如图 8-1 所示。

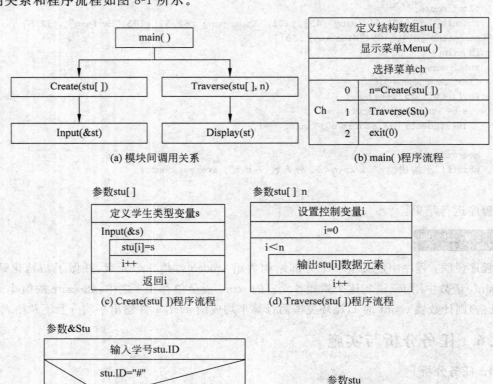

图 8-1 任务 8.1 程序流程图

　　如果学生基本信息发生变化,只需修改 student 的结构和与该结构有关的模块 Input()、Display()就可以了,其他的模块不用修改,保证了程序的通用性与易维护性。

　　建立一个工程,在工程中建立 3 个文件,实际上也是程序设计的 3 个层次。一个文件为 Data.h,用来描述学生的基本信息以及与该学生信息结构有关的函数;另一个文件定义为 Table.h,该文件用来建立学生信息表以及与信息表有关的函数模块;第三个文件为主函数,定义为 Main.cpp,该文件调用 Table.h 的函数,Table.h 中的函数调用 Data.h 的函数,由 Data.h 的函数直接操作学生基本信息数据。采用这种分层设计的方式可以使各层相互隔离又互相联系,程序的可读写、可维护性好。

　　在编写程序时,先建立一个 Main.cpp,建立一个 main()函数,用于调试程序。首先调试 Data.h 的函数,再调试 Table.h,最后调试 Main.cpp,逐层调试。

　　按照如下步骤逐步实施。

　　(1) 建立工程文件 STMIS。

　　(2) 新建一个头文件 Data.h,其程序代码如下:

```
//Data.h 文件
# include < stdio. h >
# include < string. h >
# include < stdlib. h >
# include < iostream. h >
# define TRUE 1
# define FALSE 0
struct student{
  char ID[10];
  char Name[20];
  float Score;
};
//功能: 输入学生信息
//出口参数: stu 返回已赋值的学生信息
//返回值:如果输入学号为 0 返回 FALSE,否则返回 TRUE
int Input(struct student &stu){
  printf("学号(#结束):");
  cin >> stu. ID;
  if (strcmp(stu. ID, " # ") == 0) return FALSE;
  printf("姓名:");
  cin >> stu. Name;
  //printf("成绩:");
  //cin >> stu. Score;
  stu. Score = 0;
  return TRUE;
}
//功能: 显示学生的信息
//入口参数: stu 要显示的学生信息
//返回值: 无
void Display(struct student stu){
  printf(" % s\t % s\t % 6.2f\n",stu. ID,stu. Name,stu. Score);
}
```

（3）新建 C 语言的头文件 Table.h，其程序代码如下：

```c
#define MAX 30
#include "Data.h"
//功能：创建学生信息表
//参数：students 学生信息表
//返回值：信息表中学生人数
int Create(struct student students[]){
  int i = 0;
  struct student s;
  printf("输入学生信息,学号为#结束\n");
  while (Input(s)){
    students[i] = s;
    i++;
  }
  return i;
}
//功能：显示学生信息表
//参数：students 学生信息表,n 学生人数
//返回值：无
void Traverse(struct student students[],int n){
  int j;
  for(j = 0;j < n;j++)
  Display(students[j]);
}
```

（4）新建 C 源程序 Main.cpp，其代码如下：

```c
//主函数
#define HEAD "学号\t 姓名\t 成绩\n"
#define MENUHAED "1.创建成绩记录 2.输出成绩表\n"
#include "table.h"
void main(){
  int ch;
  int n;
  struct student stu[MAX];
  while (1){
    ch = Menu(0,2);                    //显示菜单(见任务 7.4)
    switch (ch){
      case 0:exit(0);break;
      case 1:n = Create(stu);break;    //创建表
      case 2:printf(HEAD);
      Traverse(stu,n);                 //输出显示
      break;
    }
  }
}
```

（5）编译并运行。

拓展训练

建立职工工资表,职工的工资包括职工编号、姓名、工资总额、扣款、实发工资。要求对职工编号进行校验,职工编号的长度必须为 6 位。

任务 8.2   创建成绩表(2)——枚举

问题的提出

生活中的很多信息在计算机中都是用数值表示的,比如,从星期一到星期天,可以用数字 1~7 来表示;真、假一般用 1、0 来表示;某门课程的考试类型通常按闭卷笔试、开卷笔试、口试、实验、实践操作、课程设计、大作业、技能考核等方式,也就是说,变量的值域范围是固定的。如果一个变量只有几种可能的整数值,可以一一列出,并希望为每一个值取一个名字作为代表,增加程序的可读性,就可以使用 C 语言枚举类型。

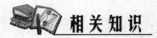

相关知识

8.2.1   枚举类型的定义

所谓"枚举"就是把变量的所有可能取的值一一列出,变量只能取其中的值。**通过列举一系列由用户确定的有序标识符所定义的类型叫枚举类型**。标识符名称代表一个数据值,其间有先后次序,可以进行比较,通常把标识符称为枚举类型的元素。**枚举是简单数据类型。**

定义枚举类型的格式为

enum 类型名{枚举表};

其中,枚举表中为用逗号","分隔的枚举常量,**每个枚举常量都表示一个整型数值**(称为**序号**),**系统默认它们依次是 $0,1,\cdots,n-1$。用户也可以自己为枚举常量确定对应的序号。**例如:

enum bool {FALSE,TRUE}; //FALSE 代表 0,TRUE 代表 1
enum weekday{sun = 7,mon = 1,tue,wed,thu,fri,sat};

/ * 定义 sun 为 7,mon 为 1,以后顺序加 1,sat 为 6 * /

workday 和 week_end 被定义为枚举类型,它们的取值只能是 sun 到 sat 之一。

其中,sun、mon、…、sat 称为枚举元素或枚举常量,它们是用户定义的标识符,这些标识符并不自动地代表什么含义。不能因为写成 sun,就自动代表"星期天"。用什么标识符代表什么含义,完全由程序员决定,并在程序中做相应处理。

8.2.2 枚举类型变量

1. 枚举类型变量的定义

如同结构和共用体一样,枚举变量的定义也可以有不同方式。

(1) 先定义枚举类型,再定义枚举变量:

```
enum weekday{sun,mon,tue,wed,thu,fri,sat};
enum weekday day;
```

(2) 定义枚举类型的同时定义枚举变量:

```
enum weekday{sun,mon,tue,wed,thu,fri,sat}day;
```

(3) 直接定义枚举变量:

```
enum {sun,mon,tue,wed,thu,fri,sat};
```

2. 枚举类型变量的使用

枚举类型在使用中有以下规定。

(1) 枚举值是常量,不是变量,不能在程序中用赋值语句再对它赋值。

例如,对枚举 weekday 的元素再作以下赋值:

```
sun = 5;mon = 2;sun = mon;
```

都是错误的。

(2) 枚举元素本身由系统定义了一个表示序号的数值,从 0 开始顺序定义为 $0,1,2,\cdots$。如在 weekday 中,sun 值为 0,mon 值为 $1,\cdots$,sat 值为 6。

【案例 8-4】 编写程序,要求输入当天是星期几,就可以计算并输出 n 天后是星期几。例如,今天是星期六,若求 3 天后是星期几,则输入"6 3",即输出"3 天后是星期 2"。

```c
#include < stdio.h>
enum week {sun,mon,tue,wed,thu,fri,sat};
enum week day(enum week w, int n){
    return (enum week)(((int)w + n) % 7);
}
void main(){
    enum week w0,wn;
    int n;
    printf("输入当天为星期几和过的天数:\n");
    scanf("%d%d",&w0,&n);
    wn = day(w0,n);
    if(wn == 0)
        printf("%d 天后是星期天!\n",n);
    else
        printf("%d 天后是星期%d\n",n,wn);
}
```

程序运行结果:

```
输入当天为星期几和过的天数
2  3
3 天后是星期5
```

程序说明：这里在程序输入和输出枚举变量时，使用的是枚举元素的值。

(3) 只能把枚举值赋予枚举变量，不能把元素的数值直接赋予枚举变量。

例如：

a = sum;b = mon;

是正确的。而

a = 0;b = 1;

是错误的。

如果一定要把数值赋予枚举变量，则必须用强制类型转换。例如：

a = (enum weekday)2;

其意义是将顺序号为 2 的枚举元素赋予枚举变量 a，相当于

a = tue;

📢 **注意**：枚举元素不是字符常量也不是字符串常量，使用时不要加单、双引号。

8.2.3　任务分析与实施

1. 任务分析

本次任务在任务 8.1 的基础上创建学生信息表，在学生的基本信息中增加考试类型，考试类型分为必修课程和选修课程，同样实现创建学生基本信息表并输出信息表的内容。

2. 任务实施

学生信息的结构定义如下：

```
enum Couretype{NED ,OPT };              //定义一个枚举类型：考试类型
struct student{
  char ID[10];                          //学号
  char Name[20];                        //姓名
  float Score;                          //考试成绩
  enum Couretype Ctype;                 //考试类型
};
```

函数模块和任务 8.1 相同。只修改 Input()、Display()函数，其他的函数模块不变。
Input()中要实现对考试类型的输入，考试类型是枚举类型，输入时采用间接输入。
Display()中要实现考试类型的输出，同样要间接输出。

(1) 建立一个工程文件 STMIS。

(2) 将任务 8.1 中的 data.h 文件修改如下：

```
# include < stdio. h >
# include < string. h >
# include < stdlib. h >
# include < iostream. h >
# define TRUE 1
# define FALSE 0
enum Couretype{NED ,OPT };              //考试类型：NED 必修,OPT 选修
```

```
struct student{
    char ID[10];
    char Name[20];
    float Score;
    enum Couretype Ctype;                    //考试类型
};
//功能：输入学生信息
//出口参数：stu 返回已赋值的学生信息
//返回值：如果输入学号为 0 返回 FALSE,否则返回 TRUE
int Input(struct student &stu){
    int Type;
    printf("学号(＃结束):");
    cin >> stu.ID;
    if (strcmp(stu.ID,"＃") == 0) return FALSE;
    printf("姓名:");
    cin >> stu.Name;
    //printf("成绩:");
    //cin >> stu.Score;
    stu.Score = 0;
//校验输入,必须输入 0 和 1
    do{
        printf("课程类型:0.必修,1.选修");
        scanf(" % d",&Type);
    }while (Type < 0 || Type > 1);
    stu.Ctype = (Couretype)Type;
    return TRUE;
}
//功能：显示学生的信息
//入口参数：stu 要显示的学生信息
//返回值：无
void Display(struct student stu){
    printf(" % s\t % s\t % 6.2f\n",stu.ID,stu.Name,stu.Score);
    switch (stu.Ctype){
     case NED:printf("\t 必修");break;
     case OPT:printf("\t 选修");break;
    }
    printf("\n");
}
```

（3）将任务 8.1 中的 Table.h 加入到该工程中。

（4）将任务 8.1 中 Main() 文件加入到该工程中。

（5）编译并运行。

 拓展训练

编程描述学校人员信息，学校的人员包括学生、教师、教辅等。

任务 8.3 创建成绩表(3)——共用体

 **问题的提出**

在任务 8.2 中,其考试成绩的类型分为必修和选修两种类型。如果是必修课程,其成绩为百分制,则结构中考试成绩 Score 成员的类型为 float;如果是选修课程,考试成绩为等级制,则结构中考试成绩 Score 成员的类型为字符串类型(字符数组)。如何来表达学生的成绩呢? 在 C 语言中引入了共用体类型,可以实现对成绩数据的处理。

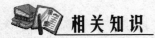 **相关知识**

8.3.1 共用体

1. 共用体的概念

共用体也称联合,它是一种与结构相类似的构造类型。**共用体是将不同的数据项存放在同一段内存单元中的一种构造型数据结构。**共用体与结构一样,可以包括不同类型和长度的数据。结构和共用体的主要区别在于,**共用体变量所占内存空间不是各个成员所需存储空间的总和,而是共用体中需要存储空间最大的成员所需要的字节数。**共用体变量在某一时间点上只能存储某一成员的信息。同结构体类似,先声明共用体类型,再定义共用体变量。

2. 共用体类型的定义

定义共用体类型变量的一般形式为

union 共用体名
{ 成员列表;
}变量列表;

如填写学校人员信息时,要求"班级"和"教研室"这两种类型不同的数据都填入"单位"这个变量中,就必须把"单位"定义为包含整型和字符型数组这两种类型的共用体,例如:

```
union persondata{
  int class;                         //班级
  char office[10];                   //教研室
};
```

在这里共用体 persondata 的两个成员共用一段存储空间,系统根据成员变量的引用不同,决定哪个成员有效,并使用内存空间。

8.3.2　共用体变量的引用

1. 共用体变量的定义

(1) 先定义共用体,再定义共用体变量。例如:

```
union data
{   int i;
    char ch;
    float f;
};
union data a,b,c;
```

(2) 在定义共用体的同时定义变量。例如:

```
union data
{   int i;
    char ch;
    float f;
} a,b,c;
```

(3) 在定义共用体的同时定义变量,可以省略共用体标识符,也可以直接定义共用体变量。例如:

```
union
{   int i;
    char ch;
    float f;
} a,b,c;
```

共用体与结构体的定义形式相似,但它们的含义是不同的。主要是所占内存长度不同。如上面定义的共用体变量 a、b、c 各占 4 字节(因为一个实型变量占 4 字节),而不是各占 2+1+4＝7 字节。

2. 共用体变量的引用

只有先定义了共用体变量才能引用它,而且不能引用共用体变量,而只能引用共用体变量中的成员。对共用体变量的赋值、使用都只能是对变量的成员进行。共用体变量的成员表示为

共用体变量名.成员名

例如,对于上文定义了 a、b、c 为共用体变量,下面的引用是正确的。

```
a.i                      //引用共用体变量 a 中的整型变量 i
a.ch                     //引用共用体变量 a 中的字符变量 ch
a.f                      //引用共用体变量 a 中的实型变量 f
```

不能只引用共用体变量,例如:

```
printf("%d",a);
```

是错误的。

因为 a 的存储区有好几种类型,分别占用不同长度的存储区,仅写共用体变量 a,难以

使系统确定究竟是哪一个成员的值,应写成"printf("%d",a.i);"等。

在使用共用体类型数据时应注意以下一些特点。

(1)同一内存段可以用来存放几种不同类型的成员,但在每一瞬时只能存放其中一种,而不是同时存放几种。也就是说,每一瞬时只有一个成员起作用,其他的成员不起作用,即不是同时都存在和起作用。

(2)共用体变量中起作用的成员是最后一次存放的成员,在存入一个新的成员后原有的成员就失去作用。

【案例 8-5】　观察下面程序运行的结果。

```c
# include"stdio.h"
union utype{
  int i;
  char ch;
  float f;
};
void main(){
  union utype num;
  num.i = 10;
  num.ch = 'A';
  num.f = 123.456;
   printf("%d\n",num.i);
  printf("%c\n",num.ch);
  printf("%f\n",num.f);
}
```

程序运行结果:

```
1123477881
y
123.456001
```

程序说明:虽然先后给 3 个成员赋了值,但只有 num.f 是有效的,而 num.ch 与 num.i 已经无意义,而且也不能被引用了。

(3)共用体变量的地址和它的各成员的地址都是同一地址。

(4)共用体与结构体可以互相嵌套。在共用体中可以定义结构体成员,也可以在结构体中定义共用体成员。

【案例 8-6】　观察下面程序运行的结果。

```c
# include < stdio. h>
void main(){
union example{
  struct{
     int x;
     int y;
  }in;
  int a;
  int b;
}num;
  num.a = 1;
  num.b = 3;
```

```
    num.in.x = num.a * num.b;
    num.in.y = num.a + num.b;
     printf("%d,%d\n",num.in.x,num.in.y);
}
```

程序运行结果：

```
9,18
```

程序说明：由于成员 in、a、b 共享一存储单元,程序执行 num.a=1、num.b=3 相当于在存储单元中的值为 3,执行 num.in.x=num.a*num.b 相当于存储单元的值为 3*3=9,执行 num.in.y=num.a+ num.b 相当于存储单元的值为 9+9=18。其存储结构如图 8-2 所示。

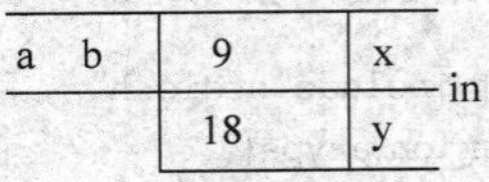

图 8-2 共用体成员的存储结构

(5) 不能对共用体变量名赋值,不能企图引用变量名来得到成员的值,也不能在定义共用体变量时对它初始化。例如,下列语句都是错误的。

```
union data{
    int    a;
    float  b;
    char   c;
} x = {1,3.2, 'G' },y;        /* 错,不能初始化 */
x = 1;                        /* 错,不能对共用体变量名赋值 */
y = x;                        /* 错,不能引用共用体变量名以得到值 */
```

(6) 不能把共用体变量作为函数参数,也不能把一个函数的类型定义成共用体类型,但可以使用指向共用体变量的指针。

8.3.3 任务分析与实施

1. 任务分析

本次任务在任务 8.2 的基础上创建学生信息表,成绩表中根据考试类型的不同,输入不同类型的考试成绩,同样实现创建学生基本信息表并输出信息表的内容。

2. 任务实施

学生信息的结构如下：

```
enum Gradtype{YES,NO};          //成绩等级：YES 合格,NO 不合格
enum Couretype{NED,OPT};        //考试类型：NED 必修,OPT 选修
struct student{
    char   ID[10];
    char Name[20];
    enum Couretype Ctype;        //考试类型
    union
      { enum Gradtype Grad;      //等级
        float Score;             //成绩
      } uScore;
}student;
```

函数模块和任务 8.2 相同。只修改 Input()、Display()函数,其他的函数模块不变。

(1) 建立一个工程文件 STMIS。

(2) 将任务 8.2 中的 data.h 文件修改如下(保留函数 menu())。(文字粗体部分)

```cpp
# include < stdio.h >
# include < string.h >
# include < stdlib.h >
# include < iostream.h >
# define TRUE 1
# define FALSE 0
enum Gradtype{YES,NO};              //成绩等级:YES 合格,NO 不合格
enum Couretype{NED,OPT};            //考试类型:NED 必修,OPT 选修
struct student{
  char   ID[10];
  char Name[20];
  enum Couretype Ctype;             //考试类型
  union
    { enum Gradtype Grad;           //等级
      float Score;                  //成绩
    } uScore;
}student;
//功能:输入学生信息
//出口参数:stu 返回已赋值的学生信息
//返回值:如果输入学号为 0 返回 FALSE,否则返回 TRUE
int Input(struct student &stu){
  int Type;
  printf("学号(#结束):");
  cin >> stu.ID;
  if (strcmp(stu.ID,"#") == 0) return FALSE;
  printf("姓名:");
  cin >> stu.Name;
  do{
     printf("课程类型:0.必修,1.选修");
     scanf(" % d",&Type);
  }while (Type < 0||Type > 1);
    stu.Ctype = (Couretype)Type;
    if (Type == 0)
    { printf("成绩:");
      cin >> stu.uScore.Score;
    }
  else
  {
    do{
       printf("等级:0.不合格,1.合格");
        scanf(" % d",&Type);
    }while (Type < 0||Type > 1);
    stu.uScore.Grad = Gradtype(Type);
  }
```

```
    return TRUE;
}
//功能：显示学生的信息
//入口参数：stu 要显示的学生信息
//返回值：无
void Display(struct student stu){
  printf("%s\t%s\t",stu.ID,stu.Name);
  if (stu.Ctype == 0)
    printf("%6.2f\t",stu.uScore.Score);
  else
  {
    switch (stu.uScore.Grad){
        case YES:printf("合格\t");break;
        case NO:printf("不合格\t");break;
    }
  }
  switch (stu.Ctype){
    case NED:printf("\t 必修");break;
    case OPT:printf("\t 选修");break;
  }
  printf("\n");
}
```

(3) 将任务 8.1(或任务 8.2)中的 Table.h 加入到该工程中。

(4) 将任务 8.1(或任务 8.2)中 Main()文件加入到该工程中。

(5) 编译并运行。

 拓展训练

将学生成绩按考试类型分类排序。

任务 8.4 学生基本信息的抽象分层处理
——自定义类型与数据的抽象与分层

 问题的提出

标准类型(如 int、char、long、double 等)是系统已经定义好的类型,用户可以直接使用,无须再进行定义。有时要描述在现实世界中的实体,用标准的数据类型无法描述,用户可以根据自己的实际要求,自己定义新的数据类型。例如要描述一个杯子,可以自定义一个杯子类型,要描述学生对象,可以自定义一个学生类型,这样,就可以将现实世界的一些对象抽象为一个自定义类型,利用自定义类型,使得程序的可读性和可移植性更好。

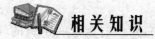 **相关知识**

C 语言不仅提供了丰富的数据类型,而且还允许由用户自己定义类型说明符,也就是说允许由用户为数据类型取"别名"。类型定义符 typedef 即可用来完成此功能。

8.4.1　自定义类型

typedef 定义的一般形式为

typedef 原类型名　新类型名

其中,原类型名为系统提供的标准类型名或是已经定义过的其他类型名,新类型名为用户自己定义的新类型名。它往往可以简化程序中变量的定义。

例如,有整型量 a,b,其说明如下:

int a,b;

其中,int 是整型变量的类型说明符。int 的完整写法为 integer,为了增加程序的可读性,可把整型说明符用 typedef 定义为

typedef int INTEGER　　　　　　　　　/* 定义 INTEGER 为基本整数类型 */

这以后就可用 INTEGER 来代替 int 作整型变量的类型说明了。例如:

INTEGER a,b;　　　　　　　　　　　　/* 定义变量 a,b 为 INTEGER 型 */

等效于

int a,b;

用 typedef 定义数组、指针、结构等类型将带来很大的方便,不仅使程序书写简单,而且使意义更为明确,因而增强了可读性。例如:

typedef int NUM[20];　　　　　　　　/* 定义 NUM 为包含 20 个元素的整型数组 */
NUM a1,a2,s1,s2;　　　　　　　　　　/* 定义 NUM 类型的数组 a1、a2、s1、s2 */

完全等效于

int a1[20],a2[20],s1[20],s2[20]

例如:

typedef struct student
{ char ID[8];
　char name[20];
　float score[4];
} StudRec;　　　　　　　　　　　　　/* 定义 StudRec 为含有 4 个成员的结构体类型 */

有了以上定义后,便可以在程序中使用 StudRec 来代替 struct student 进行变量定义。

习惯上常把用 typedef 声明的类型名用大写字母表示,以便与系统提供的标准类型标识符相区别。

说明:

(1) 用 typedef 只是对已经存在的类型增加一个类型名(别名),而没有创造一个新的类型。

(2) typedef 与 #define 有相似之处。例如:

```
typedef int   COUNT;
```

和

```
#define  COUNT   int
```

它们的作用都是用 COUNT 代表 int。但事实上,它们二者是不同的。#define 是在预编译时处理的,它只能做简单的字符串替换;而 typedef 是在编译时处理的,实际上它并不是作简单的字符串替换。例如:

```
typedef  int   NUM[8];
```

并不是用"NUM[8]"去代替"int",而是采用如同定义变量的方法那样来声明一个类型。

在自定义数据类型时,新的类型标识符用大写或小写字母都是允许的,但为了醒目,习惯上常用大写字母来表达。

8.4.2 自定义类型的应用

自定义类型的用处有以下几个方面。

(1) 把很长的复杂的定义进行压缩,使得以后的书写更为简便。有时把新的类型名取成和对象性质相关的标识符,有利于理解。

(2) 采用自定义类型还有利于程序的移植。当一种数据类型在不同的计算机上长度不同时,在程序移植时,程序员需要更换某种类型符为另一种类型符,不必一一修改所有这种类型符,而只要修改自定义类型一处就可以了,这无疑是非常方便的。例如一个 long 类型变量在有的机器上占 4 字节,如果要把程序移植到一台一个 int 变量占 4 字节的计算机上,往往要把程序里所有定义变量的 long 改为 int,这时用自定义数据类型方法就非常方便。

```
typedef long LG;
```

移植时只需将这一句改成

```
typedef int LG;
```

(3) 有了自定义数据类型,可以实现对数据抽象与分层处理。如将数据的处理分为 3 个层次甚至多个层次。当然分层不能过多,分层过多,数据访问复杂,影响访问数据的效率。

```
typedef student{
    char ID[10];
    char Name[20]
}student;                                    //学生类型
```

```
typedef    student Data;                              //数据元素
typedef    struct{
   Data st[Max];
   int count;
}Table;                                               //表结构
```

其数据的分层结构如图 8-3 所示。

有了这样的分层,编程人员就可以在不同的层次同时进行,不同层次访问不同的数据,各个层次的数据结构发生变化只需修改该层次的程序,不会影响其他层次的程序,这样保证了程序的共享性和可维护性,实现项目的团队开发。

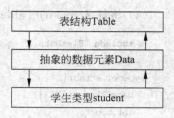

图 8-3　数据的分层结构

8.4.3　任务分析与实施

1. 任务分析

本次任务在任务 8.3 的基础上创建学生信息表并输出信息表的内容。

2. 任务实施

其数据的描述分为 3 层。

```
typedef   char KeyType[10];                           //关键字类型
typedef struct student{ keyTyep  ID ,... } student;   //学生类型
typedef struct student Data                           //表中的数据元素
typedef struct {Data   element[MAX];...}              //表结构
```

其程序的结构和程序流程与任务 8.3 相同。

(1) 新建一个工程 STMIS。

(2) 将任务 8.3 的 Data.h 文件加入该工程中。将学生数据类型做如下修改。

```
# include < stdio.h >
# include < string.h >
# include < stdlib.h >
# include < iostream.h >
# define TRUE 1
# define FALSE 0
enum Gradtype{YES,NO};                                //成绩等级:YES 合格,NO 不合格
enum Couretype{NED,OPT};                              //考试类型:NED 必修,OPT 选修
typedef char KeyType[10];                             //关键字类型
typedef struct student{
   KeyType ID;
   char Name[20];
   enum Couretype Ctype;                              //考试类型
   union
   { enum Gradtype Grad;                              //等级
     float Score;                                     //成绩
   } uScore;
} student;
```

267

🔔 **注意**：保留任务 8.3 data.h 中的 Input()、Display()、Menu()函数。

（3）新建一个头文件 ElemData.h，其代码如下：

```
# include "data.h"
typedef student Data; //顺序表中的元素为学生信息
```

（4）将任务 8.3 的 Table.h 文件加入到该工程中，并做如下修改（粗体部分）。

```
# include "ElemData.h"
# define MAX 50
typedef struct{
    Data Element[MAX];
    int count;
}Table;
//功能：创建一个数据表
int Create(Table &T){
    student s;
    T.count = 0;
    while(T.count < MAX && Input(s))
        T.Element[T.count++] = s;
    return T.count < MAX;
}
//功能：显示数据表中的内容
void Traverse(Table T){
    int i;
    for (i = 0;i < T.count;i++)
        Display(T.Element[i]);
}
```

（5）将任务 8.3 的 Main.cpp 文件加入到该工程中，并做如下修改。

```
# define HEAD "学号\t 姓名\t 成绩\n"
# define MENUHAED "1.创建成绩表 2.输出成绩表\n" //
# include "table.h"
typedef Table Classes; //
void main(){
    int ch;
    int n;
    Classes stu; //
    while (1){
        ch = Menu(0,2);                    //显示菜单(见任务 7.4)
        switch (ch){
        case 0:exit(0);break;
        case 1:n = Create(stu);break;      //创建表(修改代码)
            if (n = 0)   printf("\n 表溢出\n");//
        case 2:printf(HEAD);
            Traverse(stu);                 //输出表元素(修改代码部分)
            break;
```

```
        }
    }
}
```

 **拓展训练**

描述一个教师员工类型,并实现对其基本信息的输入与输出。

项 目 实 践

1. 需求描述

实现对学生考试成绩的管理,包括增加学生信息、查找学生信息、修改学生信息、删除学生信息、按学号排序、统计输出成绩表等功能。

2. 分析与设计

(1) 数据结构的定义

利用任务 8.3 中的数据结构。

```
typedef  char KeyType[10];                              //关键字类型
typedef struct student{ keyTyep  ID ,...} student;     //学生类型
typedef struct student Data ;                          //表中的数据元素
typedef struct {Data  element[MAX];...}Table;          //表结构
typedef Table Class ;                                  //班级信息
```

(2) 函数模块

根据分层设计的思想,对 student 数据类型访问的函数模块如下。

Input(student &s):输入学生信息。

Display(student s):显示学生信息。

对 Table、Data 数据类型访问的函数模块如下。

Append(Table &T, &data e):在表中增加一个元素。

Delete(Table &T, int pos):删除表中第 pos 个元素。

Loacate(Table &T, data e, compare()):查找元素 e 在 T 中的位置。

Traverse(Table T):遍历表中的所有元素。

Sort(table &T, compare()):对数据元素排序。

对 Class 数据类型访问的函数模块如下。

AppData(Classs &cla):在班级中增加记录。

Modify(Classs &cla):修改班级中指定学生信息。

DelData(Class &cla):删除班级中指定学生。

Find(Class cla):查找班级中指定学生并显示。

SortData(Class cla):将班级学生按学号排序。

Traverse(cla):显示班级中所有学生信息。

各模块间的调用关系及部分程序流程如图 8-4 所示。

操作数据层

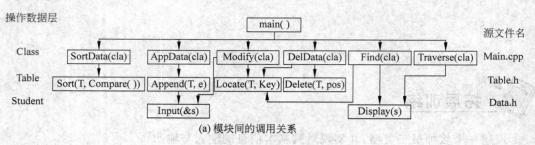

(a) 模块间的调用关系

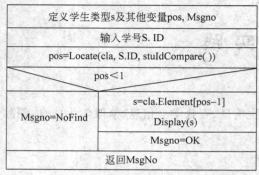

(b) Find(cla)程序流程

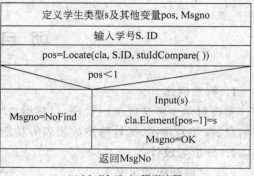

(c) Modify(&cla)程序流程

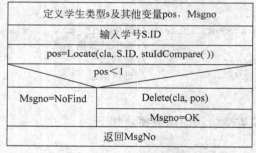

(d) DelData(&cla)程序流程

Sort(cla, StuIDCompare( ))

(e) SortData(&cla)程序流程

定义学生类型s 及循环控制变量Flag=True
Input(s) && Flag
flag=Append(cla, s)

(f) AppData(&cla)程序流程

(g) main( )程序流程

定义循环控制变量i
i=pos−1
i<T.count
T.Element[i]=T.Element[i+1]
T.count− −

(h) Delete(&cla, pos)程序流程

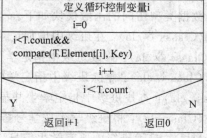

(i) Locate(T, key)程序流程

图 8-4　函数模块

3. 实施方案

（1）创建工程 STMIS。

（2）将任务 8.4 中的 data.h 加入到工程中，并在 data.h 中增加如下函数：

```
//功能: 按学号比较
//参数: s1,s2 待比较学生
//返回值: 若 s1.ID > s2.ID,返回 1; s1.ID = s2.ID 返回 0; 否则返回 -1
int stuIDCompare(student s1,student s2){
    return strcmp(s1.ID,s2.ID);
}
```

（3）将任务 8.4 中的 ElemData.h 加入到工程中。

（4）新建一个头文件 Error.h，并加入到工程中，其代码为：

```
/* 错误信息编码 */
#define OK 1                        //处理成功
#define ERROR 0                     //出错
#define OVERFLOWER -101             //存储空间已满
#define CREATESUCCESS -102          //创建成绩表成功
#define INSERTSUCCES -103           //插入成功
#define DATAERROR -104              //数据有误
#define DELETESUCCESS -105          //删除成功
#define MODIFYSUCCESS -107          //修改成功
#define NOTFIND -109
//功能: 根据错误代码的编码输出对应的消息
//参数: MessageNo 错误代码
//返回值: 无
void Message(int MessageNo){
  switch (MessageNo) {
    case  OVERFLOWER:cout <<"存储空间已满!"<< endl;break;
    case  CREATESUCCESS:cout <<"创建成绩表成功"<< endl;break;
    case  INSERTSUCCES:cout <<"插入成功"<< endl;break;
    case  DELETESUCCESS:cout <<"删除成功"<< endl;break;
    case  DATAERROR :cout <<"数据输入有误"<< endl;break;
    case  MODIFYSUCCESS:cout <<"修改成功"<< endl;break;
    case  NOTFIND: cout <<"没有找到"<< endl;break;
  }
}
```

（5）新建 Table.h 并加入到工程中。

```
#include "ElemData.h"
#include "ERROR.h"   //注意该头文件的位置
#define MAX 50
typedef struct{
  Data Element[MAX];
  int count;
}Table;
//功能: 显示数据表中的内容
void Traverse(Table T){
int i;
```

```
        for (i = 0;i < T.count;i++)
          Display(T.Element[i]);
    }
//功能：查找元素 e 在表中的位置
//参数：T 查找表,要查找的元素 s,比较函数 int compare()
//返回值：学生 e 在 T 中的位序
int Locate(Table T, Data e,int compare(Data,Data)){
int i = 0;
  while (i < T.count &&   compare(e,T.Element[i]))
  i++;
  if (i < T.count) return i + 1; else return 0;
}
//功能：对表进行排序
//参数：T 排序表,compare()比较函数
//返回值：无
void Sort(Table &T,int compare(Data,Data)){
int i,j,k;
Data temp;
for(i = 0;i < T.count - 1;i++) {
    k = i;
    for (j = i + 1;j < T.count;j++)
      if(compare(T.Element[k],T.Element[j])> 0)
        k = j;
    if (i != k){
    temp =  T.Element[i];
    T.Element[i] =  T.Element[k];
    T.Element[k] = temp;
    }
  }
}
//功能：删除表中指定的元素
//参数：T 删除表
//返回值：删除成功返回 DELETESUCCESS
int Delete(Table &T,int pos){
    int i;
    for (i = pos - 1;i < T.count;i++)
      T.Element[i] = T.Element[i + 1];
      T.count -- ;
    return DELETESUCCESS;
}
//功能：在表中添加一个记录
//参数：T 添加表
```
//返回值:如果添加的记录数大于表中的最大记录数 MAX,返回 OVERFLOWER；如果输入数据有误,返回
DATAERROR； 否则返回 INSERTSUCCES
```
int Append(Table &T, Data s){
  if (T.count > = MAX) return OVERFLOWER;
    T.Element[T.count++ ] = s;
  return INSERTSUCCES;
}
```

（6）新建 C 语言源程序。

```
# define HEAD "学号\t 姓名\t 成绩\n"
# define MENUHAED "1.增加成绩记录 2.修改成绩记录\n3.按学号查找
成绩 4 删除成绩记录\n 6.按学号排序\n7.输出成绩表 0.退出\n"
# include "Table.h"
typedef Table Classes;
//功能: 创建一个数据表
int AppData(Classes &cla){
student s;
int flag = TRUE;
while(Input(s)&&flag)
    flag = Append(cla,s);
return flag;
}
//按学号查找学生信息
int Find(Classes Cla){
  int pos,MsgNo;
  student s;
  printf("输入学号");
  cin >> s.ID;
  pos = Locate(Cla,s,stuIDCompare);
  if (pos < 1)
  MsgNo = NOTFIND;
  else
  {
   s = Cla.Element[pos - 1];
   Display(s);
   MsgNo = OK;
  }
  return MsgNo;
}
//修改学生信息
int Modify(Classes &Cla){
  int pos,MsgNo;
  student s ;
  printf("输入学号");
  cin >> s.ID;
  pos = Locate(Cla,s,stuIDCompare);
  if (pos < 1)
    MsgNo = NOTFIND;
  else{
    printf("输入修改数据\n");
    if (Input(s) == OK)            //如果输入有效数据
    { Cla.Element[pos - 1] = s;    //修改学生的信息
      MsgNo = MODIFYSUCCESS;
    }
    else
      MsgNo = ERROR;
  }
  return MsgNo;
```

```
    }
    //删除学生信息
    int DelData(Classes &Cla){
        int pos, MsgNo;
        student s ;
        printf("输入学号");
        cin >> s.ID;
        pos = Locate(Cla, s, stuIDCompare);
        if (pos < 1)
            MsgNo = NOTFIND;
        else
            MsgNo = Delete(Cla, pos);
        return MsgNo;
    }
    //按学号排序
    int SortData(Classes &Cla){
        Sort(Cla, stuIDCompare);
        return OK;
    }
    //主函数
    void main(){
        int choose, flag = TRUE, MessageNo;
    Classes myClass;
    myClass.count = 0;
        myClass.count = 0;                          //初始化班级表
        while (flag){
            choose = Menu(0,7);                     //显示菜单(见任务7.4)
            MessageNo = 0;
            switch (choose)
            { case 1:   MessageNo = AppData(myClass); break;
              case 4:   MessageNo = DelData(myClass); break;
              case 3:   MessageNo = Find(myClass); break;
              case 2:   MessageNo = Modify(myClass); break;
              case 5:   SortData(myClass); break;
              case 6:   printf(HEAD);
                        Traverse(myClass); break;
              case 0: flag = FALSE;
            }
            Message(MessageNo);
        }
        cout << "谢谢使用" << endl;
    }
```

(7) 编译、连接、运行。

小　　结

相关知识重点：

(1) 结构的定义方法及结构成员的引用。

(2) 共用体的定义及引用。

（3）枚举的使用。

相关知识点提示：

（1）结构体是若干数据元素的集合，这些数据元素可以是不同的数据类型。结构一般用于描述有内在逻辑关系的多个有序属性构成的数据，它是一种构造类型。

在结构使用时，一般先定义结构类型，再用这个类型来定义和初始化结构变量。结构变量的每个成员都有自己独立的存储空间，所有成员连续存放。

除赋初值外，不能将结构常量直接赋值给结构变量，可以将结构变量直接赋值给另一个结构变量。对结构变量成员的访问的一般形式为

```
结构体变量名.成员名
指针变量名->成员名
(*指针变量名).成员名
```

可以将结构的成员作为函数参数，也可以将结构变量作为函数参数或函数的返回值。

数组的元素为结构体时称为结构数组。在实际应用中，经常用结构数组来表示具有相同数据结构的一个群体。

（2）共用体（联合）是将不同类型的变量放在足够大的同一存储区域中。共用体和结构有相同的地方，类型定义和变量定义的形式相似，成员变量的引用方式相同。结构和共用体可以嵌套，用来表示更复杂的数据结构。

（3）枚举类型是简单的数据类型，枚举就是将变量的值一一列举出来，而变量的值只限于在列举出来的值域范围内。枚举是一个有名字的整型常量的集合，该类型变量只能是取集合中列举出来的所有合法值。

（4）自定义类型可以对已经定义的数据类型定义一个新的类型名，使程序更简洁。

习　　题

一、判断题

1. 在 C 语言中，可以用 typedef 定义一种新的类型。　　　　　　　　　　（　　）

2. 共用体所占的内存空间大小取决于占空间最多的那个成员变量。　　　（　　）

3. 有如下定义：

```
union ch{ int a[3]; float m;};
```

这样的一个数据类型共占用内存数为 6 字节。　　　　　　　　　　　　（　　）

4. 结构体类型所占用的内存字节数是所有成员变量占用的内存字节数的总和。

　　　　　　　　　　　　　　　　　　　　　　　　　　　　　　　　　　（　　）

二、选择题

1. 下列程序的输出结果是（　　　）。（2000 年 4 月）

```
# include <stdio.h>
struct abc
{
    int a, b, c;
```

```
};
void main()
{
    struct abc s[2] = {{1,2,3},{4,5,6}};
    int t;
    t = s[0],a + s[1],b;
    printf("%d\n",t);
}
```

  A. 5   B. 6   C. 7   D. 8

2. 以下程序的输出结果是(   )。(2001 年 9 月)

```
union myun
{   struct
        {int  x, y, z; } u;
    int  k;
} a;
main()
{   a.u.x = 4; a.u.y = 5; a.u.z = 6;
    a.k = 0;
    printf("%d\n",a.u.x);
}
```

  A. 4   B. 5   C. 6   D. 0

3. 设有以下说明语句:

```
typedef   struct
{   nt   n;
    char   ch[8];
}PER;
```

则下面叙述中正确的是(   )。(2002 年 4 月)

  A. PER 是结构体变量名   B. PER 是结构体类型名

  C. typedef   struct 是结构体类型   D. struct 是结构体类型名

4. 下面程序的输出是(   )。(1996 年 9 月)

```
main()
{
  enum team {my,your = 4,his,her = his + 10};
  printf("%d %d %d %d\n",my,your,his,her);
}
```

  A. 0 1 2 3   B. 0 4 0 10   C. 0 4 5 15   D. 1 4 5 15

5. 已知字符 0 的 ASCII 码为十六进制的 30,下面程序的输出是(   )。(1996 年 9 月)

```
main()
{
  union { unsigned char c;
          unsigned int i[4];
        } z;
  z.i[0] = 0x39;
```

```
    z. i[1] = 0x36;
    printf(" % c\n", z. c);
}
```

 A. 6   B. 9   C. 0   D. 3

6. 当说明一个结构体变量时,系统分配给它的内存是(　　)。

 A. 各成员所需内存量的总和

 B. 结构中第一个成员所需内存量

 C. 成员中占内存量最大者所需的容量

 D. 结构中最后一个成员所需内存量

7. 根据下面的定义,能打印出 Mary 的语句是(　　)。

```
# include < stdio. h>
struct person {
    char name[9];
    int age;
};
struct person classes[10] = {"John",17, "Paul",19, "Mary",18,"adam",16};
```

 A. printf("%s\n", classes [3]. name);

 B. classes ("%c\n",class[1]. name[1]);

 C. printf("%s\n", classes [2]. name);

 D. classes ("%c\n",class[0]. name);

三、填空题

1. 下面程序的运行结果是_____。(2002 年 9 月)

```
typedef   union student
{  char name[10];
   long sno;
   char sex;
   float score[4];
}STU;
main()
{
  STU   a[5];
  printf(" % d\n",sizeof(a));
}
```

 2. 若有以下说明和定义语句,则变量 w 在内存中所占的字节数是_____。(1996 年 4 月)

```
union aa
{
    float x, y;
    char c[6];
};
struct st { union aa v; float w[6]; double ave; } w;
```

3. 定义结构体的关键字是_____。

4. 一个结构体变量所占用的空间是_____。

四、编程题

1. 定义一个能正常反映职工情况的结构体 emplyee，包含姓名、性别、年龄、所在部门和薪水。

2. 设有下列登记表，采用最佳方式对它进行类型定义。

姓名	性别	出生年月			家庭收入状况			家庭收入状况标记
					低收入	中等收入	高收入	

姓名用 name 表示，性别用 sex 表示，出生年月用 birthday 表示，年用 year 表示，月用 month 表示，日用 date 表示，家庭收入状况用 salary 表示，低收入用 low 表示，中等收入用 middle 表示，高收入用 high 表示，家庭收入状况标记用 mark 表示。

3. 从键盘任意输入某班 20 个学生的成绩(int 型)和学号(long 型)，编程打印最高分及其相应的学号。

项目 9　学生成绩管理系统的设计(3)
——指针

技能目标　掌握如何利用指针实现对复杂数据结构的访问。

知识目标　指针是 C 语言的一个重要的数据类型,利用指针可以有效地访问复杂的数据结构,动态分配内存,可以使程序更清晰、代码更紧凑、运行更高效,它是 C 语言的精华。本项目涉及如下的知识点。

- 指针与指针变量;
- 指针与函数;
- 指针与数组;
- 指针与结构;
- 多重指针。

完成该项目后,达到如下的目标。

- 掌握指针的概念和运算规则;
- 掌握指针与数组、指针与函数、指针与结构、指针与字符串等知识;
- 熟悉用指针来建立动态数组和链表的应用。

关键词　指针(pointer)、指针数组(array of pointers)、地址运算符(address operator)、多重间接(multiple indirection)

本项目是利用动态结构数组实现基本信息的管理,即采用结构数组并能根据数据量的大小动态分配数组空间的大小,完成基本信息的录入、修改、查找、删除、统计等功能。要求程序的扩展性好,数据采用分层处理。为了达到项目的要求,要注意下面几个方面的问题:①如何定义数据结构;②如何实现动态分配存储空间;③如何进行数据抽象分层处理;④如何划分程序的层次模块。

任务 9.1　利用指针访问数据
——指针与指针变量

📖 问题的提出

在日常生活中,假设经理办公室在 302 室。要找经理有两种方法:一种方法是根据办公室的名称,即经理办公室;另一种方法是直接告诉其地址,即 302 室。

这里首先要区分 3 个比较接近的概念：名称、内容（值）和地址。内存中每个字节都有一个编号，就是"地址"，相当于"三楼 302 室"；名称是给内存空间取的一个容易记忆的名字，即变量名，相当于"经理办公室"；地址所对应的内存单元中存放的数值即为内容或值。这里可以认为是房间的人或物，"经理"就是该单元的值。

假设在办公楼的入口有传达室，传达室"保存"办公楼的所有房间的分布情况。如果经理有邮件，一种方法是将邮件放到传达室，由传达室的人将邮件送给经理；另一种方法是，邮递员根据传达室指定的地址直接找到经理。这里传达室就是存放地址的地方，将其称为指针变量。

本节的任务是如何利用指针实现输入学生成绩并统计其平均成绩。

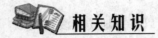 **相关知识**

9.1.1　指针的概念

指针与内存有着密切的联系，简单地说，**指针就是内存地址**。"指针"是指地址，是常量，**"指针变量"是指取值为地址的变量**。

在 C 语言中，存取变量的值有两种方式，一种是直接用变量赋值，系统会准确地将值存入内存单元中，编程时不必知道变量的具体地址；另一种是将变量的地址存放到另一个特殊的变量中，通过这个特殊的变量，将值存入到指定的内存单元。显然，用第二种方法编程人员就可以直接访问内存。

（1）直接访问

按变量地址存取变量值的方式称为直接访问方式。当定义一个变量并编译后，变量名和变量地址之间有对应关系，对变量名的访问系统自动转换成利用地址对变量的访问。

（2）间接访问

将变量的地址存放在一种特殊变量中（指针变量），利用这个特殊变量进行访问的方式称为间接访问。

例如，有如下的定义：

```
char  c_var;
int  i_var;
float f_var;
```

计算机在内存中分别分配 1 字节、2 字节、4 字节的内存空间给变量 c_var、i_var、f_var，c_var＝'c'，相当于将字符'c'存放到起始地址为 2000H 的 1 字节存储单元中。可以用一个变量 pc_var 来存放地址 2000H，可以通过 pc_var 获得'c'的起始地址 2000H，然后根据其起始地址以及变量的类型访问存储单元的值，如图 9-1 所示。人们将 2000H 称为指针，pc_var 称为指针变量。

由此可以得出结论：**变量的指针即为变量的地址，而存放其变量地址的变量是指针变量。**

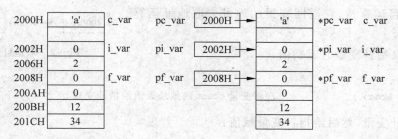

图 9-1　指针与内存地址

9.1.2　指针变量的定义

指针变量在使用之前不仅要定义,而且必须赋予具体的值。未经赋值的指针变量不能使用。指针变量的赋值只能赋予地址,绝不能赋予任何其他数据,否则将引起错误。在 C 语言中,变量的地址是由编译系统分配的,对用户完全透明,用户不知道变量的具体地址。

对指针变量的定义包括 3 个内容。

(1) 指针类型说明,即定义变量为一个指针变量。

(2) 指针变量名。

(3) 变量值(指针)所指向的变量的数据类型。

其一般形式为

类型说明符　　＊变量名;

说明:

(1) C 语言规定所有变量必须先定义后使用,指针变量也不例外,＊表示这是一个指针变量,变量名即为定义的指针变量名。

(2) 类型说明符表示本指针变量所指向的变量的数据类型。定义指针变量时必须指出指针变量所指向的变量的类型,或者说,**一个指针变量只能指向同一数据类型的变量**。

例如:

```
int * pointer;
```

表示 pointer 是一个指针变量,它的值是某个整型变量的地址。或者说,pointer 指向一个整型变量。至于 pointer 究竟指向哪一个整型变量,应由向 pointer 赋予的地址来决定。如:

```
int   * i_pointer;      //i_pointer 是指向整型变量的指针变量
float * f_pointer;      //f_pointer 是指向浮点变量的指针变量
char  * c_pointer;      //c_pointer 是指向字符变量的指针变量
```

9.1.3　指针运算符

与指针相关的有两个专有运算符。

1. 取地址运算符 &

```
& 变量名;
```

281

&是单目运算符,它返回变量的地址。取地址运算如图 9-2 所示。

p | 4000H | → 4000H | | count

图 9-2　取地址运算

如在定义指针变量时赋初值:

```
int count;
int * p = &count;                //将变量 count 的地址赋值给指针变量 p
```

或先定义指针变量,然后给指针变量赋值:

```
int count, * p;
p = &count;
```

⚠ 注意:

(1) int ＊ p＝&count 与 int ＊ p; p＝&count 的区别。

(2) 不允许把一个数值赋予指针变量,故下面的赋值是错误的。

```
int * p;
p = 1000;
```

(3) 被赋值的指针变量前不能再加"＊"说明符,如写为 ＊ p＝&a 是错误的。

2. 指针运算符 ＊(间接访问运算符)

＊变量名

＊运算符是单目运算符,它返回跟在后面的变量中所存放的地址位置的值。例如:

```
int count, Number;
int * pc = &count, * pn = &Number
```

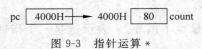

pc | 4000H | → 4000H | 80 | count

图 9-3　指针运算 ＊

变量 pc 指向整型变量 count,假设变量 count 的地址为 4000H,这个赋值可形象理解为图 9-3 所示的联系。如果有

```
* pc = 80;
```

相当于

```
count = 80
```

定义指针的目的是为了通过指针去访问内存单元。

【案例 9-1】　阅读下面的程序,分析程序执行的结果。

```
#include< stdio. h >
void main(){
    int count, temp;
    int * ipc;
    count = 100;
    ipc = &count;
    temp = * ipc;
    printf(" % d", temp);
}
```

程序运行结果:

程序说明：程序中定义了两个整型变量 count、temp 和一个指向整型变量 count 的指针 ipc，执行语句 temp＝＊ipc，表示将 ipc 所指示的存储单元的值赋值给变量 temp，相当于将变量 count 的值赋值给 temp。

🔔 **注意**：必须保证指针变量始终指向数据的正确类型。如下面的程序。

```
void main(){
  float x,y;
  int * ip;
  x = 12.5;
  p = &x;
  y = * p;
}
```

在这里，并不将 x 的值赋值给 y，因为 p 被说明为一个整型指针，所以仅有两个字节被传给 y，而不是构成浮点数的 4 字节。

9.1.4 指针表达式

含有指针的表达式与其他 C 表达式具有相同的规则。

1. 指针赋值

指针变量的赋值运算有以下几种形式。

(1) 指针变量初始化赋值，前面已做介绍。

(2) 把一个变量的地址赋予指向相同数据类型的指针变量。例如：

```
int a, * pa;
pa = &a;                        //把整型变量 a 的地址赋予整型指针变量 pa
```

(3) 把一个指针变量的值赋予指向相同类型变量的另一个指针变量。例如：

```
int a, * pa = &a, * pb;
pb = pa;                        //把 a 的地址赋予指针变量 pb
```

由于 pa、pb 均为指向整型变量的指针变量，因此可以相互赋值。

【案例 9-2】 分析下面的程序。

```
# include < stdio. h>
void main(){
  int x,y;
  int * ipx, * ipy;
  x = 12; y = 21;
  ipx = &x; ipy = &y;
  printf("x = % d\t y = % d\n",x,y);
  printf(" * ipx = % d\t * ipy = % d\n", * ipx, * ipy);
  * ipy = * ipx;
  printf("x = % d\t y = % d\n",x,y);
  printf(" * ipx = % d\t * ipy = % d\n", * ipx, * ipy);
  * ipy = 45; ipx = ipy;
  printf("x = % d\t y = % d\n",x,y);
```

```
    printf(" * ipx = % d\t * ipy = % d\n", * ipx, * ipy);
}
```

程序运行结果：

```
x=12        y=21
*ipx=12     *ipy=21
x=12        y=12
*ipx=12     *ipy=12
x=12        y=45
*ipx=45     *ipy=45
```

程序说明：

① 执行语句段

```
int x,y;   int * ipx, * ipy;
x = 12;y = 21;
ipx = &x; ipy = &y
```

后,则建立如图 9-4(a)所示的联系。

② 执行语句 * ipy = * ipx 后,则相当于将 x 的值赋值给 y,如图 9-4(b)所示。

③ 执行语句

```
 * ipy = 45;
```

相当于 y 的值为 45,如图 9-4(c)所示。

④ 执行语句 ipx = ipy 后,使得 ipx 和 ipy 指向同一个对象 y,此时 * ipx 的值就是 y 的值,如图 9-4(d)所示。

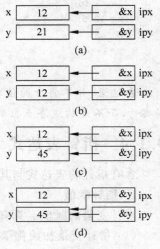

图 9-4　指针赋值

🔔注意：指针的赋值运算,只能是相同类型的指针进行赋值,否则,将产生意想不到的后果。

【案例 9-3】 输入 a 和 b 两个整数,按先大后小的顺序输出 a 和 b。

```
# include < stdio. h>
void main()
{ int * pmax, * pmin, * p,a,b;
  printf("输入两个整数a,b");
  scanf(" % d, % d",&a,&b);
  pmax = &a;pmin = &b;
  if(a < b)
    {p = pmax;pmax = pmin;pmin = p;}
  printf("\na = % d,b = % d\n",a,b);
  printf("max = % d,min = % d\n", * pmax, * pmin);
}
```

程序运行结果：

```
输入两个整数a,b12,34

a=12,b=34
max=34,min=12
```

程序说明：这里通过交换指针来实现两个数据的比较。在两个指针交换的过程中,a、b 的值不会发生变化。各变量的初始状态和交换指针前后的情况如图 9-5 所示。

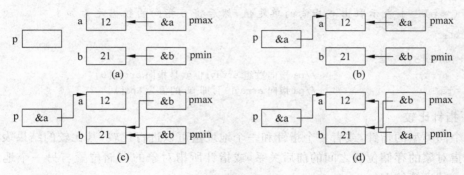

图 9-5　案例 9-3 示意图

从这里知道,可以通过指针变量间接访问另一变量,采用这种方式,在复杂程序设计中,可以大大提高程序的效率,并使程序非常简单。

(4) 把数组的首地址赋予指向数组的指针变量(在后面还将详细介绍)。

(5) 把字符串的首地址赋予指向字符类型的指针变量(在后面还将详细介绍)。

(6) 把函数的入口地址赋予指向函数的指针变量(在后面还将详细介绍)。

2. 指针运算

只有两种算术运算可用于指针:加和减。

(1) 指针与整数的加减运算

可用通过对指针与一个整数进行加、减运算来移动指针。

```
指针变量 + n;
指针变量 - n;
```

其中,n 是整数,"+"表示指针向地址增大的方向移动;"-"表示指针向地址减小的方向移动。移动的具体长度取决于指针的数据类型。

设 p 是指向 type 类型的指针,则指行 p＝p＋n 指令后,p 将在原有值的基础上移动 n 个元素的位置,相当于增加了 n * sizeof(type) 个字节的位置。例如:

```
int array[5], * pa;
pa = array;                //pa 指向数组 array,也就是指向 array[0]
pa = pa + 2;               //pa 指向 array[2],即 pa 的值为 &pa[2]
```

(2) 指针变量的增量与减量运算

```
指针变量++;    指针变量 -- ;
++指针变量;    -- 指针变量;
```

相当于指针变量向增大的方向或向减小的方向移动一个元素。

☕ 注意:" * "与＋＋、－－连用时的结合性。

① * p＋＋等价于 * (p＋＋),表示取出 p 当前所指向的单元的值,然后 p 指针指向下一个元素。

② * ＋＋p 等价于 * (＋＋p),表示移动 p 指向下一个元素,然后取出 s 所指向单元的值。

③ ＋＋ * p 等价于＋＋(* p),表示将 p 指向的数据元素加 1。

④（＊p）＋＋表示取出 p 指向的单元值，然后将 p 指向的数据元素加 1。

例如：

```
int array[5], * pa;
pa = array;                 //pa 指向数组 array,也就是指向 array[0]
pa = pa++;                  //pa 指向 array[1],即 pa 的值为 &pa[1]
```

3. 指针比较

两个同类型的指针，或者一个指针和一个地址量可以进行比较，其比较的结果表示两个指针所指对象的存储位置之间的前后关系，或指针所指对象的存储位置与另一个地址的前后关系。其运算符有＝＝、＞、＞＝、＜、＜＝、!＝。

pf1＝＝pf2 表示 pf1 和 pf2 指向同一数据元素；

pf1＞pf2 表示 pf1 处于高地址位置；

pf1＜pf2 表示 pf1 处于低地址位置。

不同类型的指针比较、指针与整数数据的比较没有实际意义。指针变量还可以与 0 比较。p＝＝0 表示 p 指针为空，它不指向任何变量；p!＝0 表示指针不为空。空指针是由对指针变量赋予 0 值而得到的。例如：

```
#define NULL 0
int * p = NULL;
```

对指针变量赋 0 值和不赋值是不同的。指针变量未赋值时，可以是任意值，是不能使用的，否则将造成意外错误。而指针变量赋 0 值后，则可以使用，只是它不指向具体的变量而已。

在 C 语言中，编程时，判断指针 p 为空也可以表示为

```
if (!p)  …
```

判断 p 指针不为空可以表示为

```
if (p)  …
```

9.1.5　存储空间的动态分配

在程序运行过程中，数组的大小是不能改变的，称其为静态数组。有时在编程时无法确认数据量的大小，可能出现分配的存储空间不够或剩余太多的情况，不能很好地利用存储空间。在 C 语言中提供了内存管理函数，使用这些函数就可以按需要动态地指定数组的大小，这种数组也称作动态数组。

常用的内存管理函数有 malloc()、calloc()、realloc() 和 free()。

1. 分配内存空间函数 malloc()

函数原型为

```
void * malloc(unsingned int size)
```

函数的功能是在内存的动态存储区中分配一块长度为 size 个字节的连续区域。如果申请成功，函数的返回值为该区域的首地址，否则返回空指针。

注意该函数返回的指针为 void 类型，所以在实际使用时，必须将其返回值强制转换为

被赋值指针变量的数据类型。即调用形式为

(类型说明符 ∗) malloc(size)

例如：

pc = (char ∗)malloc(100);

表示分配 100 字节的内存空间，并强制转换为字符数组类型，函数的返回值为指向该字符数组的首地址，上述语句把该地址赋予指针变量 pc。

2. 分配内存空间函数 calloc()

函数原型为

void　calloc(unsigned n,unsingned int size)

该函数的功能是在内存动态存储区中分配 n 块长度为 size 字节的连续区域，函数的返回值为该区域的首地址。

calloc()函数与 malloc()函数的区别仅在于一次可以分配 n 块区域。例如：

Ps = (float ∗)calloc(20,sizeof(float));

其中，sizeof(float)是求 float 类型的数据长度。该语句表示按 4 字节的长度分配 20 个单元的连续区域。

3. 重新分配内存空间 realloc()

函数原型为

void ∗ realloc(void ∗ ptr, unsigned int newsize);

该函数的功能是改变 ptr 所指内存区域的大小为 newsize 长度。如果重新分配成功则返回指向被分配内存基址的指针，否则返回空指针 NULL，原来存储空间的内容不变。

realloc 不能保证重新分配后的内存空间和原来的内存空间指在同一内存地址，它返回的指针很可能指向一个新的地址。所以，在代码中必须把 realloc 返回的值重新赋给 p。例如：

p = (char ∗) realloc (ptr, old_size + new_size);//表示在原来 ptr 指针的基础上分配连续的
old_size + new_size 个存储单元，返回一个
指针赋值给 p

4. 释放内存空间函数 free()

函数原型为

void free(void ∗ ptr)

该函数的功能是释放 ptr 所指向的一块内存空间，ptr 是一个任意类型的指针变量，它指向被释放区域的首地址。被释放区应是由 malloc()或 calloc()函数所分配的区域。原则上，动态申请的存储空间，操作结束后，应及时使用 free()函数予以释放。

ANSI C 标准要求在使用动态分配函数时要用 ♯ include 命令将 malloc. h 文件包含进来。

9.1.6 任务分析与实施

1. 任务分析

输入 N 个学生成绩，统计其平均成绩。定义指针变量 * pscore 和 * psum 分别指向 score 和 sum，循环输入学生成绩并统计其总分，当输入完 N 个学生成绩后，计算其平均成绩。其处理流程如图 9-6 所示。

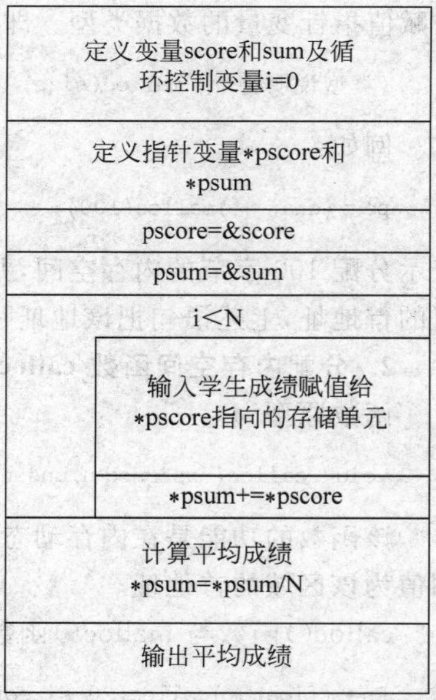

2. 任务实施

根据上面的分析，编写如下程序。

```c
#include<stdio.h>
#define N 5
void main()
{
    int i;
    float score,sum;
    float * pscore = &score, * psum = &sum;
    * psum = 0;
    printf("输入%d个成绩数据\n",N);
    for (i = 0;i < N;i++){
        scanf(" % f",pscore);          //输入学生成绩
        * psum += * pscore;            //统计总分
    }
    * psum = * psum/N;                 //计算平均成绩
    printf(" % 5.2f", * psum);
}
```

定义变量score和sum及循环控制变量i=0
定义指针变量*pscore和*psum
pscore=&score
psum=&sum
i<N
输入学生成绩赋值给*pscore指向的存储单元
*psum+=*pscore
计算平均成绩 *psum=*psum/N
输出平均成绩

图 9-6　任务 9.1 程序流程图

程序说明：

(1) 在定义指针变量后，必须对其进行初始化。即 float * pscore ＝＆score, * psum ＝＆sum;表示指向相应的存储单元 score 和 sum。

(2) 对指针变量，也可以采用动态分配存储空间。

```c
#include<malloc.h>
void main(){
    int i;
    float * pscore, * psum;
    pscore = (float * )malloc(sizeof(float));
    psum = (float * )malloc(sizeof(float));
    * psum = 0;
    …
}
```

拓展训练

在原程序的基础上，求最高分和最低分。

任务 9.2 创建静态成绩表 —— 指针与函数

 问题的提出

在结构化程序设计中,程序模块的共享性是程序设计中一个十分重要的方面。信息系统的设计中,很多的功能是相似的,如学生信息管理、职工信息管理、通信录管理,其操作处理的基本方法都一样,只是处理的对象不一样。在程序设计时,将涉及对处理对象的函数调用设置为动态的处理,根据不同的对象自动调用不同的处理函数模块,即利用指向函数的指针,这就最大限度地实现了程序模块的通用性。

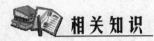 **相关知识**

9.2.1 指针变量作为函数的参数

函数的参数可以是指针类型。函数传递参数的方式有两种:一种是传值;另一种是传地址。传值是单向传递,传地址是双向传递。将指针作为函数的参数就是传地址的方式,它的作用是把地址传给被调函数。

【案例 9-4】 将输入的两个整数按大小顺序输出。

```c
# include < stdio. h >
void swap(int * px, int * py){
    int temp;
    temp = * px;
    * px = * py;
    * py = temp;
}
void main(){
    int a, b;
    int * pa, * pb;
    printf("输入两个整数 a, b: ");
    scanf(" % d, % d", &a, &b);
    pa = &a; pb = &b;
    if(a < b) swap(pa, pb);
    printf("a = % d, b = % d\n", a, b);
}
```

程序运行结果:

```
输入两个整数a,b:5,8
a=8,b=5
```

程序说明:

(1) pa 指向变量 a, pb 指向变量 b, 即 pa 指向的存储单元的值为 a 的值, pb 指向的存储

289

单元的值为 b 的值。运行时输入 5,8(a＝5,b＝6),如图 9-7(a)所示。

(2) 执行 swap()函数时,在调用过程中,首先将实参 pa、pb 的值传递给形参 px、py,经虚实结合后,形参 px 指向变量 a,形参 py 指向变量 b。

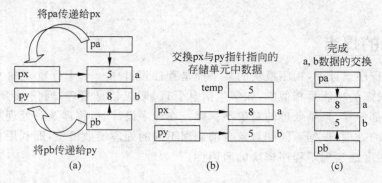

图 9-7 案例 9-4 示意图

(3) 执行 swap()函数体,实现将指针 px 指向的存储单元的值与指针 py 指向的存储单元的值交换,即将 ∗ px(a)与 ∗ py(b)中的值交换,如图 9-7(b)所示。

(4) 函数调用结束后,形参 px、py 将释放,如图 9-7(c)所示。最后在 main()函数中输出的 a 和 b 的值即为交换后的值(a＝8,b＝5)。

以下为几种不正确的使用情况。

(1) swap()函数中的中间变量定义成指针类型变量。

```
void swap( int ∗ px, int ∗ py){
  int   ∗ temp;
  ∗ temp = ∗ px;
  ∗ px = ∗ py;
  ∗ py = ∗ temp;
}
```

函数将出现语法错误,原因是变量 temp 无指向,所以不能引用变量 ∗ temp。

(2) 被调函数中的地址交换。

```
void swap( int ∗ px, int ∗ py){
  int   ∗ temp;
  temp = px;
  px = py;
  py = tem;
}
```

swap()函数调用结束后,变量 a 和 b 中的值没有交换。原因是函数 swap()交换了变量 px、py 的值,无法通过值传递形式返回主函数中的 pa、pb。

(3) 利用普通变量作函数参数。

```
void swap( int  x, int  y){
  int  temp;
  temp = x;
  x = y;
  y = temp;
```

290

}

主函数中直接将 a、b 作为实参传递给 swap()函数,形参数据在 swap()函数中交换后并不返回主函数。

9.2.2 main()函数中的参数

到现在为止,使用的 main()都是不带参数的,其实 main()函数也可以有参数。main()函数中可以写两个形式参数,一般形式如下:

```
void main(int argc,char * argv[])
```

第一个形式参数是整型变量,表示第二个形式参数中字符串的个数+1;第二个参数是一个指针数组,其元素指向字符型数据。

main()是主函数,main()是由系统调用,不能被其他函数调用,所以该函数的参数只能从程序以外传递而来。当程序编译连接生成可执行文件后,系统处于操作命令状态时,输入生成的执行文件名以及参数,这时系统将输入的参数传递给 main()函数。用下面的案例来观察这两个参数的值。

【案例 9-5】 main()函数中的参数。

```
# include < stdio.h >
void main(int argc,char * argv[]){
  int i = 0;
  printf("argc = % d\n",argc);
  while (argc > 0){
    printf("argv[ % d]: % s\n",i, * argv);
    argv++;argc -- ;
    i++;
  }
}
```

程序运行结果:

```
D:\UC6>prg p1,p2 p3 p4
argc=4
argv[0]:prg
argv[1]:p1,p2
argv[2]:p3
argv[3]:p4
```

程序说明:

(1) 通过运行该程序可以观察 main()函数参数的传递情况。

(2) 这里 prg 是程序名,程序名后面是参数,参数之间用空格作为分界符。

(3) 程序运行时输入了 3 个参数,所以 argc 的值为 4。argv[0]的值是程序名,argv[1]、argv[1]、argv[2]是输入的参数。

【案例 9-6】 求 n!。N 作为 main 的参数在运行时传入。

```
void main(int argc,char * n[]){
  int i,N;
  long fact = 1;
  if (n[1] == 0) {printf("请输入参数,eg: fact 5");exit(0);}
```

```
    N = atoi(n[1]);
    for (i = 1;i < = N;i++)
        fact * = i;
    printf(" % d!= % ld",N,fact);
}
```

程序运行结果：

```
D:\VC6>fact 5
5!=120
D:\VC6>
```

程序说明：程序中变量 N 用来接收参数，n[1]、atoi()函数用来实现将字符串转化为整型，它包含在 stdlib.h 头文件中。

9.2.3　函数的返回值是指针

可以将函数的返回值定义为指针类型，若函数的返回值为指针类型，则称该函数是返回指针的函数。

返回指针的函数的一般形式为

```
类型名  * 函数名(形式参数表)
{
    函数体
}
```

函数名定义了指针函数返回的指针数据类型。函数名前的"*"声明函数返回一个指针（地址）。

【案例 9-7】　通过指针函数，输入一个 1~7 之间的整数，输出对应的星期名。

```
# include < stdio.h >
# include < stdlib.h >
char * day_name(int n){
    char * name[ ] = {"Illegal day","Monday","Tuesday","Wednesday","Thursday","Friday",
                "Saturday", "Sunday"};
    return((n < 1||n > 7) ? name[0] : name[n]);
}
void main(){
    int i;
    char * day_name(int n);
    char * ptr;
    printf("input Day No:\n");
    scanf(" % d",&i);
    if(i < 0) exit(1);
    ptr = day_name(i);
    printf("Day No: % 2d -- > % s\n",i,ptr);
}
```

程序运行结果：

```
input Day No:
3
Day No: 3-->Wednesday
```

292

程序说明：

（1）定义一个指针型函数 day_name()，它的返回值指向一个字符串。

（2）函数中定义了一个静态指针数组 name。name 数组初始化赋值为 8 个字符串，分别表示各个星期名及出错提示。形参 n 表示与星期名所对应的整数。

（3）在主函数中，把输入的整数 i 作为实参，在 printf 语句中调用 day_name()函数并把 i 值传送给形参 n。day_name()函数中的 return 语句包含一个条件表达式，n 值若大于 7 或小于 1，则把 name[0]指针返回主函数，将 name[0]的地址赋值给 ptr，输出出错提示字符串"Illegal day"；否则返回主函数，将 name[i]的地址赋值给 ptr，输出对应的星期名，如图 9-8 所示。

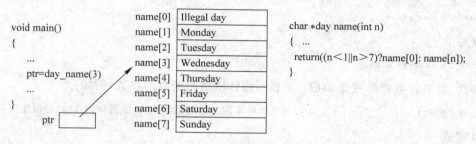

图 9-8 案例 9-7 示意图

9.2.4 指向函数的指针

在程序设计中，有时需要连续地处理不同类型的事物，当用函数来描述若干事物时，就要多次不厌其烦地调用这些函数。如果能有一种方法将这些函数存放在一个数组中，利用循环来自动调用这些函数，这样，程序的可维护性、可读性就大大提高。另一种情况，比如用选择排序法实现对数组元素进行排序，无论数组元素是什么类型，其排序的算法是相同的，只是比较两个元素大小的算法与数据元素的类型有关。可以将数据比较算法作为排序算法的一个函数参数，根据不同的数据类型传递不同的函数地址，这样就保证了程序代码的可重用性。要解决这些问题，就可以采用指向函数的指针。

1. 用函数指针变量调用函数

在 C 语言中，函数本身不是变量，但可以定义指向函数的指针，这种指针可以被赋值，存放于数组之中，传递给函数及作为函数的返回值等。

在程序运行中，函数代码是程序的一部分，它们和数组一样也占用存储空间，都有相应的地址。当函数编译后分配的入口地址称为函数的指针，使用指针变量指向函数代码的首地址，这个指针变量称为函数指针。

指向函数的指针变量也要先定义后使用，定义的一般形式：

函数值类型（＊指针变量名）（参数）；

其中，函数值类型表示所指向函数的类型，参数表示指向函数的参数。

（1）区分指向函数的指针与返回值是指针的函数。例如：

```
int * fun();              //这是返回值为指向整型量指针的函数
int ( * fun)();           //这是指向函数的指针，该函数的返回值类型为整型
```

293

* fun 必须用括号括起来,才表示是指向函数的指针。

(2) 函数指针变量可以像函数名一样进行函数调用。不同的是,函数名是函数指针常量,而函数指针变量可以在程序运行中通过赋值指向不同的函数。

(3) 函数指针变量所指向的函数类型、参数个数、参数类型必须和函数指针变量定义的一致。

由于函数指针指向存储区中的某个函数,因此可以通过函数指针调用相应的函数。现在讨论如何用函数指针调用函数,它应执行下面 3 步。

首先,要说明函数指针变量。例如:

```
void ( * FunP)(int) ;
```

也可以写成

```
void ( * FunP)(int x);
```

其次,要对函数指针变量赋值。x 表示指针所指向函数的参数,例如:

```
FunP = MyFun;                    //将 MyFun 函数的地址赋给 FunP 变量(MyFun(x)必须先要有定义)
```

也可以写成

```
FunP = &MyFun;                   //将 MyFun 函数的地址赋给 FunP 变量
```

最后,要用 (* 指针变量)(参数表)调用函数。例如:

```
FunP(x);                         //这是通过函数指针变量来调用 MyFun 函数的(x 必须先赋值)
```

也可以写成

```
( * FunP)(x);                    //这是通过函数指针变量来调用 MyFun 函数的
```



```
( * MyFun)(x);                   //函数名 MyFun 也可以有这样的调用格式
```

【案例 9-8】 通过函数指针调用函数。

```c
#include <stdio.h>
int Max(int a, int b){
  return a > b?a:b;
}
int Min(int a, int b){
  return a > b?b:a;
}
int  Add(int a, int b){
  return a + b;
}
void main(){
  int x, y;
  x = 12; y = 21;
  int ( * function)(int a, int b);
  function = Max;
  printf("\nMax: % d", function(x, y));
  function = Min;
```

```
printf("\nMin: % d",function(x,y));
function = Add;
printf("\nx + y: % d",function(x,y));
}
```

程序运行结果：

程序说明：在 main() 函数中定义了一个函数指针变量 function，通过将不同的函数名（函数指针）赋值给 function，就可以使 function 指向不同的函数。

🔔**注意**：指向函数的指针变量没有＋＋和－－运算，用时要小心。

可以定义一个指针数组，将指向函数的指针存放到该数组中，这样就实现了动态调用函数。

修改上面的程序。

```
int ( * pfun[3])(int,int ) = {Max,Min,Add };
//定义一个指向函数的指针数组并初始化值
void main(){
  int i;
  int x = 12,y = 21;
  for (i = 0;i < 3;i++)
  printf(" % d", pfun[i](x,y));
}
```

2. 用函数指针变量作为函数的参数

函数的指针变量作为函数的参数，以便把相应函数入口地址传递给函数。当函数指针所指向的目标不同时，在函数中就调用了不同的函数。

【案例 9-9】　观察程序执行结果。

```
# include < stdio. h>
void caller(void( * ptr)()){
  ptr();           //调用 ptr 指向的函数
}
void func(){
  printf("call func");
}
void  main(){
  void ( * p)();
  p = func;
  caller(p);     /* 传递函数地址到调用者 */
}
```

程序运行结果：

`call func`

程序说明：

(1) void (* p)()定义一个指向函数的指针，函数指针类型为空，无参数。

（2）p＝func 将指针指向函数 func(),func()函数的类型为空,无参数,与指向函数的指针 p 一致。

（3）caller(p)调用函数 caller(),该函数的形式参数 void(* ptr)()为函数的指针变量,将实际参数 p 传递给 ptr,在函数中执行 ptr(),相当于执行 func()。

要注意的是**指向函数的指针类型**、**参数类型**、**参数的个数必须与所指向的函数类型**、**参数类型**、**参数个数一致**。

如果赋了不同的值给 p(不同函数地址),那么调用者将调用不同地址的函数。赋值可以发生在运行时,这样使用户能实现函数调用的动态绑定。

9.2.5 任务分析与实施

1. 任务分析

创建一个班级的学生成绩信息表。利用结构数组创建一个静态顺序表,实现增加数据元素、输出表中的所有数据元素的基本功能。将输入、输出学生信息作为一个独立的函数模块,当要向表中增加学生信息、输出学生信息时,利用指向函数的指针指向对应的函数。

2. 任务实施

首先自定义一个学生类型 student,包含学号、姓名、成绩等成员。利用项目 8 中的数据结构的定义。

定义如下函数:

```
void AppData(Classes &Myclass,int ( * InputData)(student &s))   //增加数据元素
void Traverse(Table Myclass,void ( * Visited)(Data))           //列表输出顺序表的数据元素
```

函数的调用关系及程序流程如图 9-9 所示。

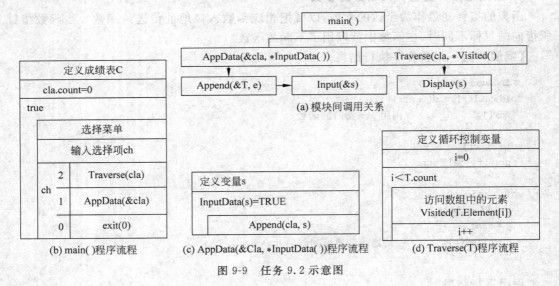

图 9-9　任务 9.2 示意图

按如下步骤实施。

（1）建立工程 STUMIS 文件。

（2）将项目 8 中的 data.h、Error.h 头文件加入该工程中。

（3）将项目 8 中的 ElemData.h 头文件加入该工程中。

（4）将项目 8 中的 Table.h 头文件加入到该项目中，修改 Traverse()。

```
void Traverse(Table T,void ( * Visited)(Data)){
  int i;
  printf(HEAD);
  for (i = 0;i < T.count;i++)
    Visited(T.Element[i]);
}
```

（5）新建一个 C 语言的源文件 Main.cpp，其代码如下：

```
#define HEAD "学号\t 姓名\t 成绩\n"
#define MENUHAED "1.增加学生记录 2.输出学生记录 0.退出\n" //
#include "table.h"
typedef Table Classes;
//功能：增加学生信息
//参数：cla 学生信息表，Inputdata()指向函数的指针
void AppData(Classes &cla, int ( * InputData)(Data &s)){
  Data s;
  while(InputData(s))
    Append(cla,s);
}
//主控菜单
void main(){
  Table cla;
  int ch;
  cla.count = 0;          //初始化学生信息表
  while (1){
    ch = Menu(0,2);       //菜单显示程序(见任务 7.4)
    switch (ch){
      case 0:exit(0);break;
    case 1:AppData(cla,Input);break;
    case 2: Traverse(cla,Display);break;
    }
  }
}
```

 拓展训练

编写创建一个工资表的程序。

任务 9.3　创建动态成绩表 —— 指针与数组

 问题的提出

当定义一个数组后，就给数组分配一块连续的内存单元，每个数组元素按其类型不同占有相应的几个连续的内存单元，数组名就是这块连续内存单元的首地址。既然指针变量的

值是一个地址,用指针变量存放数组的首址或数组元素的地址,就可以很方便地应用指针变量来访问数组中的各个元素。在这节中将探讨如何利用指针间接地访问数组中的元素,根据数组元素的多少来动态地创建顺序表,实现对学生信息的管理。

 **相关知识**

9.3.1 指针与一维数组

1. 指向一维数组的指针变量

定义一个指向数组元素的指针变量的方法,与以前介绍的指针变量相同。

数组指针变量定义的一般形式为

类型说明符　　*指针变量名;

其中类型说明符表示所指数组的类型。从一般形式可以看出指向数组的指针变量和指向普通变量的指针变量的说明是相同的。例如:

```
int number[10];          //定义 number 为包含 10 个整型数据的数组
int * pointer;           //定义 pointer 为指向整型变量的指针
```

下面是对指针变量赋值:

```
pointer = &number[0];
```

把 a[0]元素的地址赋给指针变量 p,也就是说,p 指向 a 数组的第 0 号元素。C 语言规定,数组名代表数组的首地址,也就是第 0 号元素的地址。因此,下面两个语句等价:

```
pointer = &number[0];
pointer = number;
```

pointer、number、&number[0]均指向同一单元,它们是数组 number 的首地址,也是 0 号元素 number[0]的首地址。

🔔 **注意:**

(1) 数组为 int 型,所以指针变量也应为指向 int 型的指针变量。

(2) pointer 是变量,而 number、&number[0]都是常量,在编程时应予以注意。

```
pointer++;               //正确,指针指向下一个数据元素
number++;                //错误,因为 number 是常量
```

【案例 9-10】 显示相应元素的地址。

```
#include< stdio. h>
void main(){
short int i[3] = {0};
float f[3] = {0};
double d[3] = {0};
int k;
printf("\tint 类型\t\tfloat 类型\tdoube 类型");
for (k = 0;k<3;k++)
    printf("\n 元素 %d:\t%ld\t%ld\t%ld",k,i+k,f+k,d+k);
}
```

程序运行结果：

	int类型	float类型	doube类型
元素0:	1245048	1245036	1245012
元素1:	1245050	1245040	1245020
元素2:	1245052	1245044	1245028

程序说明：程序在编译后，会根据不同的数据类型确定不同的偏移量。在 VC++ 6.0 中，short 类型，偏移量为 2 字节；int 和 float 类型，偏移量为 4 字节；double 类型，偏移量为 8 字节。i+k、f+k、d+k 表示第 k 个元素的地址。

2. 通过指针访问数组元素

引入指针变量后，就可以用两种方法来访问数组元素了。

例如，有如下的定义：

```
int Number[10], * pointer = &number[0];
```

则可以知道以下内容。

（1）pointer+i 和 number+i 就是 number[i]的地址，或者说它们指向 number 数组的第 i 个元素。

（2）*（pointer+i）或 *（number+i）就是 pointer+i 或 number+i 所指向的数组元素，即 number[i]。

（3）指向数组的指针变量也可以带下标，如 pointer[i]与 *（pointer+i）等价。

根据上面的分析，如图 9-10 所示，要访问数组元素可以用如下的方法。

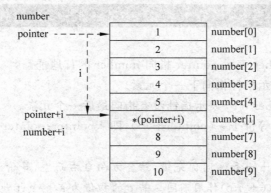

图 9-10 指向数组的指针

【**案例 9-11**】 输出数组中各元素。

```
#include < stdio.h >
```

方法 1：使用下标法。

```
void main(){
    int i,number[10] = {1,2,3,4,5,6,7,8,9,10};
    for (i = 0; i < 10; i++)
        printf(" % d\t",number[i]);
}
```

方法 2：地址法。

```
void main(){
    int i,number[10] = {1,2,3,4,5,6,7,8,9,10};
    for (i = 0;i < 10;i++)
        printf(" % d\t", * (number + i));
}
```

方法 3：指针法。

```
void main(){
    int number[10] = {1,2,3,4,5,6,7,8,9,10}, * pointer;
    for (pointer = number;p < number + 10;p++)
        printf(" % d\t", * pointer);
}
```

或者

```
void main(){
    int i,number[10] = {1,2,3,4,5,6,7,8,9,10},
     * pointer = number;
    for (i = 0;i < 10;i++)
        printf(" % d\t", * pointer++);
}
```

程序运行结果：

| 1 | 2 | 3 | 4 | 5 | 6 | 7 | 8 | 9 | 10 |

程序说明：

(1) pointer＝number 表示 pointer 指向 number 的首地址。

(2) pointer＋＋表示指针指向下一个元素。

(3) pointer＜number＋10 表示指针没有指向最后一个元素。

(4) * pointer＋＋等价于 * (pointer＋＋)，即 * pointer;pointer＋＋。

🔔 注意：

(1) * p＋＋，由于＋＋和 * 同优先级，结合方向自右而左，等价于 * (p＋＋)。

(2) * (p＋＋)与 * (＋＋p)作用不同。若 p 的初值为 a,则 * (p＋＋)等价 a[0], * (＋＋p)等价 a[1]。

(3) (* p)＋＋表示 p 所指向的元素值加 1。

(4) 如果 pointer 当前指向 number 数组中的第 i 个元素,则 * (pointer－－)相当于 number[i－－], * (＋＋pointer)相当于 number[＋＋i], * (－－pointer)相当于 number[－－i]。

(5) 指针变量可以实现本身的值的改变。如 pointer＋＋是合法的,而 number＋＋是错误的。因为 number 是数组名,它是数组的首地址,是常量。

(6) 编程时要注意指针变量的当前值。看下面的例子。

```
void main(){
    int * p,i,a[10];
    p = a;
    for(i = 0;i < 10;i++)
```

```
    * p++ = i;
    for(i = 0;i < 10;i++)
        printf("a[ % d] = % d\n",i, * p++);
}
```

修改如下：

```
void main(){
    int * p,i,a[10];
    p = a;
    for(i = 0;i < 10;i++)
        * p++ = i;
    p = a;              //指针复位到首地址
    for(i = 0;i < 10;i++)
        printf("a[ % d] = % d\n",i, * p++);
}
```

3. 定义动态数组

在数组应用中，如果定义静态数组太小，有可能不满足应用的需求，定义太大，则浪费存储空间。这种情况下，采用动态内存分配的方式可以满足需求，根据实际需要存储空间的多少来分配。

【案例 9-12】 使用动态内存分配的方式，为 n 个整型变量分配存储空间并依次赋值为 1～n，然后输出显示并回收存储空间。

```
# include "stdio. h"
# include "stdlib. h"
void main(·){
    int i,n, * ptr;
    printf("输入数组元素的个数:");
    scanf(" % d",&n);
    ptr = (.int * )malloc(n * sizeof(int));          //申请存储空间
    if (!ptr) exit(0);
    for (i = 0;i < n;i++)                             //给动态数组赋值
        * (ptr + i) = i + 1;
    printf("数组元素为: \n");
    for (i = 0;i < n;i++)
    printf(" % 5d", * (ptr + i));
    free(ptr);
}
```

程序运行结果：

程序说明：

(1) 语句 ptr＝(int *)malloc(n * sizeof(int))申请 n 个连续的存储单元，每个存储单元占有 sizeof(int)个字节，若申请成功，返回一个指向其首地址的指针，其指针类型为 int，否则返回 NULL。

(2) if (!ptr) exit(0)表示如果申请失败，退出。

（3）＊(ptr＋i)＝i＋1,将 i＋1 赋值给第 i 个存储单元,ptr 是存储空间的首地址。

9.3.2　指针与多维数组

用指针变量可以指向一维数组,也可以指向多维数组。多维数组的首地址称为多维数组的指针,存放这个指针的变量称为指向多维数组的指针变量。多维数组的指针并不是一维数组指针的简单拓展,它具有自己的独特性质。在概念上和使用上,指向多维数组的指针比指向一维数组的指针更复杂。以二维数组为例介绍多维数组的指针变量。

1. 多维数组的地址

多维数组的首地址是这片连续存储空间的起始地址,它既可以用数组名表示,也可以用数组中第一个元素的地址表示。

以二维数组为例,设有一个二维数组 Array [3][4],其定义如下:

```
int Array[3][4] = {{1,2,3,4},{5,6,7,8},{9,10,11,12}};
```

设数组 Array 的首地址为 2000,各下标变量的首地址及其值如图 9-11 所示。

2000 1	2002 2	2004 3	2006 4
2008 5	2010 6	2012 7	2014 8
2016 9	2018 10	2020 11	2022 12

图 9-11　多维数组数据元素与地址的关系

Array[0]	1	2	3	4
Array[1]	5	6	7	8
Array[2]	9	10	11	12

图 9-12　二维数组与一维数组的关系

C 语言允许把一个二维数组分解为多个一维数组来处理,因此数组 Array 可分解为 3 个一维数组,即 Array[0]、Array[1]、Array[2],每一个一维数组又含有 4 个元素,如图 9-12 所示。例如 Array[0]数组,含有 Array[0][0]、Array[0][1]、Array[0][2]、Array[0][3] 4 个元素。

从二维数组的角度来看,Array 是二维数组名,Array 代表整个二维数组的首地址,也是二维数组 0 行的首地址,等于 2000。Array＋1 代表第一行的首地址,等于 2008,如图 9-13 所示。

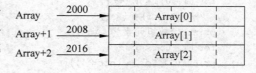

图 9-13　二维数组元素的地址

Array[0]是第一个一维数组的数组名和首地址,因此也为 2000。

＊(Array＋0)或＊Array 是与 Array[0]等效的,它表示一维数组 Array[0]0 号元素的首地址,也为 2000。

&Array[0][0]是二维数组 Array 的 0 行 0 列元素首地址,同样是 2000,因此有 Array＋0、Array[0]、＊(Array＋0)、＊Array、&Array [0][0]是相等的。

依此类推,Array＋1 是二维数组第 1 行的首地址,等于 2008。Array[1]是第二个一维数组的数组名和首地址,因此也为 2008。&Array[1][0]是二维数组 Array 的 1 行 0 列元素地址,也是 2008。因此,Array＋1、Array[1]、＊(Array＋1)、&Array[1][0]是等同的。

可得到如下的结论:**Array＋i**、**Array[i]**、**＊(Array＋i)**、**&Array[i][0]**是等同的。

此外，&Array[i]和 Array[i]也是等同的。因为在二维数组中不能把 &Array[i]理解为元素 Array[i]的地址，不存在元素 Array[i]。C 语言规定，它是一种地址计算方法，表示数组 Array 第 i 行首地址。由此得出 **Array[i]**、**&Array[i]**、**∗(Array＋i)** 和 **Array＋i** 也都**是等同的**。

另外，Array[0]也可以看成是 Array[0]＋0，是一维数组 Array[0]的 0 号元素的首地址，而 Array[0]＋1 则是 Array[0]的 1 号元素首地址，由此可得出 Array[i]＋j 则是一维数组 Array[i]的 j 号元素首地址，它等于 &Array[i][j]，即 **&Array[i][j]** 和 **Array[i]＋j 是等同的**。

由 Array[i]＝∗(Array＋i)得 Array[i]＋j＝∗(Array＋i)＋j。由于 ∗(Array＋i)＋j 是二维数组 Array 的 i 行 j 列元素的首地址，所以，该元素的值等于 ∗(∗(Array＋i)＋j)，如图 9-14 所示。

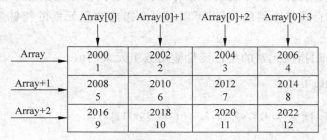

图 9-14　数组名、数据元素、地址之间的关系

请认真分析和体会表 9-1 所示表达式及其含义。

表 9-1　二维数组的指针表示形式

表 示 形 式	含　　　义	地址
Array	二维数组名，数组首地址，0 行首地址	2000
Array[0]，∗(Array＋0)，∗Array	第 0 行第 0 列元素地址	2000
Array＋1，&Array[1]	第 1 行首地址	2008
Array[1]，∗(Array＋1)	第 1 行第 0 列元素地址	2008
Array[1]＋2，∗(Array＋1)＋2，&Array[1][2]	第 1 行第 2 列元素地址	2012
∗(Array[1]＋2)，∗(∗(Array＋1)＋2)，Array[1][2]	第 1 行第 2 列元素的值	数值 7

【案例 9-13】　试分析下面程序，加深对多维数组地址的理解。

```c
#include<stdio.h>
#define FORMAT  "%d,%d\n"
void main(){
  int Array[3][4] = {{0,2,4,6},{1,3,5,7},{9,10,11,12}};
  printf(FORMAT,Array, *Array);
  printf(FORMAT,Array[0], *(Array + 0));
  printf(FORMAT,&Array[0],(Array + 0));
  printf(FORMAT,Array[1], *(Array + 1));
  printf(FORMAT,&Array[1][0], *(Array + 1) + 0);
  printf(FORMAT,Array[2], *(Array + 2));
  printf(FORMAT,Array[1][0], *( *(Array + 1) + 0));
}
```

程序运行结果：

```
1245008,1245008
1245008,1245008
1245008,1245008
1245024,1245024
1245024,1245024
1245040,1245040
1,1
```

程序说明：程序的存储地址是编译时分配，所以，该程序在不同的计算机上可能有不同结果。

2. 指向多维数组的指针变量

（1）指向数组元素的指针变量

当一个指针指向数组后，对数组元素的访问，既可以使用数组下标，也可以使用指针。并且，用指针访问数组元素，程序的效率更高（用下标访问数组元素程序更清晰）。由于二维数组在存储时是按行顺序存储的，所以可以用一个指向数组元素的指针来顺序访问数组中的所有元素。

【案例 9-14】 用指向元素的指针变量输出数组元素的值。

```c
# include < stdio. h>
void main(){
  int Array[3][4] = {{1,2,3,4},{5,6,7,8},{9,10,11,12}};
  int * p;
  for(p = Array[0];p < Array[0] + 12;p++){
    if ((p - Array[0]) % 4 == 0) printf("\n");
    printf(" % 4d", * p);
  }
  printf("\n");
}
```

程序运行结果：

```
  1   2   3   4
  5   6   7   8
  9  10  11  12
```

程序说明：

① 程序段中将 p 定义成一个指向整型的指针变量，执行语句 p＝Array[0]后将第 0 行 0 列地址赋给变量 p，每次 p 值加 1，移向下一个元素。当循环 12 次后实现了顺序输出数组中各元素的值的功能。

② 若要输出某个指定的数组元素，必须首先计算出该元素在数组中的相对位置（即相对于数组起始位置的相对位移量）。计算 Array[i][j]在数组中的相对位移量的公式为 i * m＋j（其中 m 为二维数组的列数）。

（2）指向由 m 个元素组成的一维数组的指针变量

二维数组指针变量定义的一般形式为

类型说明符　（* 指针变量名）[长度]

其中，"类型说明符"为所指数组的数据类型；" * "表示其后的变量是指针类型；"长度"表示二维数组分解为多个一维数组时，一维数组的长度，也就是二维数组的列数。

注意："(＊指针变量名)"两边的括号不可少,否则"指针变量"先与"[长度]"结合,就变成了定义指针数组(本项目后面介绍),意义就完全不同了。

例如:

```
int Array[3][4]
int  (＊p)[4];
p = Array;
```

p 指向 Array 数组,p＋＋的值为 Array＋1,它只能对行进行操作,不能对行中的某个元素进行操作,只有将行转列后 ＊(p＋＋),才能对数组元素进行操作。

【案例 9-15】　输出二维数组任一行任一列元素的值。

```
# include < stdio. h >
void main(){
  int Array[3][4] = {{0,2,4,6},{1,3,5,7},{9,10,11,12}};
  int (＊p)[4],i,j;
  p = Array;
  printf("输入行,列值\n");
  scanf("％d,％d",&i,&j);
  printf("s[％d,％d] = ％d\n",i,j,＊(＊(p+i)+j));
}
```

程序运行结果:

```
输入行,列值
1,2
s[1,2]=5
```

程序说明:指针变量 p 指向包含 4 个整型类型的一维数组,若将二维数组名 Array 赋给 p,p+i 表示第 i 行首地址,＊(p+i)表示第 i 行第 0 列元素的地址,此时将行指针转换成列指针,＊(p+i)+j 表示第 i 行第 j 行元素的地址,而 ＊(＊(p+i)+j)代表第 i 行第 j 列元素的值。

9.3.3　数组指针作为函数参数

由于函数参数有实参、形参之分,所以数组指针作为函数参数分以下 4 种情况。

1. 形参、实参为数组名

【案例 9-16】　数据排序。

```
# include < stdio. h >
void InputData( int Data[ ], int n)              //形参 Data 为数组名
{
  int ＊ p;
  for (p = Data;p < Data + n;p++)
    scanf("％d",p);
}
void OutputData( int Data[ ], int n){
  int ＊ p;
  for (p = Data;p < Data + n;p++)
    printf("％d\t",＊ p);
}
void Sort( int Data[ ], int n) {
```

```
      int i, j, p;
      int Temp;
      for (i = 0;i < n;i++){
        p = i;
        for (j = i + 1;j < n;j++)
          if (Data[p]< Data[j])
            p = j;
        if (p!= i)
          {Temp = Data[p];Data[p] = Data[i];Data[i] = Temp;}
      }
    }
  void main(){
    int Array[100];
    printf("输入 10 个数据元素");
    InputData(Array,10);             //输入数据
    Sort(Array,10);
    printf("排序后");
    OutputData(Array,10);            //输出数据
  }
```

程序运行结果：

```
输入10个数据元素                                        o
12 89 67 56 32 88 56 89 65 10
排序后
89      89      88      67      65      56      56      32      12      10
```

程序说明：函数 Sort()形参是数组名 Data,函数调用时,使数组 Data 与数组 Array 具有相同的地址,通过函数 Sort()改变了数组 Data 元素的顺序,实际上也就是改变了 Array 的元素顺序。

由于数组名代表数组的首地址,故在函数调用时 Sort(Data,10)把以数组名 Data 为首地址的内存变量区传递给被调函数中的形参数组 Array,使得同一个存储区域有两个不同的指针(Array 和 Data)指向其首地址,这样,当在函数 Sort()中这块内存区中的数据发生变化的结果就是主调函数中数据的变化,如图 9-15 所示,这种现象好像是被调函数有多个值返回主函数,实际上"单向"传递原则依然没变。

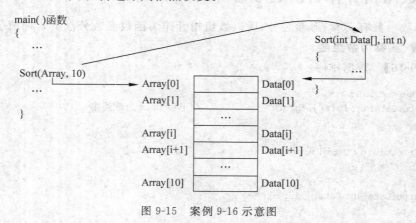

图 9-15　案例 9-16 示意图

实际上,能够接收并存放地址值的形参只能是指针变量,C 编译系统都是将形参数组名作为指针变量来处理的。因此,函数 Sort()的首部也可以写成

```
Sort(int * Array,int n)
```

2. 形参是指针变量,实参是数组名

【案例 9-17】　修改案例 9-14。

```
void Sort (int * Data,int n)                //形参 Data 为指针变量
{
  int i,j,k,t;
    for(i = 0;i < n - 1;i++){
    k = i;
    for(j = i + 1;j < n;j++)
      if( * (Data + j)> * (Data + k)) k = j;
    if(k!= i) {
      t = * (Data + k); * (Data + k) = * (Data + i); * (Data + i) = t;
    }
    }
}
void main(){
  int Array[100];
  InputData(Array,10);
  Sort(Array,10);                           //实参为数组名
  OutputData(Array,10);
}
```

程序说明:函数 Sort()形参是指针变量 Data,函数调用时,使指针变量 Data 指向数组 Array,表达式 * (Data+i)表示数组中第 i 个元素,通过函数 Sort()改变了数组元素的顺序。

3. 形参、实参均为指针变量

【案例 9-18】　修改案例 9-16。

```
void Sort(int * Data,int n)                 / * 形参 Data 为指针变量 * /
{
  int * p, * q, * k;
  int temp;
  for (p = Data;p < Data + n;p++){
    k = p;
    for (q = p;q < Data + n;q++)
     if( * k < * q) k = q;
    if (k!= p) {
      temp = * k; * k = * p; * p = temp;
    }
  }
}
void main(){
  int Array[100];
  int * p = Array;                          //给实参指针变量 p 赋值
  InputData(p,10);
  Sort(p,10);                               //实参 p 为指针变量
  OutputData(p,10);
}
```

程序说明:函数 Sort()形参是指针变量 Data,函数调用时,使指针变量 Data 和指针变量 p 同时指向数组 Array 的首地址。函数中设置了两个遍历指针 p、q 和一个数据交换指针

k,k 始终指向第 i 次遍历后第 i 到 n 元素中的最大元素。Data＋n 表示 n＋1 元素的地址。通过函数 Sort() 改变了由 Data 为起始地址的 n 个数据元素的顺序，实际上就是 p 指针为起始地址（即数组 Array）的 n 个数据元素的顺序。

4. 形参是数组名，实参为指针变量

结合前面的 3 种情况，就能实现形参是数组名，实参为指针变量的形式。

【案例 9-19】 修改案例 9-16。

```
void Sort(int Data[], int n);                    //形参 Data 为数组名
void main(){
    int Array[100];
    int * p = Array;                             //给实参指针变量 p 赋值
    Sort(p,10);                                  //实参 p 为指针变量
        …
}
```

调用函数前必须给实参指针变量赋值。在函数 Sort() 中，既可以用下标法 Data[i]，也可以用指针法 *(Data＋i) 处理第 i 个数组元素，处理结果在返回主函数后有效。

5. 多维数组的地址也作函数参数

一维数组的地址可以作为函数参数，多维数组的地址也可作函数参数。在用指针变量作形参以接收实参数组名传递来的地址时，有两种方法：用指向变量的指针变量和用指向一维数组的指针变量。下面通过示例来说明。

【案例 9-20】 有一个班级，3 个学生，各学 4 门课程，计算总平均分数，以及第 n 个学生的成绩。

分析：定义一个 3 行 4 列的二维数组，行表示学生，列表示对于学生的某门课程的成绩。只要依次扫描数组中的所有元素并统计，即可以求其总成绩，也就求得了平均成绩。定义一个指向一维数组的指针，从第一个元素到最后一个移动指针并统计即可。要查看第 n 个学生的成绩，定义一个二维数组指针变量，将其指针移动到第 n 行，然后依次读取 4 门课程的成绩即可，如图 9-16 所示。

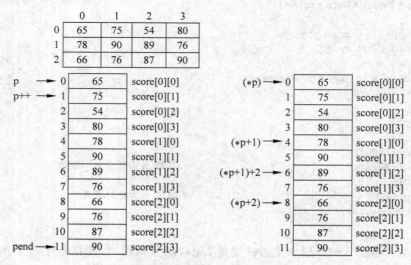

图 9-16 案例 9-20 示意图

编写程序如下：

```
//功能：统计以 p 为首地址的 n 个元素的平均值
//参数：p 为一组数据集合的首地址,n 是数据元素的个数
//返回值：数组集合的平均值
float average(float * p,int n)
{
  float   * pend = p + n;
  float aver = 0;
  for(;p < pend;p++)
    aver = aver + * p;
  aver = aver/n;
  return aver;
}
//功能：显示二维数组中指定行的数据元素
//参数：( * p)[4]表示含有 4 列的二维数组指针,n 表示数组的第 n 行
//返回值：无
void display(float ( * p)[4],int n){
  int i;
  for(i = 0;i < 4;i++)
    printf(" % 7.2f", * ( * (p + n) + i));
}
# include < stdio. h>
void main(){
  float
score[3][4] = {{65,75,54,80},{78,90,89,76},{66,76,87,90}};
  int n;
  float Aver;
//计算 * score 为起始地址的连续 12 个元素的平均值
  Aver =  average( * score,12) ;
//等价 Aver =   average(&score[0][0],12) ;
  printf("平均成绩: % 7.2f\n", Aver);
  printf("输入序号:");
  scanf(" % d",&n);
  printf("各科成绩为:\n");
  display(score,n);
}
```

程序运行结果：

```
平均成绩: 77.17
输入序号:1
各科成绩为:
 78.00  90.00  89.00  76.00
```

程序说明：

(1) 在函数 main()中,先调用 average()函数求整个二维数组的平均值。在函数 average()中,形参 p 被声明成一个指向实型数据的指针变量。对应的实参 * score,即 &score[0][0],它表示第 0 行第 0 个元素的地址, * p 的值是 score[0][0], p++指向下一个元素,形参 n 表示需求平均值的元素个数,它对应的实参是 12。

(2) 当二维数组名作为实参时,对应的形参必须是一个行指针变量。函数 display()的形参 p 不是指向一般实型数据的指针变量,而是包含 4 列元素的二维数组指针。 * (p+n)表示 score[n][0]的地址, * (p+n)+i 表示 score[n][i]的地址, * (* (p+n)+i)表示 score

309

[n][i]的值。若 n 的值为 1,i 的值从 0 到 3,for 循环体依次输出 score[1][0]到 scor[1][3]的值。

9.3.4 字符串和指针

1. 字符串的表示形式

C 程序允许使用两种方法实现一个字符串的引用。

(1) 字符数组

将字符串的各字符(包括结尾标志'\0')依次存放到字符数组中,利用下标变量或数组名对数组进行操作。

【案例 9-21】 字符数组应用。

```
# include < stdio.h >
void main(){
    char string[ ] = "I am a student.";
    printf(" % s\n",string);
}
```

程序运行结果:

```
I am a student.
```

程序说明:和前面介绍的数组属性一样,string 是数组名,它代表字符数组的首地址。

(2) 用字符串指针指向一个字符串

字符串指针变量的定义说明与指向字符变量的指针变量说明是相同的,只能按对指针变量的赋值不同来区别。

指向字符变量的指针变量应赋予该字符变量的地址。例如:

```
char c, * p = &c;
```

表示 p 是一个指向字符变量 c 的指针变量。

指向字符串的指针变量应赋予字符串的首地址。

```
char * s = "C Language";
```

则表示 s 是一个指向字符串的指针变量,把字符串的首地址赋予 s。

等价于

```
char * s;
s = "C Language";
```

对字符串而言,也可以不定义字符数组,直接定义指向字符串的指针变量,利用该指针变量对字符串进行操作。

【案例 9-22】 输出字符串中 n 个字符后的所有字符。

```
# include< stdio.h
void main(){
    char * ps = "this is a book";
    int n = 10;
    ps = ps + n;
```

```
        printf("%s\n",ps);
    }
```

程序运行结果：

`book`

程序说明：ps 指针指向字符串的首地址，即第一个字符't'，ps＝ps＋n 相当于指针移动 n 个字符的位置。

💬 **注意**：ps 指针指向的是一个字符串常量，实际上 ps 并没有分配存储空间，所以，下面的操作将是错误的。

```
    *ps = 'L';
```

要解决这个问题，必须给字符串常量分配存储空间，有两种处理方法：一种方法是在程序编译时为字符串常量分配存储空间；另一种方法是在程序运行时为字符串常量分配存储空间。

2. 字符串指针作为函数参数

将一个字符串从一个函数传递到另一个函数，一方面可以用字符数组名作参数；另一方面可以用指向字符串的指针变量作参数，在被调函数中改变字符串的内容，在主调函数中得到改变了的字符串。

【案例 9-23】　把一个字符串的内容复制到另一个字符串中，并且不能使用 strcpy()函数。函数的形参为两个字符指针变量。pss 指向源字符串，pds 指向目标字符串。

```
#include<stdio.h>
void Strcopy(char *pss,char *pds){
    for (;(*pds = *pss)!= '\0';pds++,pss++)
        ;
}
void main(){
    char *pa = "CHINA",b[10],*pb;
    pb = b;
    Strcopy(pa,pb);
    printf("string a = %s\nstring b = %s\n",pa,pb);
}
```

程序说明：

(1) (*pds＝*pss)!＝'\0' 表示把 pss 指向的源字符串复制到 pds 所指向的目标字符串中，复制后判断所复制的字符是否为'\0'，若是则表明源字符串结束，不再循环；否则，pds 和 pss 都加 1，指向下一字符。

(2) 在主函数中，以指针变量 pa、pb 为实参，由于采用的指针变量 pa 和 pss 指向同一字符串，pb 和 pds 指向同一字符串，在 Strcopy()函数中对字符串的操作将反映到主函数中。也可以把 Strcopy()函数简化为以下形式：

```
void Strcopy (char *pss,char *pds){
    while (*pdss++ = *pss++);
}
```

表达式的意义可解释为，源字符向目标字符赋值，移动指针，若所赋值为非 0 则循环；否则结束循环。这样使程序更加简洁。

3. 字符数组与字符串指针的区别

虽然使用字符数组和字符串指针都能实现对字符串的操作,但二者是有区别的,主要区别如下。

(1) 存储方式的区别

字符串指针变量本身是一个变量,用于存放字符串的首地址。而字符串本身是存放在以该首地址为首的一块连续的内存空间中,并以'\0'作为串的结束。字符数组是由若干个数组元素组成的,它可用来存放整个字符串。

(2) 赋值方式的区别

对字符数组只能对各个元素赋值,不能用下列方法对字符数组赋值。

```
char str[16];
str = "C Language Program";
```

但若将 str 定义成字符串指针,就可以采用下列方法赋值。

```
char * str;
str = "C Language Program t.";
```

(3) 定义方式的区别

定义一个数组后,编译系统根据定义数组的大小分配连续的存储单元;而定义一个字符串指针变量,编译系统分配一个存储地址单元,在其中可以存放地址值。该指针变量可以指向一个字符型数组,例如:

```
char  str[10];
scanf("%s",str);
```

是可以的。如果用下面的方法:

```
char  * str;
scanf("%s",str);
```

其目的也是输入一个字符串,但这种方法 str 指针确定指定的对象,没有分配存储空间,使用很危险。

(4) 运算方面的区别

指针变量的值允许改变,如果定义了指针变量 s,则 s 可以进行++、−−等运算。例如:

```
char * string = "I am a student";
string = string + 7;
```

这时,输出字符串时从 s 当前所指向的单元开始输出各个字符,直到遇到'\0'结束。

而字符数组名是地址常量,不允许进行运算。例如:

```
char string[] = "I am a student.";
string = string + 7;
```

是错误的。

9.3.5　任务分析与实施

1. 任务分析

创建一个班级的学生成绩信息表,其成绩信息表采用动态的存储空间分配。

利用结构数组创建一个动态顺序表,实现动态创建顺序表、增加数据元素、访问输出表中的所有数据元素以及查找、删除等操作。当顺序表中的元素为学生信息,就可以实现对学习信息的管理;当数据元素是职工信息时,就可以对职工信息的管理。采用这种方法,可以实现程序的通用性,使程序的维护更方便。

2. 任务实施

学生类型采用任务 8.4 的结构,定义表的数据结构如下:

```
typedef struct {
    Data * ElemType          //指向表的首地址
    int Count                //当前表中记录数
    int Size;                //当前分配的存储空间大小
}Table;
typedef Table Classes;       //班级结构
```

定义如下函数:

```
void InitTable(&Myclass)        //初始化顺序表
void AppData(Classes &Myclass)  //增加学生信息
void Append(Table & T Data e)   //增加元素
void Traverse(Table T)          //列表输出顺序表的数据元素
```

函数间调用关系及主要函数流程如图 9-17 所示。

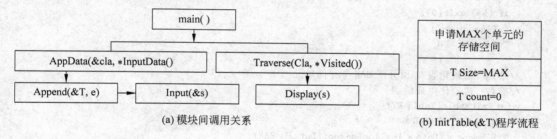

(a) 模块间调用关系　　　　　　　　　　(b) InitTable(&T)程序流程

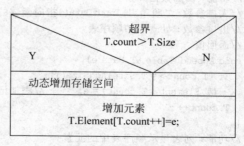

(c) main( )程序流程　　　　　　　　　(d) Append(&T, s)程序流程

图 9-17　任务 9.3 示意图

(1) 建立工程 STUMIS 文件。

(2) 将项目 8(或任务 9.2)中的 data.h 头文件加入该工程中。

(3) 将项目 8(或任务 9.2)头文件 ElemData.h 头文件加入该工程中。

(4) 在工程中,建立 Table.h 头文件,其代码如下:

```
//文件 Table.h
#define ADD 10
#define MAX 20
#include "ElemData.h"
#include <stdlib.h>
#include <malloc.h>
//表结构
typedef struct {
    Data * Element;              //存放数据元素
    int count;                   //当前表中记录数
    int Size;                    //最大存储空间
}Table;
//功能:动态增加存储空间
//参数:T 表
void AddSize(Table &T){
  Data * p;
p = (Data * )realloc(T.Element,(T.Size + ADD) * sizeof(Data));
  if (!p) exit(0);
  T.Element = p;
  T.Size += ADD;
}
//功能:初始化表 T,预分配 MAX 个存储单元
//参数:初始化生成的表
void InitTable(Table &T){
//动态分配存储空间
    T.Element = (Data * )malloc(sizeof(Data) * MAX);
    if (!T.Element) exit(0);        //如果申请存储空间失败,则退出
    T.count = 0;                    //设置当前表的元素数为 0
    T.Size = MAX;                   //设置当前分配的最大存储空间数
}
//功能:增加数据元素
//入口参数:T 顺序表,InputData()指向函数的指针
//出口参数:处理后的顺序表
//返回值:无
void Append(Table &T, Data e){
    if (T.count > = T.Size)AddSize(T);
    * (T.Element + T.count) = e;    //添加记录
    T.count++;
}
//功能:列表显示顺序表中的元素
//入口参数:T 顺序表,Visited 指向访问函数的指针
//返回值:无
void Traverse(Table T,void ( * Visited)(Data)){
    int i;
    for (i = 0;i < T.count;i++)
```

```
        Visited( * (T.Element + i));    //访问数据元素
    }
```

（5）将任务 9.2 中的 Main. cpp 加入该工程中，并做如下修改。

```
#define HEAD "学号\t 姓名\t 成绩\n"
# define MENUHAED "1.增加学生记录 2.输出学生记录 0.退出\n" //
# include "table.h"
typedef Table Classes;
//增加数据学生信息
void AppData(Classes &cla, int ( * InputData)(Data &s)){
  Data s;
  while(InputData(s))
    Append(cla,s);
}
//主控菜单
void main(){
Table cla;
int ch;
InitTable(cla);                 //初始化表(修改代码)
while (1){
  ch = Menu(0,2);               //菜单显示程序(见任务 7.4)
  switch (ch){
      case 0:exit(0);break;
    case 1:AppData(cla,Input);break;
    case 2:printf(HEAD);
        Traverse(cla,Display);break;
  }
}
}
```

（6）编译并运行。

拓展训练

根据上面的程序，编写函数，实现对成绩表中的记录进行增加、删除和修改操作。

任务 9.4　创建链表 ——指针与结构

问题的提出

利用结构数组来存储数据元素，当对数据元素进行插入和删除时，存在大量数据元素的移动，其数据处理的效率低。如何实现高效率的插入与删除操作，在这次任务中利用链表的方式来实现对数据元素的操作处理。

315

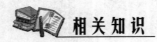 **相关知识**

9.4.1 指向结构体变量的指针

一个指针变量当用来指向一个结构变量时,称之为结构指针变量。结构指针变量中的值是所指向的结构变量的首地址。通过结构指针可访问该结构变量。

1. 结构指针变量的定义

结构指针变量说明的一般形式为

struct 结构名 * 结构指针变量名

(1)先定义一个结构体类型,再定义指向结构的指针变量,例如:

```
struct student{
    char ID[10];
    char Name[20];
    float Score;
}
struct student * ptr,boy;
```

(2)定义结构体类型的同时定义结构体指针变量,例如:

```
struct student{
    char ID[10];
    char Name[20];
    float Score;
} * ptr,boy;
```

(3)直接定义结构体指针变量,例如:

```
struct {
    char ID[10];
    char Name[20];
    float Score;
} * ptr,boy;
```

2. 结构指针变量的赋值

赋值是把结构变量的首地址赋予该指针变量,不能把结构名赋予该指针变量。如果boy 是被说明为 stu 类型的结构变量,则

pstu = &boy

是正确的,而

pstu = &stu

是错误的。

也可以在定义结构体指针变量时赋结构体变量的地址。例如:

```
struct student boy = {"981","zhang",98};
struct student * ptr = &boy;
```

或

```
struct student * ptr
ptr = &boy;
```

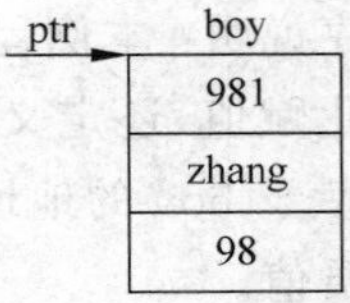

prt 与 boy 的关系如图 9-18 所示。

图 9-18 指向结构变量的指针

🔔 **注意**：结构名和结构变量是两个不同的概念，不能混淆。结构名只能表示一个结构形式，编译系统并不对它分配内存空间。只有当某变量被说明为这种类型的结构时，才对该变量分配存储空间。因此上面 &stu 这种写法是错误的，不可能去取一个结构名的首地址。

3. 结构成员的引用

有了结构指针变量，就能更方便地访问结构变量的各个成员。

其访问的一般形式为

（ * 结构指针变量）.成员名

或

结构指针变量 ->成员名

例如：

（ * ptr）. ID

或

pstu -> ID

🔔 **注意**：(* ptr)两侧的括号不可少，因为成员符"."的优先级高于" * "。如去掉括号写作 * pstu. num，则等效于 * (ptr. num)，这样，意义就完全不对了。

下面通过例子来说明结构指针变量的具体说明和使用方法。

【**案例 9-24**】 结构成员的访问。

```
# include < stdio. h >
struct student{
  int num;
  char * name;
  float score;
}boy = {102,"Zhang",78.5}, * pstu;
void main(){
  pstu = &boy;
  printf("Numbe\tName\tScore\n");

  printf(" % d\t % s\t % 6.2f\n",boy. num,boy. name,boy. score);
  printf(" % d\t % s\t % 6.2f\n",( * pstu). num,( * pstu). name,( * pstu). score);
    printf(" % d\t % s\t % 6.2f\n\n",pstu -> num,pstu -> name,pstu -> score);
}
```

程序运行结果：

```
Numbe    Name     Score
102      Zhang    78.50
102      Zhang    78.50
102      Zhang    78.50
```

程序说明：本例程序定义了一个结构 student，定义了 student 类型结构变量 boy 并作了初始化赋值，还定义了一个指向 student 类型结构的指针变量 pstu。在 main() 函数中，pstu 被赋予 boy 的地址，因此 pstu 指向 boy。然后在 printf 语句内用 3 种形式输出 boy 的各个成员值。

结构变量.成员名
(＊结构指针变量).成员名
结构指针变量－>成员名

从运行结果可以看出，这 3 种用于表示结构成员的形式是完全等效的。

9.4.2　指向结构体数组的指针

结构体数组指针就是将结构体数组地址赋给结构体指针变量，这时结构指针变量的值是整个结构数组的首地址。结构指针变量也可指向结构数组的一个元素，这时结构指针变量的值是该结构数组元素的首地址。

设 ps 为指向结构数组的指针变量，则 ps 也指向该结构数组的 0 号元素，ps＋1 指向 1 号元素，ps＋i 则指向 i 号元素。这与普通数组的情况是一致的。

【案例 9-25】　用指针变量输出结构数组。

```c
# include < stdio.h>
struct student{
    int num;
    char * name;
    float score;
}boy[5] = {{101,"Zhou",45},{102,"Zhang",62.5},{103,"Liou",92.5},{104,"Cheng",87},{105,
          "Wang",58}};
void main(){
    struct student * ps;
    printf("No\tName\tScore\t\n");
    for(ps = boy;ps < boy + 5;ps++)
    printf(" %d\t%s\t%6.2f\t\n",ps-> num,ps-> name,ps-> score);
}
```

程序运行结果：

```
No      Name    Score
101     Zhou    45.00
102     Zhang   62.50
103     Liou    92.50
104     Cheng   87.00
105     Wang    58.00
```

程序说明：在程序中，定义了 stu 结构类型的外部数组 boy 并做了初始化赋值。在 main() 函数内定义 ps 为指向 stu 类型的指针。在循环语句 for 的表达式 1 中，ps 被赋予 boy 的首地址，然后循环 5 次，输出 boy 数组中各成员值。

💬注意：一个结构指针变量虽然可以用来访问结构变量或结构数组元素的成员，但是，不能使它指向一个成员。也就是说不允许取一个成员的地址来赋予它。因此，下面的赋值是错误的。

```
ps = &boy[1]. sex;
```

而只能是

```
ps = boy;(赋予数组首地址)
```

或

```
ps = &boy[0];(赋予 0 号元素首地址)
```

9.4.3 结构指针变量作函数参数

　　C 语言允许用结构变量作函数参数进行整体传送。但是这种传送要将全部成员逐个传送,特别是成员为数组时将会使传送的时间和空间开销很大,严重地降低了程序的效率。因此最好的办法就是使用指针,即用指针变量作函数参数进行传送。这时由实参传向形参的只是地址,从而减少了时间和空间的开销。

　　【例 9-26】 计算一组学生的平均成绩和不及格人数。用结构指针变量作函数参数编程。

```
#include< stdio. h>
struct student{
    int num;
    char * name;
    float score;
}boy[5] = { {101,"Li",45},{102,"Zhang",62. 5},{103,"He",92. 5},{104,"Cheng",87},{105,
        "Wang",58},};
//功能:求结构数组中成绩的平均值
//入口参数:ps 指向结构数组的指针
//出口参数:指向 c 不及格的人数变量的指针
//返回值:结构数组中成绩的平均值
float ave(struct student * ps,int * c){
    int i;
    float ave,s = 0;
    for(i = 0;i < 5;i++,ps++){
        s += ps - > score;
        if(ps - > score < 60) * c += 1;
    }
    ave = s/5;
    return ave;
}
void main(){
    struct student * ps;
    int count = 0, * ptr = &count;
    float averge;
    ps = boy;
    averge = ave(ps,ptr);
    printf("平均成绩 = % 6.2f\n 不及格人数 = % d\n",averge, * ptr);
}
```

程序运行结果:

```
平均成绩= 69.00
不及格人数=2
```

程序说明：本程序中定义了函数 ave()，其形参为结构指针变量 ps、指针变量 c。boy 被定义为外部结构数组，因此，在整个源程序中有效。在 main() 函数中定义说明了结构指针变量 ps 和指向整型 count 的指针 c，并把 boy 的首地址赋予它，使 ps 指向 boy 数组，c 指向整型变量 count，然后以 ps、c 作实参调用函数 ave()。在函数 ave() 中完成计算平均成绩并返回。不及格人数通过指针指向的 count 的指针 c 返回。

由于本程序全部采用指针变量作运算和处理，故速度更快，程序效率更高。

9.4.4 结构体的自引用

1. 概述

C 语言规定，在结构类型定义中，不能包含本类型的成员。因为如果一个结构类型定义中包含本类型的成员，那么就无法确定该结构类型的大小。但唯一例外的是，在一个结构类型定义中，可以由指向该结构类型的指针作为成员，因为指针所需要的存储量是固定的。也就是说，**结构体中含有可以指向本结构的指针成员**。

所谓结构体的自引用就是当一个结构体中有一个或多个成员是指针，它们的基类型就是本类型时，通常把这种结构体称为可以引用自身的结构体。其节点的定义形式为

```
struct  结构体名{
    成员;
    struct 结构体名 * 指向结构的指针
};
```

这里，指向结构的指针的类型为自身。例如：

```
struct student {
  DataType Data;
    struct student * next;
}Students ;
```

将两个或多个这种类型的节点连接起来，就形成链表。
如定义变量：

```
Students  S1,S2, * p = &S1;
```

通过语句

```
S1. next = &S2;
```

将 S1 和 S2 节点连接起来，如图 9-19 所示。
访问 S2，可以通过 p 或 S1 节点来访问：

```
S1. next 或 p - > next;
```

【案例 9-27】 观察程序运行结果。

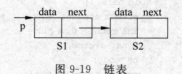

图 9-19 链表

```
# include < stdio. h >
struct node{
  int data;
    struct node * next;
}s1,s2, * p = &s1;
```

```
void main(){
  s1.data = 1;
  s2.data = 2;
  s1.next = &s2;
  printf("s1:%d,%d\t",s1.data,p->data);
  printf("s2:%d,%d\n",s1.next->data,p->next->data);
}
```

程序运行结果:

```
s1:1,1  s2:2,2
```

2. 创建动态链表

链表中的每个存储单元都由动态存储分配函数获得,每个节点有两个域:数据域和指针域。数据域存放数据,指针域用来指向其后继节点。

动态链表包括以下内容。

(1)头指针:指向链表的开始,如图 9-20 中的 head。

(2)头节点:该节点的数据域中不存放数据,头节点不是必需的,可以没有头节点,如图中 9-20 节点 a。

(3)尾节点:链表最后一个节点的指针域置为'\0',标志链表的结束,如图 9-20 中的 d 节点。

(4)普通节点:每个节点的指针域存放下一个节点的地址,如图 9-20 中的 b、c 节点。

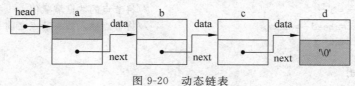

图 9-20 动态链表

创建一个链表的步骤如下,如图 9-21 所示,完成 2 个节点插入的过程。

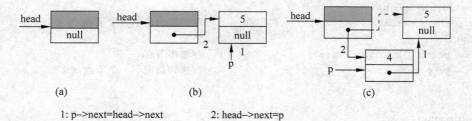

(a)   (b)   (c)

1: p->next=head->next   2: head->next=p

图 9-21 创建链表

(1)申请一个节点 head,head=null,将其作为头节点。

(2)申请一个节点 p,并对数据域赋值。

(3)将 p 插入到 head 之后:p->next=head->next;head->next=p;。

(4)重复(2)、(3)直到插入所有节点。

3. 访问节点的每一个元素——遍历链表

遍历链表的步骤如图 9-20 所示,具体如下:

(1)设置遍历指针 p 指向第一个节点 head->next(这里有头节点)。

（2）访问该节点。

（3）p 指向其下一个节点：p＝p－＞next。

（4）重复（2）、（3），直到 p 为 null 为止。

【案例 9-28】 创建动态链表。

```
#define null 0
# include < stdio. h >
# include < malloc. h >
struct node{
  int data;
  struct node * next;
};
//创建链表
struct node * Create(int n){
  struct node * p;
  struct node * head;
  int i;
  head = (node * )malloc(sizeof(node));          //建立链表的头节点
  head -> next = null;
  for (i = n;i > 0;i -- ){
    //申请一个节点的存储空间
    p = (node * )malloc(sizeof(node));
    p -> data = i;                               //将节点的数据域赋值
    p -> next = head -> next;                    //将节点插入到头节点之前
    head -> next = p;
  }
  return head;
}
//遍历链表
void Traverse(struct node * head){
  struct node  * p;
   p = head -> next;                             //指针指向第一个节点
  while (p) {
    printf(" % 5d",p -> data);                   //输出节点
    p = p -> next;                               //指针指向下一个节点
  }
}
void main(){
  struct node  * head;
  head = Create();
  Traverse(head);
}
```

程序运行结果：

```
1   2   3   4   5
```

程序说明：

（1）函数 Create(int n)用于创建一个含有 n 个节点的链表，函数的返回值是指向链表头指针的指针。

（2）函数 Traverse(* head) 用于遍历以 head 为头指针的链表中的各个元素。注意创建节点的顺序和输出节点的顺序相反。

思考与讨论：如何使创建节点与输出节点的顺序一致？

9.4.5　任务分析与实施

1. 任务分析

创建一个班级的学生成绩信息表，采用链表结构形式。

2. 任务实施

学生信息利用任务 8.4 的数据结构，定义如下的数据结构。

```
typedef student Data;                    //数据元素信息
typedef struct node{
    Data data;                           //数据域
    struct node * next;                  //指向节点的指针
}node, * List;                           //节点
```

新定义如下函数。

```
void Create(Classes &Myclass)            //创建链表
void Traverse(Classes Myclass)           //列表输出链表的数据元素
```

函数间调用关系及函数程序流程如图 9-22 所示。

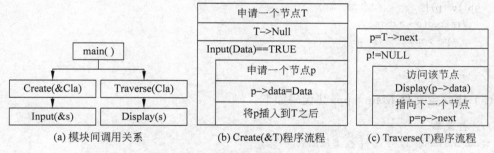

(a) 模块间调用关系　　　(b) Create(&T)程序流程　　　(c) Traverse(T)程序流程

图 9-22　任务 9.4 示意图

（1）建立工程 STUMIS 文件。

（2）将项目 8(或任务 9.3)中的 data.h 头文件加入该工程中。

（3）将项目 8 头文件 ElemData.h 头文件加入该工程中。

（4）新建立一个头文件 Table.h,其代码如下：

```
# include "ElemData.h"
# include  "malloc.h"
# include "stdlib.h"
typedef struct node{
    Data data;
    struct node * next;
}node, * Table; //节点
//功能: 创建链表
```

```
//入口参数：Table 链表表头
//返回值：无
void Crete(Table &T, int ( * InputData)(student &s)){
    int i = 0;
    Data data;
    node * p;
    T = (node * )malloc(sizeof(node));
    T -> next = NULL;
    while (Input(data)){
        p = (node * )malloc(sizeof(node));
        if (!p) exit (0);
        p -> data = data;
        p -> next = T -> next;
        T -> next = p;
    }
}
//功能：访问链表中的各个节点元素
//入口参数：Table 链表表头
//返回值：无
void Traverse(Table T, void ( * Visited)(Data)){
    node * p;
    p = T -> next;
    while (p){
        Visited(p -> data);
        p = p -> next;
    }
}
```

(5) 建立主文件 Main. cpp,其代码如下：

```
//主控菜单
# define HEAD "学号\t 姓名\t 成绩\n"
# define MENUHAED "1.增加学生记录 2.输出学生记录 0.退出\n"
# include "table. h"
typedef Table Classes;
//主控菜单
void main(){
    Table cla;
    int ch;
    while (1){
        ch = Menu(0,2);        //菜单显示程序(见任务 7.4)
        switch (ch){
            case 0: exit(0);break;
            case 1: Crete(cla, Input);break;
            case 2: Traverse(cla, Display);break;
        }
    }
}
```

拓展训练

如何删除链表中指定的元素?

任务 9.5　再谈排序
——指针数组与指向指针的指针

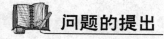

问题的提出

排序算法在前面多次编写过程序,它是程序设计中常用的算法。本次任务就是通过指向指针的指针实现对数据的排序,用这种方法来充分体会使用指针的灵活性和高效性。

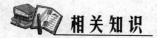

相关知识

9.5.1　指针数组

指针数组也是数组,和其他数组不同的是,指针数组中存放的是指针,即内存单元的地址。也可以这么说,数组中的元素为指针的数组称为指针数组,指针数组的数据类型是数组元素所指向的变量的数据类型,这些数据元素(指针)必须指向同一种数据类型的变量。指针数组定义的一般形式为

类型说明符 * 数组名[数组长度]

其中类型说明符为指针值所指向的变量的类型。例如:

int * pa[3]

表示 pa 是一个指针数组,它有 3 个数组元素,每个元素值都是一个指针,指向整型变量。

通常可用一个指针数组来指向一个二维数组。指针数组中的每个元素被赋予二维数组每一行的首地址,因此也可理解为指向一个一维数组。

【案例 9-29】　利用指针数组处理字符串。

```
# include < stdio. h >
void main(){
    char * name[ ] = { "Illegal day","Monday", "Tuesday", "Wednesday","Thursday","Friday", "Saturday", "Sunday"};
    int i;
    for (i = 0;i < 8;i++)
    printf(" % s\t",name[i]);
}
```

程序运行结果:

```
Illegal day
Monday
Tuesday
Wednesday
Thursday
Friday
Saturday
Sunday
```

程序说明：指针数组 name 的每个元素都是一个 char 类型的指针。在数组中存放了一个指针，每个指针都指向其对应字符串的第一个字符。

【案例 9-30】 分析程序运行的结果。

```
# include < stdio. h >
void main(){
    int Array[3][3] = {1,2,3,4,5,6,7,8,9};
    int * pa[3] = {Array[0],Array[1],Array[2]};
    int * p = Array[0];
    int i;
    for(i = 0;i < 3;i++)

    printf(" % d, % d, % d\n",Array[i][i], * Array[i], * ( * (Array + i) + i));
    printf("\n");
    for(i = 0;i < 3;i++)
        printf(" % d, % d, % d\n", * pa[i],p[i], * (p + i));
}
```

程序运行结果：

```
1,1,1
5,4,5
9,7,9

1,1,1
4,2,2
7,3,3
```

程序说明：本例程序中，pa 是一个指针数组，3 个元素分别指向二维数组 Array 的各行，然后用循环语句输出指定的数组元素。其中 * Array[i] 表示 i 行 0 列元素值；* (* (Array＋i)＋i) 表示 i 行 i 列的元素值；* pa[i] 表示 i 行 0 列元素值；由于 p 与 Array[0] 相同，故 p[i] 表示 0 行 i 列的值；* (p＋i) 表示 0 行 i 列的值。

9.5.2　指向指针的指针

所谓指向指针的指针，就是用来保存指针变量地址的变量。其定义的一般形式为

类型名　＊＊ 指针变量名

例如：

```
char   c, * p, * * pt;
p = &c;
pt = &p;
```

pt 前面有两个 * 号，相当于 * (* pt)。这里，p 是一个指向简单变量的指针，pt 是一个

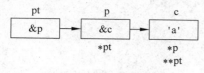

图 9-23 指向指针的指针

指向指针变量的指针。它们之间的存储关系如图 9-23 所示。

可以通过 3 种方式给变量 c 赋值：

c = 'a'; * p = 'a'; * * pt = 'a';

【案例 9-31】 输入 1～7 的整数，对应输出星期几。

```c
#include <stdio.h>
void main()
{char * name[] = { "Illegal day","Monday",  "Tuesday","Wednesday","Thursday","Friday",
"Saturday", "Sunday"};
  char * * p;
  int today;
  printf("input Day No(1-7):");
  scanf("%d",&today);
  p = name + today;
  printf("%s\n", * p);
}
```

程序运行结果：

```
input Day No(1-7):2
Tuesday
```

程序说明：name 是一个指针数组，它的每一个元素是一个指针型数据，其值为地址。name 是一个数组，它的每一个元素都有相应的地址。数组名 name 代表该指针数组的首地址，name+1 是 name [1]的地址，name+1 就是指向指针型数据的指针(地址)。还可以设置一个指针变量 p，使它指向指针数组元素。p 就是指向指针型数据的指针变量。其流程示意图如图 9-24 所示。

图 9-24 案例 9-31 示意图

9.5.3 任务分析与实施

1. 任务分析

在前面的排序方法中，排序结束后，数据在数组中的位置将会发生变化，即在排序过程中，存在大量的数据移动。利用指向指针的指针实现排序，只修改指针，即排序结束后，数据元素在数组中的位置不发生变化，而是执行数据元素的指针发生变化。利用指向指针的指针来间接访问数组元素，实现数据排序。

2. 任务实施

数据结构的定义(学生信息结构)：

```c
struct student{
  char ID[10];
  char Name[20];
  float Score;
};
```

327

存储数据元素的结构数组：

`struct student data[10];`

存储指向数组元素的指针数组：

`struct student, * pstu[10];`

p 是指向指针的指针。图 9-25(a)表示排序前的情况,图 9-25(b)表示排序后的情况。

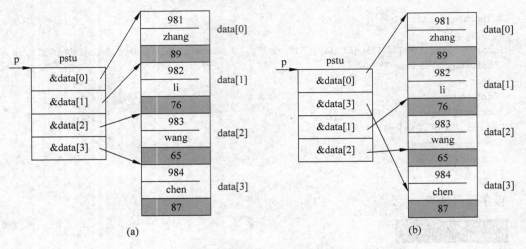

图 9-25　任务 9.5 示意图

```
# include < stdio.h >
# include < iostream.h >
struct student{
    char ID[10];
    char Name[20];
    float Score;
};
//功能：输入学生信息
//参数：* pstr[]为指向数据元素的指针数组,n 为元素个数
//返回值：无
void Input(struct student * pstr[],int n){
    int i;
    for (i = 0;i < n;i++){
        cout <<"编号";cin >> pstr[i] - > ID;
        cout <<"姓名";cin >> pstr[i] - > Name;
        cout <<"成绩";cin >> pstr[i] - > Score;
        cout <<" -------- "<< endl;
    }
}
//功能：对指向指针的结构数组进行排序
//参数：** p 为指向指针的指针,n 为元素的个数
//返回值：无
void Sort(struct student ** p,int n){
    int i,j;
    struct student * temp;
```

```
    for (i = 0;i < n - 1;i++){
      for (j = i + 1;j < n;j++){
      if ( ( * (p + i)) - > Score < ( * (p + j)) - > Score ){
        temp = * (p + i); * (p + i) = * (p + j); * (p + j) = temp;
      }
      }
    }
}
//功能：显示结构数组元素
//参数：* * p 为指向指针的指针,n 为元素的个数
//返回值：无
void Output(struct student * * p, int n){
  int i;
  cout <<"编号\t 姓名\t 成绩"<< endl;
  for (i = 0;i < n;i++)
  cout <<( * (p + i)) - > ID <<"\t"<<( * (p + i)) - > Name <<"\t"<<( * (p + i)) - > Score <<"\n";}
//主函数
void main(){
  struct student data[10], * pstu[10];
  int i;
  for (i = 0;i < 10;i++)
  pstu[i] = &data[i];
  Input(pstu, 3);
  Sort(pstu, 3);
  Output(pstu, 3);
}
```

项 目 实 践

1. 需求描述

实现对学生考试成绩的管理,包括增加学生信息、录入学生成绩、查找成绩和输出成绩表等功能。

2. 分析与设计

(1) 数据结构的定义

利用任务 9.3 中的数据结构。

(2) 函数模块

在任务 9.3 的基础上添加如下的函数:

```
void SetValue(Table &T, int pos, Data e)          //修改表中指定元素
void Modify(Classes cla)                          //录入学生成绩
void Report(Classes cla, void ( * visited)(Data)) //输出成绩表
int Locate(Table T, KeyType k, * Compaer())       //在表中查找元素的位序
void Find(Classes cla)                            //在学生信息表中查找指定学生并显示
```

函数间的调用关系与函数的部分程序流程如图 9-26 所示。

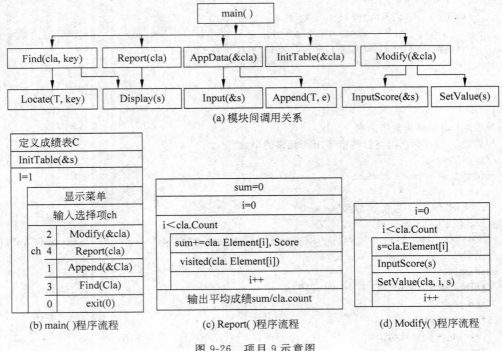

图 9-26 项目 9 示意图

3. 实施方案

其具体步骤如下：

（1）创建名为 STMIS 的工程文件，将任务 9.3 的 data.h 文件加入到该工程，并添加如下代码。

```
//文件: data.h
//功能: 修改考试成绩
//参数: s 要修改学生
int InputScore(student &stu){
  int Type;
  printf("学号 % s\t",stu.ID);
  printf("姓名 % s\n",stu.Name);
  do{
    printf("课程类型:0.必修,1.选修");
    scanf(" % d",&Type);
  }while (Type < 0||Type > 1);
  stu.Ctype = (Couretype)Type;
  if (Type == 0)
  { printf("成绩:");
    cin >> stu.uScore.Score;
  }
  else{
    do{
        printf("等级:0.不合格,1.合格");
        scanf(" % d",&Type);
    }while (Type < 0||Type > 1);
```

```
        stu. uScore. Grad = Gradtype(Type);
        }
        return true;
    }
```

（2）在工程文件中加入任务 9.3 中的 ElemData. h 头文件。

（3）在工程文件中加入任务 9.3 中的 Table. h 头文件，保留原来的代码，并增加如下的函数。

```
//文件 Table. h
//功能:根据学号查找学生在信息表中的位序
//参数:T 为学生信息表,ID 为学号,Compare 为指向函数的指针
//返回值: 查找学生在信息表中的位序
int Locate(Table T, Data e, int ( * Compare)(Data ,Data ))
{int i;
 for (i = 0;i < T. count&&Compare(e,T. Element[i]); i++);
   if (i < T. count)   return i + 1;else return 0;
}
//功能: 修改指定数据元素的值
//参数: T 为修改表,pos 为元素的下标,e 为数据元素的值
//返回值: 无
void SetValue(Table &T, int pos, Data e){
    * (T. Element + pos - 1) = e;
}
//功能: 取数据元素
//参数: T 为数据表,pos 为元素在表中的位置
//返回值: 指向第 pos 个元素的地址
Data  * GetValue(Table T, int pos){
    return   T. Element + pos - 1;
}
```

（4）在工程文件中建立 Main. cpp 文件，其代码如下：

```
//文件 Main. cpp
# define HEAD "学号\t 姓名\t 成绩\n"
# define MENUHAED "1. 增加学生记录 2. 输入学生成绩\n3. 按学号查找
4. 成绩表输出\n0. 退出\n"
# include "table. h"
typedef Table Classes;
//功能: 增加学生信息
//参数: cla 为学生信息表, * InputData()为指向函数的指针
void AppData(Classes &cla, int ( * InputData)(Data &s)){
  Data s;
  while(InputData(s))
     Append(cla,s);
}
//功能: 在学生表中查找指定学号的学生
//参数: cla 学生表
void Find(Classes cla){
  char ID[10];
  student s;
```

331

```
    int pos;
    printf("输入学号");gets(ID);
    strcpy(s.ID,ID);
    pos = Locate(cla,s,stuIDCompare);              //查找
    Display( * (GetValue(cla,pos)));               //显示学生信息
}
//功能：修改学生的成绩信息
//参数：cla 学生表
void Modify(Classes cla){
    int i;
    Data s;
    for (i = 0;i < cla.count;i++){
        s = * (GetValue(cla,i + 1));               //读取第 i + 1 个学生信息
        InputScore(s);                             //修改学生成绩
        SetValue(cla,i + 1,s);                     //修改第 i + 1 个学生信息
    }
}
//功能：生成成绩报告
//参数：cla 为成绩表,visited 为指向函数的指针
void Report(Classes cla,void ( * visited)(student)){
    int i,n = 0;
    student s;
    printf(HEAD);
    float sum = 0;
    for (i = 0;i < cla.count;i++){
        s = * (GetValue(cla,i + 1));
        if (s.Ctype == 0){
            sum += s.uScore.Score;                 //累计求和
            n++;
        }
        visited(s);                                //显示第 i + 1 一个学生信息
    }
    cout <<"\n 平均成绩:"<< sum/n << endl;
}
void main(){
    Classes cla;
    int ch;
    InitTable(cla);                                //初始化表
    while (1){
    ch = Menu(0,4);                                //菜单显示(见任务 7.4)
    switch (ch){
        case 0:exit(0);break;
        case 1:AppData(cla,Input);break;           //增加学生记录
        case 4:Report(cla,Display);break;          //生成成绩表
        case 3:Find(cla);break;                    //查找
        case 2:Modify(cla);break;                  //修改学生成绩
    }
    }
}
```

(5) 编译并运行。

小　　结

1．指针的定义

指针就是地址,存放地址的变量就是指针变量,给指针变量赋值就是将内存地址赋值给这个指针变量。如果指针的值为某变量的地址,表示该指针指向该变量。指针变量的类型就是它所指向变量的类型。

2．指针的运算

对指针变量的赋值是将所指向的变量的地址复制给指针变量。取变量的地址运算符格式为

＆变量名

可以通过指针变量间接访问指向的变量。其格式为

＊变量

指针变量可以进行赋值运算、指针与整数的加减运算、指针的自增自减运算、关系运算。指针的赋值必须是相同类型的指针变量相互赋值。

指针与整数的加减运算、指针的自增自减运算表示指针移动的方向。

指针的关系运算表示两个同类型指针所指对象的存储位置之间的前后关系。不同类型的指针的比较没有意义。

3．函数与指向函数的指针

函数的参数可以是指针变量,利用指针变量作为函数参数,实现函数间的地址传递,从而实现数据的双向传递。

若函数的返回值为指针类型,则称该函数是返回指针的函数。

也可以利用指针指向已定义的函数,实现函数与函数参数的动态绑定。

4．指向数组的指针

数组名可以视为常量指针,它指向数组的第一个元素。将数组名赋值给指针变量,则将指针指向数组的首地址,这样就可以利用指针实现对数组元素的访问。如:

```
int Array[10];int * p = Array;
```

5．指针数组与指向指针的指针

如果数组元素是指针,则称为指针数组。其定义格式为

类型说明符＊数组名[数组长度]

所谓指向指针的指针,就是用来保存指针变量地址的变量。其定义的一般形式为

类型名　＊＊指针变量名

6．指向结构的指针

如果指针指向的对象是结构体,称为指向结构的指针。访问结构体成员的格式为

(＊结构指针变量).成员名

或

结构指针变量 ->成员名

习　　题

一、判断题

1. 指针变量和变量的指针是同一个名词不同说法。　　　　　　　　（　　）

2. 指向不同类型数组的两个指针不能进行有意义的比较。　　　　　（　　）

3. 若有定义 int ＊p[4];,则标识符 p 是一个指向有 4 个整型元素的一维数组的指针变量。　　　　　　　　　　　　　　　　　　　　　　　　　　　　（　　）

二、选择题

1. 以下程序的输出是（　　）。（2001 年 4 月）

```
# include < stdio. h >
struct   st
{
   int   x;   int   ＊ y;
}  ＊ p;
int   dt[4] = { 10,20,30,40 };
struct  st  aa[4] = { 50,&dt[0],60,&dt[0],60,&dt[0],60,&dt[0], };
void main()
{  p = aa;
   printf(" ％ d\n",++(p->x));
}
```

A. 10　　　　　　　　B. 11　　　　　　　C. 51　　　　　　　D. 60

2. 有如下说明：

```
int   a[10] = {1,2,3,4,5,6,7,8,9,10}, ＊ p = a;
```

则数值为 9 的表达式是（　　）。（2000 年 9 月）

A. ＊p＋9　　　　　B. ＊(p＋8)　　　　C. ＊p＋＝9　　　　D. p＋8

3. 下列程序段的输出结果是（　　）。（2001 年 4 月）

```
void fun( int   ＊ x, int   ＊ y)
{   printf(" ％ d ％ d ", ＊ x, ＊ y);
    ＊ x = 3;  ＊ y = 4;
}
void main()
{   int   x = 1, y = 2;
    fun(&x,&y);
    printf(" ％ d ％ d",x, y);
}
```

A. 2 1 4 3　　　　　B. 1 2 1 2　　　　C. 1 2 3 4　　　　D. 2 1 1 2

4. 下列程序的输出结果是(   )。(2001 年 4 月)

```
void main()
{   char   a[10] = {9,8,7,6,5,4,3,2,1,0}, * p = a + 5;
    printf(" % d", * -- p);
}
```

   A. 非法   B. a[4]的地址   C. 5   D. 3

5. 下列程序的运行结果是(   )。(2001 年 4 月)

```
void fun( int   * a, int   * b)
{   int   * k;
  k = a; a = b; b = k;
}
void main()
{   int   a = 3, b = 6,   * x = &a,   * y = &b;
  fun(x,y);
  printf(" % d   % d", a, b);
}
```

   A. 6   3   B. 3   6   C. 编译出错   D. 0   0

6. 以下程序调用 findmax()函数返回数组中的最大值。

```
findmax(int   * a,int   n)
{ int   * p, * s;
  for(p = a,s = a;   p - a < n;   p++)
  if (_____ )   s = p;
  return( * s);
}
void main()
{ int   x[5] = {12,21,13,6,18};
  printf(" % d\n",findmax(x,5));
}
```

   在下画线处应填入的是(   )。(2002 年 4 月)
   A. p>s   B. * p> * s   C. a[p]>a[s]   D. p - a>p - s

7. 若有以下定义和语句:

```
int   s[4][5],( * ps)[5];
ps = s;
```

   则对 s 数组元素的正确引用形式是(   )。(2002 年 4 月)
   A. ps+1   B. * (ps+3)   C. ps[0][2]   D. * (ps+1)+3

8. 若有说明:int n=2, * p=&n, * q=p;,以下非法的赋值语句是(   )。(2002 年 9 月)

   A. p=q;   B. * p= * q;   C. n= * q;   D. p=n;

9. 有以下程序:

```
void fun(char * c,int d)
{   * c = * c + 1;d = d + 1;
    printf(" % c, % c,", * c,d);
```

```
}
void main()
{  char a = 'A',b = 'a';
    fun(&b,a);   printf("%c,%c\n",a,b);
}
```

程序运行后的输出结果是（　　）。（2002 年 9 月）

A. B,a,B,a   B. a,B,a,B   C. A,b,A,b   D. b,B,A,b

10. 有以下程序：

```
void ss(char * s,char t)
{ while( * s)
{ if( * s == t) * s = t - 'a' + 'A';
  s++;
}
}
void main()
{ char str1[100] = "abcddfefdbd",c = 'd';
  ss(str1,c);   printf("%s\n",str1);
}
```

程序运行后的输出结果是（　　）。（2002 年 9 月）

A. ABCDDEFEDBD   B. abcDDfefDbD
C. abcAAfefAbA   D. Abcddfefdbd

11. 有以下程序：

```
void main()
{  char  * s[] = {"one","two","three"}, * p;
  p = s[1];
  printf("%c,%s\n", * (p + 1),s[0]);
}
```

执行后输出结果是（　　）。（2003 年 4 月）

A. n,two   B. t,one   C. w,one   D. o,two

12. 有以下程序段：

```
void main()
{ int a = 5,  * b,   ** c;
  c = &b;   b = &a;
  …
}
```

程序在执行了 c＝&b;b＝&a;语句后,表达式: ** c 的值是（　　）。（2003 年 9 月）

A. 变量 a 的地址   B. 变量 b 中的值
C. 变量 a 中的值   D. 变量 b 的地址

13. 已定义以下函数：

```
fun(char  * p2,  char   * p1)
{   while(( * p2 = * p1)!= '\0')
    {p1++;p2++; }
}
```

函数的功能是(   )。(2003 年 9 月)

  A. 将 p1 所指字符串复制到 p2 所指内存空间

  B. 将 p1 所指字符串的地址赋给指针 p2

  C. 对 p1 和 p2 两个指针所指字符串进行比较

  D. 检查 p1 和 p2 两个指针所指字符串中是否有'\0'

14. 若已建立下面的链表结构,指针 p、s 分别指向图中所示的节点,则不能将 s 所指的节点插入到链表末尾的语句组是(   )。(1996 年 4 月)

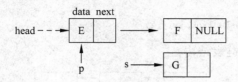

  A. s—>next=NULL; p=p—>next; p—>next=s;

  B. p=p—>next; s—>next=p—>next; p—>next=s;

  C. p=p—>next; s—>next=p; p—>next=s;

  D. p=(＊p).next; (＊s).next=(＊p).next; (＊p).next=s;

三、填空题

1. 以下程序的输出结果是_____。(2001 年 4 月)

```
void main()
{  int  arr[ ] = {30,25,20,15,10,5},  ＊p = arr;
   p++;
   printf("％d\n", ＊(p+3));
}
```

2. 以下程序运行后的输出结果是_____。(2001 年 9 月)

```
void main() {
char   s[ ] = "9876", ＊p;
   for ( p = s ; p < s + 2 ; p++)  printf("％s\n", p);
}
```

3. 以下程序的输出结果是_____。(2002 年 4 月)

```
void main()
{ int   x = 0;
  sub(&x,8,1);
  printf("％d\n",x);
}
sub(int  ＊a,int  n,int   k){
  if(k <= n)  sub(a,n/2,2＊k);
   ＊a += k;
}
```

4. 下面程序的运行结果是_____。(2002 年 9 月)

```
void swap(int ＊a,int ＊b)
{   int  ＊t;
```

337

```
    t = a;    a = b;    b = t;
}
void main()
{   int   x = 3, y = 5, * p = &x, * q = &y;
    swap(p,q);
    printf("% d % d\n", * p, * q);
}
```

5. 设有以下定义：

```
struct ss
{   int   info;struct ss * link;}x,y,z;
```

且已建立如下图所示链表结构：

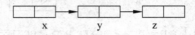

请写出删除点 y 的赋值语句_____。（2003 年 4 月）

四、编程题

1. 编程将无符号八进制数字构成的字符串转换为十进制整数。例如,输入的字符串为 556,则输出十进制整数 366。

建立一个链表并输出链表中元素的值,链表的结构定义如下：

```
typedef student{char ID[10];char Name[20]}student;
typedef struct node
{student data;
   struct node * next;
}node, * head;
```

2. 编写一个函数,求字符串的长度。在 main 中输入字符串并求其长度。

3. 编写程序将数组中重复的字符串删除。

4. 输入 n 个字符串并排序。

项目 10　学生成绩信息的存储与管理
——文件组织与使用

　　技能目标　掌握对数据文件访问的编程方法。

　　知识目标　在实际应用中需要对数据进行管理,要实现对数据的读写操作,本项目涉及如下的知识点。

- 文件的打开与关闭;
- 文件的读写;
- 顺序文件与随机文件的数据处理。

完成该项目后,达到如下的目标。

- 了解文件的概念;
- 掌握文件的打开和关闭的使用方法;
- 掌握文件的读写方法;
- 了解文件的定位概念;
- 掌握顺序文件和随机文件的读写方法。

　　关键词　标准输入/输出(standard input/output)、缓冲型文件(buffered file)、非缓冲型文件(non-buffered file)、文件流(file stream)、随机访问(random access)、文件操作(file operation)、文件指针(file pointer)、二进制流(binary stream)

　　要实现对数据文件的存储与管理,首先须确定数据文件的结构,建立数据表,将数据输入保存到数据表中,然后将数据表写入外存。如果要读取处理数据文件中的数据,则打开数据文件,然后从文件中读取数据到内存,在内存中实现对数据的增、删、改等操作处理后,再写入到外存。数据文件的存储方式有文本文件和二进制文件两种方法;文件的存取方式有顺序和随机两种存取方法。可以根据不同的情况采用不同的方法。本次任务就是实现对学生成绩信息进行有效的存储管理。

任务 10.1　顺序存取学生信息
——文件的顺序读写

 **问题的提出**

　　在日常生活中,经常需要永久地保存大量的数据,如学生档案、人事档案、工资档案、产品信息等。程序运行时,程序本身和数据一般都存放在内存中,当程序运行结束,存放在内存中的数据(包括运行结果)即被释放。如果需要长期保存数据,就必须以文件的形式存放

到外部存储介质。在 C 语言中,可以将数据采用各种方式写入外存中。本项目将学习如何创建一个数据文件。

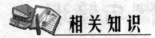 **相关知识**

10.1.1 文件的相关概念

文件是程序设计中一个重要的概念,所谓文件一般指存储在外部介质(如磁盘、磁带)上数据的集合,这个数据集有一个名称,称之为文件名。在 C 程序中,按文件内容的不同可分为程序文件和数据文件。程序文件即程序的源代码;数据文件是程序运行时所需要的原始数据及输出结果。

1. 文件流

进行 C 语言文件的存取时,都会先进行打开文件操作,这个操作就是在打开数据流,而关闭文件操作就是关闭数据流。C 语言标准库提供了基于输入/输出流机制的文件操作,称为文件流(file stream)。

2. 缓冲区

缓冲区(Buffer)指在程序执行时,所提供的额外内存,可用来暂时存放准备执行的数据。它的设置是为了提高存取效率,因为内存的存取速度比磁盘驱动器快得多。

C 语言的文件处理功能依据系统是否设置缓冲区分为两种:一种是设置缓冲区;另一种是不设置缓冲区。当使用标准 I/O 函数(包含在头文件 stdio.h 中)时,系统会自动设置缓冲区,并通过数据流来读写文件。当进行文件读取时,不会直接对磁盘进行读取,而是先打开数据流,将磁盘上的文件信息复制到缓冲区内,然后程序再从缓冲区中读取所需数据,如图所 10-1 所示。

事实上,当写入文件时,并不会马上写入磁盘中,而是先写入缓冲区,只有在缓冲区已满或关闭文件时,才会将数据写入磁盘,如图 10-2 所示。

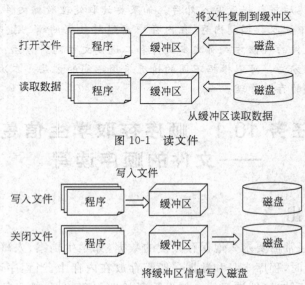

图 10-1　读文件

图 10-2　写文件

非缓冲文件系统不由系统设置缓冲区,而是由用户自己根据需要设置。非缓冲系统直接依赖于操作系统,通过操作系统直接对文件进行操作,所以也称为系统输入/输出系统或底层输入/输出系统。在这里主要讨论缓冲文件系统。

3. 文件类型

文件分为文本文件和二进制文件两种。文本文件是以字符编码的方式进行保存的,文本文件亦称为 ASCII 文件,是基于字符编码的文件,常见的编码有 ASCII 编码、UNICODE 编码等。二进制文件将内存中的数据原封不动地保存至文件中,适用于非字符为主的数据。如果以记事本打开,只会看到一堆乱码。其实,除了文本文件外,所有的数据都可以算是二进制文件。二进制文件的优点在于存取速度快,占用空间小,以及可随机存取数据。

4. 文件存取方式

C 语言中,按照文件的存取方式不同,分为顺序存取和随机存取。顺序存取是指依照先后顺序存取文件中的数据,只有存取完第 n 个数据才能存取第 $n+1$ 个数据,具有这种特性的文件称为顺序文件,顺序文件的逻辑顺序和物理顺序相同;随机存取也称为直接存取,可以对文件中指定的数据进行读写操作。随机存取方式多半以二进制文件为主,它会以一个完整的单位来进行数据的读取和写入,通常以结构为单位。

5. 文件类型指针

在 C 语言中,对文件的打开、读/写、定位、关闭等操作都是对文件指针进行操作,文件指针是指向一个结构体的指针变量,这些信息均在头文件 stdio. h 中进行了定义。FILE 结构在头文件 stdio. h 中,其结构具体定义如下:

```
typedef struct
{
  short level;              /* 缓冲区"满"或"空"的程度 */
  unsigned flages;          /* 文件状态标志 */
  char fd;                  /* 文件描述符 */
  unsigned char hold;       /* 如无缓冲区不读取字符 */
  short bsize;              /* 缓冲区的大小 */
  unsigned char * buffer;   /* 数据缓冲区的位置 */
  unsigned char * curp;     /* 指针,当前的指向 */
  unsigned istemp;          /* 临时文件,指示器 */
  short token;              /* 用于有效性检查 */
}FILE;
```

有了结构体 FILE 类型,就可以定义 FILE 类型指针变量,文件类型指针变量的定义格式如下:

```
FILE * 指针变量
```

其中 FILE 应为大写,它实际上是由系统定义的一个结构。若要使用文件,只需声明一个指向文件的指针就可以了。例如:

```
FILE * fp;
```

表示 fp 是指向 FILE 结构的指针变量,通过 fp 即可找到存放某个文件信息的结构变量,然后按结构变量提供的信息找到该文件,实施对文件的操作。习惯上也笼统地把 fp 称为指向一个文件的指针。

10.1.2 文件的打开与关闭

对文件进行操作前,必须首先打开文件,操作结束后还应该及时地关闭文件。C 语言中,文件的打开、操作和关闭都是通过调用标准库函数来实现的。

1. 文件的打开

文件的打开操作表示将给用户指定的文件在内存分配一个 FILE 结构区,并将该结构的指针返回给用户程序,以后用户程序就可用此 FILE 指针来实现对指定文件的存取操作了。打开文件使用标准库函数 fopen(),其格式为

```
FILE * fopen(const char * filename, const char * mode)
```

函数功能是以 mode 指定的方式打开名为 filename 的文件,打开成功返回文件指针(文件信息区的起始地址),否则返回 NULL。

其中 * filename 是要打开文件的文件名指针,一般用双引号括起来的文件名表示,也可使用双反斜杠隔开的路径名。而 * mode 参数表示了对打开文件的操作方式,见表 10-1。

表 10-1 对打开文件的操作方式

r	打开,只读	r+	以读/写方式打开一个已存在的文件
w	打开,文件指针指到头,只写	w+	以读/写方式建立一个新的文本文件
a	打开,指向文件尾,在已存在文件中追加	a+	以读/写方式打开一个文件进行追加
rb	打开一个二进制文件,只读	rb+	以读/写方式打开一个二进制文件
wb	打开一个二进制文件,只写	wb+	以读/写方式建立一个新的二进制文件
ab	打开一个二进制文件,进行追加	ab+	以读/写方式打开一个二进制文件进行追加

注意:

(1) 用"r"打开一个文件时,该文件必须是已经存在的,且只能对文件进行读操作。

(2) 用"w"打开一个文件时,若该文件已经存在,则将删除该文件原有内容而重新写入数据;若该文件不存在,则按指定文件名创建该文件。

(3) 对一个已经存在的文件进行写操作,且不破坏原始数据,则只能用"a"方式。

(4) 在打开一个文件时,如果出错,fopen()将返回一个空指针值 NULL。为增强程序的可靠性,常用下面的方法打开一个文件:

```
文件指针名 = fopen("filename","mode")
```

【案例 10-1】 创建一个文件名为 test 的文件。

```
# include < stdio. h >
# include < stdlib. h >
void main(){
    FILE * fp;
    if((fp = fopen("d:\\test.txt","w")) == NULL){
        printf("File cannot be opened\n");
        exit(0);
    }
    else
        printf("File opened for writing\n");
```

```
    fclose(fp);
  }
```

程序说明：程序用写的方式打开文本文件 d:\test.txt,程序执行结束后,如果 d:\test.txt 文件不存在,将在 D 盘中建立一个 test.txt 文件;如果存在 d:test 文件,将重写文件的内容,建立一个空文件。

2. 文件的关闭

所谓文件关闭,是指将数据真正写入磁盘(否则数据可能还在缓冲区),切断文件指针与文件名之间的联系,释放文件指针。由于操作系统对一个程序中打开的文件数有限制,因此及时关闭不再使用的文件是必要的。通常,当程序正常结束时,操作系统会自动关闭所有已打开的文件。

fclose()函数调用的一般形式为

fclose(文件指针);

例如:

fclose(fp);

正常完成关闭文件操作时,fclose()函数返回值为 0。如返回非零值,则表示发生错误。

```
FILE * fp
if((fp = fopen("文件名","操作方式")) == NULL)
{ printf("can not open this file\n");
  exit(0);
}
```

10.1.3 文件的读与写

对文件的读和写是最常用的文件操作。在 C 语言中提供了多种文件读写的函数,常见的有以下几种。

(1) 字符读写函数: fgetc()和 fputc()。

(2) 字符串读写函数: fgets()和 fputs()。

(3) 数据块读写函数: fread()和 fwrite()。

(4) 格式化读写函数: fscanf()和 fprintf()。

下面分别予以介绍。使用以上函数都要求包含头文件 stdio.h。

1. 写字符函数 fputc()

fputc()函数是以字符(字节)为单位的写函数,每次向文件写入一个字符。

函数原型:

int fputc(char ch, FILE * fp)

函数功能:将字符 ch 输出到 fp 指向的文件中,ch 可以是字符常量或变量。

函数返回值:成功,返回该字符;否则返回 EOF(0)。

函数调用格式:

fputc(字符变量,FILE * fp)

说明：

（1）被写入的文件可以用写、读写、追加方式打开，用写或读写方式打开一个已存在的文件时，将清除原有的文件内容，写入字符从文件首开始。如需保留原有文件内容，希望写入的字符以文件末开始存放，必须以追加方式打开文件。被写入的文件若不存在，则创建该文件。

（2）每写入一个字符，文件内部位置指针向后移动一个字节。

（3）待写入字符 ch 可以是字符常量或变量。

【案例 10-2】 从键盘输入一行字符，将其写入 d:\file.txt 文件。

```c
# include < stdio. h >
# include < stdlib. h >
void main()
{
   FILE * fp;
    char ch;
   if((fp = fopen("d:\\file.txt","w")) == NULL)
   {
      printf("文件打开失败!\n");
      exit(0);
   }
   ch = getchar();
   while(ch!= '\n'){
    fputc(ch,fp);
    ch = getchar();
   }
   fclose(fp);            //关闭文件
}
```

程序运行结果：当程序运行时，输入一行文字，当输入结束后按 Enter 键，将在盘中创建一个 file.txt 文件，文件的内容是就是输入的内容。

程序说明：

（1）程序中以写文本文件方式打开文件 d:\file.txt。

（2）从键盘读入一个字符后进入循环，当读入字符不为回车符时，则把该字符写入文件之中，然后继续从键盘读入下一字符。每输入一个字符，文件内部位置指针向后移动一个字节。写入完毕，该指针已指向文件末。

2. 读字符函数 fgetc()

fgetc()函数以字符（字节）为单位的读函数，每次从文件读出一个字符。

函数原型：

```c
int fgetc(FILE * fp)
```

函数功能：从 fp 指定文件读一个字符。

函数返回值：成功，返回所读取字符；否则，返回 EOF。

函数调用格式：

```c
字符变量 = fgetc(FILE * fp)
```

说明：

（1）在 fgetc()函数调用中，读取的文件必须是以读或读写方式打开的。

（2）读取字符的结果也可以不向字符变量赋值，例如 fgetc(fp)，但是读出的字符不能保存。

（3）在文件内部有一个位置指针，用来指向文件的当前读写字节。在文件打开时，该指针总是指向文件的第一个字节。使用 fgetc()函数后，该位置指针将向后移动一个字节，因此，可连续多次使用 fgetc()函数读取多个字符。

🔈注意：文件指针和文件内部的位置指针不是一回事，文件指针是指向整个文件的，需在程序中定义说明，只要不重新赋值，文件指针的值是不变的。文件内部的位置指针用以指示文件内部的当前读写位置，每读写一次，该指针均向后移动，它不需在程序中定义说明，而是由系统自动设置的，对于程序员来讲是透明的。

【案例 10-3】　读入文件 d:\file.txt 文件，在屏幕上输出。

```
# include < stdio.h >
# include < stdlib.h >
void main(){
  FILE * fp;
  char ch;
  if((fp = fopen("d:\\file.txt","rt")) == NULL){
    printf("文件打开失败!\n");
    exit(1);
  }
  ch = fgetc(fp);
  while(ch!= EOF){
    putchar(ch);
    ch = fgetc(fp);
  }
  fclose(fp);                //关闭文件
}
```

程序运行结果：本例程序的功能是从文件中逐个读取字符，在屏幕上显示。

程序说明：

（1）程序定义了文件指针 fp，以读文本文件方式打开文件 file.txt，并使 fp 指向该文件。如打开文件出错，给出提示并退出程序。

（2）程序中先读出一个字符，然后进入循环，只要读出的字符不是文件结束标志（每个文件末有一结束标志 EOF），就把该字符显示在屏幕上，再读入下一字符。每读一次，文件内部的位置指针向后移动一个字符，文件结束时，该指针指向 EOF。执行本程序将显示整个文件。

3. 写字符串函数 fputs()

fputs()函数以字符（字节）为单位的写函数，每次向文件写入一个字符。

函数原型：

```
int fputs(char ch, FILE * fp)
```

函数功能：将字符 ch 输出到 fp 指向的文件中。

345

函数返回值：成功,返回该字符；否则,返回 0。

函数调用格式：

```
fputs(字符变量,FILE * fp)
```

说明：其中字符串可以是字符串常量,也可以是字符数组名或指针变量,例如：

```
fputs("abcd",fp);
```

其意义是把字符串"abcd"写入 fp 所指的文件之中。

【**案例 10-4**】 在案例 10-3 建立的文件 file.txt 中追加一个字符串。

```
# include < stdio.h >
# include < stdlib.h >
void main(){
  FILE * fp;
  char st[20];
  if((fp = fopen("d:\\file.txt","at + ")) == NULL)
  {
    printf("Cannot open file strike any key exit!");
    exit(1);
  }
  printf("input a string:\n");
  scanf("% s",st);
  fputs(st,fp);
  fclose(fp);
}
```

程序运行结果：程序运行时,从键盘上输入一行字符,输入结束后,文件 file.txt 的尾部将增加刚输入的一行字符。

程序说明：本例要求在 file.txt 文件末加写字符串,因此,程序以追加读写文本文件的方式打开文件 file.txt。然后输入字符串,并用 fputs()函数把该串写入文件 file.txt 中。

4. 读字符串函数 fgets()

fgets()函数的功能是从指定文件中读一个字符串到字符数组中。

函数原型：

```
char * fgets(char * buf, int n, FILE * fp)
```

函数功能：从 fp 指定的文件读取 $n-1$ 个字符存放在起始地址为 buf 的空间,并自动加上字符串结束标志'\n'。

函数返回值：成功,返回 buf 首地址；否则返回 EOF。

函数调用格式：

```
fgets(字符数组名,n,fp),n 为正整数
```

说明：在读出 $n-1$ 个字符之前,如遇到了换行符或 EOF,则读出结束。例如：

```
fgets(str,n,fp);
```

其意义是从 fp 所指的文件中读出 $n-1$ 个字符送入字符数组 str 中。

【**案例 10-5**】 从 file. txt 文件中读入一个含 10 个字符的字符串。

```
# include < stdio. h >
# include < stdlib. h >
# define NULL 0
void main( )
{
  FILE * fp;
  char str[11];
  if ((fp = fopen("d:\\file.txt","r")) == NULL)
  {
    printf("文件打开失败!\n");
    exit(1);
  }
  fgets(str,11,fp);
  printf("\n%s\n",str);
  fclose(fp);               //关闭文件
}
```

程序运行结果：程序将打开 d:\file. txt 文本文件，并在屏幕上显示其内容。

程序说明：本例定义了一个字符数组 str，共 11 个字节，在以读文本文件方式打开文件 file. txt 后，从中读出 10 个字符送入 str 数组，在数组最后一个单元内将加上'\0'，然后在屏幕上显示输出 str 数组。

5. 格式化读写函数 fscanf( )和 fprintf( )

fscanf( )函数、fprintf( )函数与前面使用的 scanf( )函数和 printf( )函数的功能相似，都是格式化读写函数。两者的区别在于 fscanf( )函数和 fprintf( )函数的读写对象不是键盘和显示器，而是磁盘文件。

(1) fscanf( )：格式化输入函数，函数的功能是从指定文件中读取指定格式的数据。

函数原型：

```
int fscanf(FILE * fp, char format, args,...)
```

函数功能：从 fp 指定的文件中按 format 给定的格式将数据送入 args 指定的内存单元。

函数返回值：若成功，返回已输入的数据个数；否则，返回负数。

函数调用格式：

```
fscanf(fp, 格式字符串,输入列表)
```

(2) fprintf( )：格式化输出函数，函数功能是将输出项按指定的格式写入指定的文本文件。

函数原型：

```
int fprintf(FILE * fp, char * format, args,...)
```

函数功能：将 args 的值以 format 指定的格式输出到 fp 指定的文件中。

函数返回值：成功，返回实际输出的字符数；否则，返回负数。

函数调用格式：

fprintf (fp, 格式字符串,输出列表)

例如：

```
fscanf(fp,"%d%s",&i,s);
fprintf(fp,"%d%c",j,ch);
```

【案例 10-6】 输入学生信息,保存到文件 d:\score.txt 中,并读出显示。

```
#include<stdio.h>
#define N 5
typedef struct{
  char ID[10];
  char Name[20];
  int score;
}student;
void main(){
  student s;
  FILE *fp;
  int i;
  //创建文本文件 d:\score.txt
  if ((fp = fopen("d:\\score.txt","w")) == NULL)return ;
  for (i = 0;i<N;i++){
    printf("输入学号");
    scanf("%s",&s.ID);
    printf("输入姓名");
    scanf("%s",&s.Name);
    printf("输入成绩");
    scanf("%d",&s.score);
      //格式化写
    fprintf(fp,"%10s%20s%4d\n",s.ID,s.Name,s.score);
  }
  fclose(fp);
  //读取 d:\score.txt 中的内容
  if ((fp = fopen("d:\\score.txt","r")) == NULL)return ;
  printf("学号\t 姓名\t 成绩\n");
  for (i = 0;i<N;i++){ //格式化读取
    fscanf(fp,"%s%s%d",&s.ID,&s.Name,&s.score);
    printf("%10s%20s%10d\n",s.ID,s.Name,s.score);
  }
  fclose(fp);
}
```

程序运行时,输入 n 个学生的信息,将在 D 盘生成一个 score.txt 文件。

程序说明:

(1) 语句 fopen("d:\\score.txt","w")以"写"的方式打开文件。

(2) 语句 fprintf(fp,"%10s%20s%4d\n",s.ID,s.Name,s.score)将学生的信息用文

本方式写入到文件 d:\score.txt 中。当输入数据结束时,同时完成将数据写入到文件,然后关闭文件 fclose(fp)。

（3）用 fopen("d:\\score.txt","r") 以"读"的方式打开文件。

（4）语句 fscanf(fp,"％s％s％d",＆s.ID,＆s.Name,＆s.score) 依次将数据从文件中读取赋值给 s。

（5）数据读取结束后,关闭文件。

如果要在原有的文本文件尾增加数据记录,只需将打开访问的方式修改为

```
fopen("d:\\score.txt","a")
```

6. 数据块读写函数 fread() 和 fwrite()

C 语言还提供了用于整块数据的读写函数,可用来读写一组数据,如一个数组元素、一个结构变量的值等。

读数据块函数调用的一般形式为

```
fread(buffer,size,count,fp);
```

写数据块函数调用的一般形式为

```
fwrite(buffer,size,count,fp);
```

其中:

（1）buffer 是一个指针,在 fread() 函数中,它表示存放输入数据的首地址;在 fwrite() 函数中,它表示存放输出数据的首地址。

（2）size 表示数据块的字节数。

（3）count 表示要读写的数据块块数。

（4）fp 表示文件指针。

例如:

```
fread(fa,4,5,fp);
```

其意义是从 fp 所指的文件中,每次读 4 字节(一个实数)送入实数组 fa 中,连续读 5 次,即读 5 个实数到 fa 中。

【案例 10-7】　从键盘输入两个学生数据,写入一个文件中,再读出这两个学生的数据显示在屏幕上。

```
# include<stdio.h>
# include<stdlib.h>
typedef struct {
  int num;
  char name[10];
  int age;
  char addr[15];
}students;

void main(){
  FILE * fp;
```

```
        int i;
        students s[2] = {{9801,"张三",18,"四川成都"},{9802,"李耀",23,"北京"}};
        //以只写方式打开文件
        if((fp = fopen("d:\\file.txt","w")) == NULL) {
          printf("Cannot open file strike any key exit!"); exit(1);
        }
        //写入文件
          for (i = 0;i < 2;i++)
            fwrite(&s[1],sizeof(students),1,fp);
          fclose(fp);                              //关闭文件
          fp = fopen("d:\\file.txt","r");          //以只读方式打开文件
          for (i = 0;i < 2;i++){
            //读取文件记录并显示
            fread(&s[i],sizeof(students),1,fp);     //读取一条记录
            printf("%s\t%d\t%d\t%s\n",s[i].name,s[i].age,s[i].num,s[i].addr);
          }
          fclose(fp);
}
```

程序运行结果：

```
张三     18      9801      四川成都
李耀     23      9802      北京
```

打开 d:\file.txt 文件，文件中保存了上面显示的内容。

程序说明：

（1）定义了一个结构 student，说明了一个结构数组 s。

（2）程序首先以写的方式打开 file.txt 文件，写入两条记录，然后关闭文件。

（3）以读写方式打开二进制文件 file.txt，循环读出两条记录并在屏幕上显示。也可以一次读出 2 条记录，然后显示。

```
fread(s,sizeof(students),2,fp);
```

这种数据的读写方式常应用于随机数据的存取。

10.1.4　文件检测函数

文件检测是指检测文件指针是否到文件末尾，或者文件读写过程中是否有错误发生等情况，标准 C 提供了 feof()、ferror() 和 clearerr() 函数。

1. 文件结束检测函数 feof()

feof() 函数用于读取文件时判定文件是否读取结束。

函数原型：

```
int feof(FILE * stream);
```

函数功能：检测流的文件结束符。

函数返回值：如果遇到文件结束，函数 feof(fp) 的值为 1，否则为 0。

函数调用格式：

```
feof(fp);
```

说明：EOF 是文件结束的标志。在文本文件中，数据是以字符的 ASCII 代码值的形式存放，ASCII 代码的范围是 0～255，不可能出现 -1，因此可以用 EOF 作为文件结束标志。

当把数据以二进制形式存放到文件中时，就会有 -1 值的出现，因此不能采用 EOF 作为二进制文件的结束标志。为解决这一个问题，ANSI C 提供一个 feof() 函数，用来判断文件是否结束。feof() 函数既可用于判断二进制文件，又可用于判断文本文件。

【案例 10-8】 读取数据文件中的数据并显示。

```c
#define N 4
# include < stdio. h>
typedef struct{
  char ID[10];
  char Name[20];
  int score;
}student;

void main(){
  student s[N],st;
  int n = 0;
  int i;
  FILE * fp;
  if ((fp = fopen("d:\\score.txt","r")) == NULL) return ;
   //读取一条记录
  fscanf(fp," % s % s % d",&st. ID,&st. Name,&st. score) ;
  while (!feof(fp)){
    s[n] = st;
    n++;
    //读取一条记录
    fscanf(fp," % s % s % d",&st. ID,&st. Name,&st. score) ;
   }
  fclose(fp);
 for (i = 0;i < n;i++)
   //输出并显示学生成绩记录
printf(" % 10s, % 20s, % 4d\n",s[i]. ID,s[i]. Name,s[i]. score);
}
```

程序说明：

(1) 首先利用案例 10-6 创建一个数据文件 score. txt，程序以只读方式打开文件，格式化读取一条记录赋值给 st，并将记录 st 存入数组 s。

(2) 重复读取数据文件记录直到数据读取结束为止，用 n 计数记录数。

2. 读写文件出错检测函数 ferror()

主要用于检测流的错误。

函数原型：

```
int ferror(FILE * fp);
```

函数功能：检查文件在使用各种输入/输出函数进行读写时是否出错。当输入/输出函数对文件进行读写出错时，文件就会产生错误标志。应用这个函数，就可以检查出 fp 所指向的文件操作是否出错，也就是说是否有错误标志。

函数返回值：未出错返回值为 0，否则返回非 0，表示有错。

【案例 10-9】 检查文件的读写。

```
# include < stdio. h>
# include < stdlib. h>
void main(void){
  FILE * fp;
  if((fp = fopen("d:\\file.txt", "r")) == NULL) {
    printf("Cannot open file. \n");
    exit(1);
  }
  putc('C', fp);
  if(ferror(fp)) {
    printf("File Error\n");
    exit(1);
  }
  fclose(fp);
  return 0;
}
```

程序说明：在程序中是以读(r)的方式打开的，然而要对其进行 put('C',fp) 操作，所以在写操作时会出错。

3. 文件出错标志和文件结束标志置 0 函数

主要用于清除错误标志。

函数原型：

```
void clearerr (FILE * stream);
```

函数功能：本函数用于清除出错标志和文件结束标志，使它们为 0 值。

函数返回值：无。

说明：当文件操作出错后，文件状态标志为非零值，此后所有的文件操作均无效。如果希望继续对文件进行操作，必须清除此错误标志。

例如，文件指针到文件末尾时会产生文件结束标志，必须执行此函数后，才可以继续对文件进行操作，因此在执行 fseek(fp,0L,SEEK_SET) 和 fseek(fp,0,SEEK_END) 语句后，调用此函数。

10.1.5　任务分析与实施

1. 任务分析

本次任务创建一个文本文件，采用顺序读写方式。

顺序文件的读写，即从文件的开头逐个进行数据的读写，文件中有一个读写位置指针，指向当前读写的位置。在顺序读写时,每读或写完一个数据后该位置指针就自动移到它后面一个位置。

将学生的成绩信息以文本形式存储。假设学生信息内容包括学号、姓名、学科成绩,由于每个学生的信息内容一致,因此可以定义一个 student 结构,将所有学生信息存放到结构数组中。如果要保存文件,将文件中的记录依次写入文件中;如果要读取文件中的内容,首先打开文件,将文件中的数据依次读入到结构数组中。

2. 任务实施

数据结构的定义如下。

学生信息的结构:

```
enum Gradtype{YES,NO};          //成绩等级:YES 合格,NO 不合格
enum Couretype{NED,OPT};        //考试类型:NED 必修,OPT 选修
struct student{
    char ID[10];
    char Name[20];
    enum Couretype Ctype;       //考试类型
    union
    { enum Gradtype Grad;       //等级
      float Score;              //成绩
    } uScore;
}student;
```

定义一个抽象数据类型 Data,用来表示表中的数据元素类型:

```
typedef student Data;
```

数据表类型:

```
typedef struct {
    Data * ElemType             //指向表的首地址
    int Count                   //当前表中记录数
    int Size;                   //当前分配的存储空间大小
}Table;
```

学生班级类型:

```
typedef Table Class
```

在项目 9 的基础上,新建下面的函数,模块之间的调用关系如图 10-3 所示。

(1) ReadFile(cla):将指定文件读入到数据表 cla 中。

(2) WriteFile(cla):将数据表 cla 中的数据写入到指定文件中。

(3) Read(&T,filename):将数据文件 filename 中的数据读入到表 T 中。

(4) Write(T,filename):将表 T 中的数据写入到数据文件 filename 中。

其程序流程图如图 10-3 所示。

按照如下的步骤逐步实施。

(1) 创建名为 STMIS 的工程文件。

(2) 在工程文件中将项目 9 中的 data.h、ElemData.h、Table.h 头文件加入到该项目中。

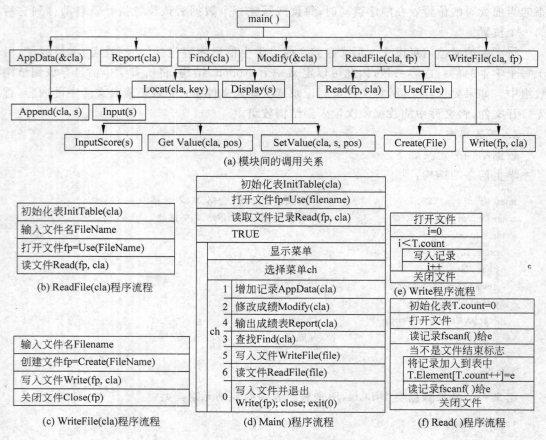

图 10-3　任务 10.1 程序流程图

（3）在项目中新建一个 file.h 的头文件，其代码如下：

```
#define FILENAME "d:\\stu.txt"
//功能：读取指定文件信息并存放到班级中
//入口参数：cla 要保存的班级信息，filename 读取的文件名
//出口参数：cal 已获取的班级信息
//返回值：无
int Read(Table &T ,char filename[]){
  FILE * fp;
  Data e;
  float Score;
  int Type;
  T.count = 0;//
  if((fp = fopen(filename,"r")) == NULL)
    return FALSE;
  //读取一条记录
  fscanf(fp," % s % s % s % d % f",&e.ID,&e.Name,&Type,&Score);
  e.Ctype = (Couretype)(int)Type;            //考试类型
  while (!feof(fp)){
    e.Ctype = (Couretype)(int)Type;
    if (Type == 0)
```

```
        e. uScore. Score = Score;              //考试类型为必修,读入数据为百分制
    else
          e. uScore. Grad = (Gradtype)(int)Score;   //等级
    T. Element[T. count++ ] = e;               //加入到学生信息表中
        //读取一条记录
    fscanf(fp," % s % s % d % f",&e. ID,&e. Name, &Type,&Score) ;
  }
  fclose(fp);                                  //关闭文件
  return TRUE;
}
//功能: 将班级信息写入到指定的文件中
//参数: cla 要写入的班级信息,filename 写入的文件名
//返回值: 无
int Write(Table T ,char filename[ ]){
  FILE * fp;
  Data e;                                      //结构数组中数据元素类型
  int i;
  if((fp = fopen(filename, "w")) == NULL)
      return FALSE;
  for (i = 0;i < T. count;i++){
    e = T. Element[i];                         //取数据表中的记录或 e = GetValue(cla, i + 1)
    if (e. Ctype == 0)
    fprintf(fp," % 12s % 25s % 4d % 6. 2f\n",e. ID,e. Name, e. Ctype,e. uScore. Score);
                                               //按百分制成绩写入成绩
    else
    fprintf(fp," % 12s % 25s % 4d % 6. 2f\n",e. ID,e. Name,e. Ctype,(float)(int)e. uScore. Grad);
                                               //按等级制写入成绩
  }
  fclose(fp);
  return TRUE;
}
```

(4) 将项目 9 中的 Main. cpp 的文件加入到该项目中。

```
＃define HEAD "学号\t 姓名\t 成绩\n"
＃define MENUHAED "1.增加学生记录 2.输入学生成绩\n3.按学号查找 4.成绩表输出\n5.打开文件
6.保存\n0.退出\n"
＃ include "table. h"
＃ include "file. h"
typedef Table Classes;
```

保留原项目 9 中的所有函数,修改 main()函数并增加函数 ReadFile()和 WiteFile(),其
代码如下:

```
//功能: 将学生信息表 cla 中的记录写入到 fp 指向的文件中
//参数: cla 学生信息表,fp 指向文件的指针
void ReadFile(Classes &cla){
  char fileName[20];
  FILE * fp;
  InitTable(cla);
  printf("输入文件名");
  cin >> fileName;
```

355

```
    fp = Use(fileName);
    Read(fp,cla);
}
//功能:将 fp 指向的文件记录读入到学生信息表 cla 中
//参数:cla 学生信息表,fp 指向文件的指针
void WriteFile(Classes &cla){
    FILE *fp;
    char fileName[20];
    printf("输入文件名");
    cin>> fileName;
    fp = Create(fileName);
    Write(fp,cla);
}
void main(){
    char fileName[20];
    FILE *fp;
    Classes cla;
    int ch;
    InitTable(cla);                          //初始化表
    fp = Use(FILENAME);                       //打开文件
    if (!fp) {                                //如果文件不存在,则创建一个新文件
     fp = Create(FILENAME);
     if (!fp) exit(0);
    }
    Read(fp,cla);                             //读文件
    while (TRUE){
       ch = Menu(0,6);                        //菜单显示(见任务 7.4)
       switch (ch){
         case 0:Write(fp,cla);Close(fp);exit(0);break;
         case 1:AppData(cla, Input);break;    //增加学生记录
         case 4:Report(cla,Display);break;    //生成成绩表
         case 3:Find(cla);break;              //查找指定学生
         case 2:Modify(cla);break;            //修改
         case 5: ReadFile(cla); break;        //读文件
         case 6: WriteFile(cla);break;        //写文件
       }
    }
}
```

(5)编译并运行。

程序说明:

(1)学生信息采用文本格式化顺序存储,在启动程序时,首先判断数据文件是否存在,若存在,读取数到 cla 中;否则,创建空的数据文件。

(2)对学生信息的增加、修改、显示实际上都是对 cla 中学生记录进行操作处理。

(3)在程序退出时,将 cla 中的学生记录写入到文件中。

 拓展训练

编写程序,采用顺序存取方式实现对员工工资的管理。

任务 10.2   随机存取学生信息
——文件的随机读写

 **问题的提出**

　　顺序文件读取某个记录时,需要从第一个记录开始依次读取,如果数据量很大,要检索某个记录,显然效率不高。随机文件可以实现直接定位到操作的目标记录上,实现直接存取,这样就可以读写数据文件中的任意数据记录,不需要从第一条记录依次读取。

　　本次任务根据上一个任务的要求,采用随机读写的方式,实现对学生成绩信息的管理。

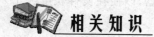 **相关知识**

10.2.1   文件定位

　　由于 fopen()函数以读、写方式成功打开文件后的返回值是文件信息区的起始地址(以追加方式打开文件时,文件指针定位于末尾位置),因此只能从头开始读取所需数据,即顺序读写操作。在实际中可能要求读写文件中某一指定部分,即所谓的随机读写,就是将文件指针移动到需要读写的位置后再进行读写控制。实现文件指针移动的操作称为定位。移动文件内部位置指针的函数主要有两个,即 rewind()函数和 fseek()函数。

1. rewind()函数

rewind():文件头定位函数,将文件指针移动到文件的开始位置。

函数原型:

```
void rewind(FILE * fp)
```

函数功能:使文件 fp 的位置指针指向文件开始。

函数返回值:无。

函数调用格式:

```
rewind(fp)
```

2. ftell()函数

ftell():返回文件指针的当前位置。

函数原型:

```
long ftell(FILE * fp)
```

函数功能:返回 fp 指向文件指针的当前位置。

函数返回值:成功,返回当前值;出错,返回—1。

函数调用格式:

```
length = ftell(fp)
```

3. fseek()函数

fseek()：将文件指针移动到指定位置。

函数原型：

```
int fseek(FILE * fp, long offset, int base)
```

函数功能：将 fp 指向文件的位置指针移动到以 base 为基准，以 offset 为偏移量的位置。

函数返回值：成功，返回 0；否则返回其他值。

函数调用格式：

```
fseek(fp, 偏移量, 基准点)
```

说明：

（1）文件指针 *fp 指向被移动的文件。

（2）偏移量 offset 说明移动的字节数，要求位移量是 long 型数据，以便在文件长度大于64KB 时不会出错。当用常量表示位移量时，要求加后缀"L"。

（3）起始点 base 指示从何处开始计算位移量，C 编译系统规定的起始点有 3 种：文件首、当前位置和文件尾，见表 10-2。

表 10-2   起始点

起始点	表示符号	数字表示
文件首	SEEK_SET	0
当前位置	SEEK_CUR	1
文件尾	SEEK_END	2

例如：

```
fseek (fp,100L,0);          /* 将位置指针从文件头向前移动 100 字节 */
fseek (fp,50L,1);           /* 将位置指针从当前位置向前移动 50 字节 */
fseek (fp, - 30L,1);        /* 将位置指针从当前位置往后移动 30 字节 */
fseek (fp, - 10L,2);        /* 将位置指针从文件末尾处向后退 10 字节 */
```

（4）fseek()函数一般用于二进制文件。在文本文件中由于要进行转换，故往往计算的位置会出现错误。

10.2.2   随机读写

在移动位置指针之后，即可用前面介绍的任一种读写函数进行读写。由于一般是读写一个数据块，因此常用 fread()和 fwrite()函数。

【案例 10-10】   创建一个二进制文件，实现数据的随机读写操作。

```
# include< stdio. h>
# include< stdlib. h>
# define NUM 3
struct rec{                       /* 定义结构体类型 */
  char id[10];                    //编号
  char name[15];                  //姓名
  char department[15];            //部门
}record[NUM];
```

```
//创建一个二进制文件
void Create(){
  FILE * fp1;
  if((fp1 = fopen("d:\\data.dat","wb")) == NULL)
  fclose(fp1);
}


void main(){
  FILE * fp;                                    /*定义文件指针*/
  int n;                                        //要修改的记录号
  struct rec Rec;
  if((fp = fopen("d:\\data.dat","rb + ")) == NULL){
    Create();                                   //如果文件打开不成功,则重新创建一个新文件
    fp = fopen("d:\\data.dat","rb + ");
  }
  /*以下进行文件的随机读写*/
  printf("输入记录号:");
  scanf("%d",&n);
  fseek(fp,(n-1) * sizeof(struct rec),0);       //定位文件指针
  if (fread(&Rec,sizeof(struct rec),1,fp))      //读取一条记录
  {
    printf("读取记录信息:\n");
    printf("编号:%s\n 姓名:%s\n 部门:%s\n",Rec.id,Rec.name,Rec.department);
    printf("输入修改后的信息:\n");
  }
  else{
    printf("没有记录,请输入记录内容\n");
    fseek(fp,(n-1) * sizeof(struct rec),0);     //定位文件指针
    printf("编号:");
    scanf("%s",Rec.id);
    printf("姓名:");
    scanf("%s",Rec.name);
    printf("部门:");
    scanf("%s",Rec.department);
    fwrite(&Rec,sizeof(struct rec),1,fp);       //写入记录
  }
  fclose(fp);
}
```

程序说明:

(1) 如果 d:\data.dat 文件不存在,则调用函数 Create()创建一个文件。

(2) fseek(fp,(n-1) * sizeof(struct rec),0)将指针移到第 n 条记录,fread(&Rec, sizeof(struct rec),1,fp)读取记录,如果存在,则显示记录到内容;否则,重新输入数据,并写入文件 fwrite(&Rec,sizeof(struct rec),1,fp),在写入文件时,必须重新定位。

(3) 数据处理结束后,必须关闭文件。

10.2.3 任务分析与实施

1. 任务分析

将学生的成绩信息以二进制形式存储,并以随机文件的访问方式访问数据文件。

2. 任务实施

本次任务中,只修改相应的函数模块,实现任务 10.2 的功能。模块的调用关系和程序

流程同任务 10.1。

按照下面的步骤完成本次任务。

(1) 创建名为 STMIS 的工程文件。

(2) 在工程文件中将项目 9(或任务 10.1)中的 data.h、ElemData.h、Table.h 头文件加入到该项目中。

(3) 新建头文件 file.h,其代码如下:

```c
//file.h 文件
#define FILENAME "d:\\stu.dat"
//功能:创建一个二进制文件
//参数:filename 文件名
FILE * Create(char filename[]){
  return fopen(filename,"wb");
}
//功能:以读写的方式打开一个文件
//参数:filename 文件名
FILE * Use(char filename[]){
  return fopen(filename,"rb+");              //以可读写方式打开文件
}
//关闭文件
void Close(FILE * fp){
  fclose(fp);
}
//功能:读取数据文件中指定位置的记录
//参数:s 读入的记录信息, pos 指定位置, fp 指向文件的指针
//返回值:无
void GetRecord(FILE * fp,Data &e,int pos){
  fseek(fp,pos * sizeof(Data),0);           //将指针指向 pos 记录
  fread(&e,sizeof(Data),1,fp);              //读取记录
}
//功能:将给定的信息写入到指定文件的指定位置
//参数:s 要写入信息, pos 指定位置, fp 指向文件的指针
//返回值:无
void PutRecord (FILE * fp,Data s,int pos ){
  fseek(fp,pos * sizeof(Data),0);           //定位写入记录到位置
  fwrite(&s,sizeof(Data),1,fp);             //写入记录
}
//功能:读取指定文件信息并存放到数据表中
//入口参数:T 要保存的班级信息,fp 指向文件的指针
//出口参数:T 已获取的班级信息
//返回值:无
void Read(FILE * fp,Table &T){
  Data s;
  T.count = 0;                              //设置表的初始值
  fread(&s,sizeof(Data),1,fp);              //读取一条记录
  while (!feof(fp)){
    T.Element[T.count++] = s;               //将记录添加到表中
    //如果表的空间不够,动态添加存储空间
    if (T.count > T.Size) AddSize(T);
    fread(&s,sizeof(Data),1,fp);
  }
}
```

```
//功能：将数据表中的信息写入到指定的文件中
//参数：T要写入数据表,fp指向文件的指针
//返回值：无
void Write(FILE * fp,Table T){
  int i;
  for (i = 0;i < T.count;i++)                    //将所有记录写入到文件中
    fwrite(&T.Element[i],sizeof(Data),1,fp);
}
```

（4）将任务 9.1 中的 Main.cpp 文件加入到该工程中。

（5）编译并运行。

 拓展训练

编写程序,采用文件随机读写方式实现对员工工资的管理。

项 目 实 践

1. 需求描述

实现对学生考试成绩的管理,包括增加学生信息、录入学生成绩、查找成绩、删除、输出成绩表等功能,并且要将数据存储在文件中。

2. 分析与设计

（1）数据类型定义

① 学生信息数据类型定义：

```
enum Gradtype{YES,NO};              //成绩等级：YES 合格,NO 不合格
enum Couretype{NED,OPT};            //考试类型：NED 必修,OPT 选修
struct student{
  char ID[10];                      //学号
  char Name[20];                    //姓名
  enum Couretype Ctype;             //考试类型
  union
    { enum Gradtype Grad;           //等级
      float Score;                  //成绩
    } uScore;
}student;
```

② 索引表的定义：

```
typedef struct{
    int pos;                        //记录在数据文件中的位置
    KeyType ID;                     //关键字
    char deleted;                   //删除标记
}IData;
```

361

③ 数据元素类型：

```
typedef IData Data;                    //数据表抽象数据类型，即数据表中数据元素类型
```

④ 数据表类型，用来存储索引文件记录：

```
typedef struct {
  Data * ElemType           //指向表的首地址
  int Count                 //当前表中记录数
  int Size;                 //当前分配的存储空间大小
}Table;
```

（2）文件存储方式

建立两个文件，一个是数据文件.Dat；另一个是索引文件.INX。数据文件存储学生的基本信息，索引文件用来存储数据文件的索引关键字和记录在数据文件存储的位置。

索引文件和数据文件都采用二进制存储，对索引文件的访问采用顺序访问，对数据文件的访问采用随机访问方式。

（3）函数模块的定义

AppData()：增加学生信息。

Modify()：修改学生成绩信息。

FindData()：查找指定学生。

ListData()：显示学生信息内容。

Delete()：逻辑删除数据文件。给删除的记录做删除标记'＊'。

ZAP()：物理删除记录，将有删除标记记录从数据文件中删除。

Write()：将数据文件及索引文件写入到外存中。

GetRecord()：根据记录号读取数据记录。

PutRecord()：将数据记录写入到数据文件中。

InitTable()：初始化内存中的索引表。

Use()：打开文件。

Input()：输入学生信息。

Display()：显示学生信息。

模块间的调用关系及部分程序流程如图 10-4 所示。

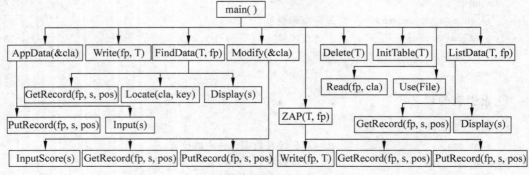

(a) 模块间的调用关系

图 10-4　模块间的调用关系及部分程序流程

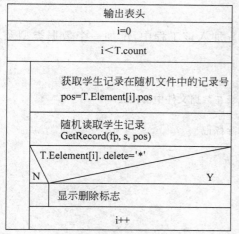

(b) ListData程序流程

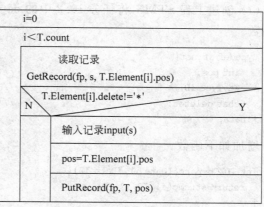

(c) Modify(&T, fp)程序流程

定义索引元素变量e
输入学号ID
e.ID=ID
在索引表中查找元素ipos=Locate(T, e)

(d) Delete(&T)程序流程

定义学生变量s
输入学生信息Input(s)
建立索引记录与学生记录信息的关系，并将索引记录添加到索引表的尾部
写入数据文件 PutRecord(fp, s, pos)

(e) AppendData程序流程

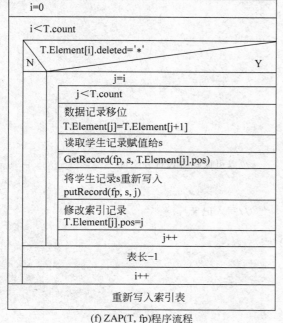

(f) ZAP(T, fp)程序流程

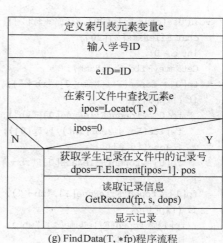

(g) FindData(T, *fp)程序流程

图　10-4（续）

3. 实施方案

(1) 创建工程 STMS,将任务 10.2 中的 data.h 加入该工程中,增加一个数据类型及一个函数。

```
typedef struct{
    int pos;                          //记录在数据文件中的位置
    KeyType ID;                       //关键字
    char deleted;                     //删除标记
}IData;
```

增加如下函数:

```
int IDXCompare(IData i1,IData i2){
    return strcmp(i1.ID,i2.ID);
}
```

(2) 将任务 10.2 中的 ElemData.h 加入该工程中,修改如下:

```
#include "data.h"
typedef IData Data;
```

(3) 将任务 10.2 中的 table.h 加入该工程中。

(4) 创建 file.h 头文件,加入到工程中。

```
void GetName(char filename[],char FileName[][20])
{
    strcpy(FileName[0],filename);
    strcpy(FileName[1],filename);
    strcat(FileName[0],".INX");        //索引文件名
    strcat(FileName[1],".DAT");        //数据文件名
}
void Close(FILE * fp[2])
{
    fclose(fp[0]);
    fclose(fp[1]);
}
void Use(char File[20],FILE * fp[2]){
    char FileName[2][20];
    int c = 0;
    GetName(File,FileName);
    fp[0] = fopen(FileName[0],"rb + ");    //以可读写方式打开文件
    if (!fp[0]){
        fp[0] = fopen(FileName[0],"wb");
        fwrite(&c,sizeof(int),1,fp[0]);    //写入记录
        fclose(fp[0]);
        fp[0] = fopen(FileName[0],"rb + ");
    }
    fp[1] = fopen(FileName[1],"rb + ");
    if (!fp[1]){
        fp[1] = fopen(FileName[1],"wb");
        fclose(fp[1]);
        fp[1] = fopen(FileName[1],"rb + ");
```

```
    }
}
//功能：读取数据文件中指定位置的记录
//参数：s 为读入的记录信息，pos 为指定位置，fp 为指向文件的指针
//返回值：无
void GetRecord(FILE * fp, student &e, int pos){
    fseek(fp, pos * sizeof(student), 0);
    fread(&e, sizeof(student), 1, fp);
}
//功能：将给定的信息写入到指定文件的指定位置
//参数：s 为写入的信息，pos 为指定位置，fp 为指向文件的指针
//返回值：无
void PutRecord (FILE * fp, student s, int pos ){
    fseek(fp, pos * sizeof(student), 0);          //定位写入记录的位置
    fwrite(&s, sizeof(student), 1, fp);           //写入记录
}
//功能：读取指定文件信息并存放到数据表中
//入口参数：T 为保存的班级信息，fp 为指向文件的指针
//出口参数：T 为已获取的班级信息
//返回值：无
void Read(FILE * fp, Table &T){
    Data s;
    fread(&T.count, sizeof(int), 1, fp);          //获取表头信息
    if (T.count > T.Size) AddSize(T);
    for (int i = 0; i < T.count; i++){
        fread(&s, sizeof(Data), 1, fp);
        T.Element[i] = s;
    }
}
//功能：将数据表中的信息写入到指定的文件中
//参数：T 为写入的数据表，fp 为指向文件的指针
//返回值：无
void Write(FILE * fp, Table T){
    int i;
    rewind(fp);
    fwrite(&T.count, sizeof(int), 1, fp);         //写表头信息
    for (i = 0; i < T.count; i++)                 //将所有记录写入到文件中
        fwrite(&T.Element[i], sizeof(Data), 1, fp);
}
```

(5) 建立 main.cpp 文件。

```
#define HEAD "学号\t 姓名\t 成绩\n"
#define MENUHAED "1.增加学生记录 2.修改学生成绩\n3.按学号查找 4.输出成绩表\n5.保存 6.逻
    辑删除\n7.物理删除 0.退出\n"
#define FILENAME "d:\\file.dat"
#include "Table.h"
#include "file.h"
typedef Table Classes;
//功能：显示所有数据文件
//参数：T 为索引文件表，* fp 为指向打开的数据文件的指针
void ListData(Table T, FILE * fp){
    int i;
```

```
        student s;
        printf(HEAD);                                       //表头
        for (i = 0;i < T.count;i++)
        { GetRecord(fp,s,T.Element[i].pos);                 //读取记录
           //显示删除标记
           if (T.Element[i].deleted == ' * ') printf(" % c",' * ');
             Display(s);                                    //显示记录内容
        }
    }
    //功能：增加一条记录
    //参数：T 为索引文件表，* fp 为指向打开的数据文件的指针
    void AppendData(Table &T,FILE * fp){
        student s;
        long pos;
        Input(s);                                           //输入记录内容
        pos = T.count;                                      //将索引记录加入到表位
        strcpy(T.Element[pos].ID,s.ID);
        T.Element[pos].deleted = ' ';
        T.Element[pos].pos = T.count;
        T.count++;
        PutRecord(fp,s,pos);                                //写入数据文件
    }
    //功能：查找指定关键字的记录
    //参数：T 为索引文件表，* fp 为指向打开的数据文件的指针,ID 为关键字
    //返回：记录在索引文件中的位序
    int FindData(Table T,FILE * fp)
    { student s;
        int ipos;
        long dpos;
        char ID[10];
        IData e;                                            //索引表元素类型
        cout <<"输入学号"<< endl;
        cin >> ID;
        strcpy(e.ID,ID);
        ipos = Locate(T,e,IDXCompare);                      //在索引表中查找关键字
        if(ipos == 0)
         printf("没有找到");
        else
        {
           dpos = T.Element[ipos - 1].pos;                  //元素在数据文件中的位置
             GetRecord(fp,s,dpos);                          //读取数据
           Display(s);                                      //显示记录
        }
     return ipos;
    }
    //功能：逻辑删除记录
    //参数：T 为索引文件表,ID 为关键字
```

```
void Delete(Table &T)
{
    Data e;
    int ipos;
    char ID[20];
    cout <<"输入学号">> endl;
    cin >> ID;
    strcpy(e.ID, ID);
    ipos = Locate(T, e, IDXCompare);          //在索引表中查找关键字
    if(ipos == 0)
        printf("没有找到");
    else
        T.Element[ipos - 1].deleted = ' * ';  //逻辑删除,只在索引表中做标记
}
//功能: 将删除标记的记录物理删除
//参数: T 为索引文件表,fp 为指向索引文件和数据文件的指针数组
void ZAP(Table &T, FILE * fp[2]){
    int i, j;
    student s;
    for (i = 0; i < T.count; i++){
        if (T.Element[i].deleted == ' * '){
            for (j = i; j < T.count; j++){
                T.Element[j] = T.Element[j + 1];   //数据记录移位
                GetRecord(fp[1], s, T.Element[j].pos);  //读取记录
                PutRecord(fp[1], s, j);            //重新写入
                T.Element[j].pos = j;
            }
            T.count -- ;                           //表长减 1
        }
        Write(fp[0], T);                           //重新索引表
    }
}
//功能: 修改学生成绩
//参数: T 为索引文件表,fp 为指向索引文件和数据文件的指针数组
void Modify(Table &T, FILE * fp[]){
    int i;
    student s;
    for (i = 0; i < T.count; i++)
    {   GetRecord(fp[1], s, T.Element[i].pos);     //读取记录
        if (T.Element[i].deleted != ' * ')         //没有做删除标记的才能修改
        {
            InputScore(s);                         //修改记录
            PutRecord(fp[1], s, T.Element[i].pos); //重新写入
        }
    }
}
void main()
```

```
{
    int choose;
    char ID[10];
    FILE * fp[2];
    Table IT;
    InitTable(IT);                              //初始化表
    Use(FILENAME,fp);                           //打开文件
    Read(fp[0],IT);                             //读取数据文件
    while (TRUE)
    {
        choose = Menu(0,8);                     //菜单
        switch (choose){
            case 0:Write(fp[0],IT);Close(fp);exit(0);break;
            case 1:AppendData(IT,fp[1]);break;
            case 2:Modify(IT,fp);break;
            case 3:FindData(IT,fp[1]);break;
            case 4:ListData(IT,fp[1]);break;
            case 5:Write(fp[0],IT);break;
            case 6:Delete(IT);break;
            case 7:ZAP(IT,fp);
        }
    }
}
```

小　　结

相关知识重点：

（1）文件的打开与关闭。

（2）文件的读写。

（3）文本文件与二进制文件，顺序存取与随机存取。

相关知识点提示：

（1）文件是指存储在外部介质上一组相关数据的集合。数据是以文件的形式存放在外部介质上的，而操作系统以文件为单位对数据进行管理。C 语言所使用的磁盘文件系统有两类：一类称为缓冲文件系统，即标准文件系统；另一类称为非缓冲文件系统。

（2）在 C 语言中，没有输入/输出语句，对文件的读写都是用库函数来实现的。对磁盘文件的操作必须先打开，后读写，最后关闭。文件的打开和关闭用 fopen()函数、fclose()函数实现。常用的读写函数有字符读写函数、字符串读写函数、数据块读写函数和格式化读写函数，这些函数的说明包含在头文件 stdio. h 中。

（3）一般文件的读写都是顺序读写，就是从文件的开头开始，依次读取数据。实际问题中，有时要从指定位置开始，也就是随机读写，这就要用到文件的位置指针。文件的位置指针指出了文件下一步的读写位置，每读写一次后，指针自动指向下一个新的位置。程序员可

以通过文件位置指针移动函数的使用,实现文件的定位读写。

习　　题

一、选择题

1. 若要打开 A 盘上 user 子目录下名为 abc. txt 的文本文件,并进行读写操作,下面符合此要求的函数调用是(　　)。(2002 年 4 月)

    A. fopen("A:\user\abc. txt","r")

    B. fopen("A:\\user\\abc. txt","r+")

    C. fopen("A:\user\abc. txt","rb")

    D. fopen("A:\\user\\abc. txt","w")

2. 若 fp 已正确定义并指向某个文件,当未遇到该文件结束标志时函数 feof(fp)的值为(　　)。(2003 年 9 月)

    A. 0　　　　　　　　B. 1　　　　　　　　C. −1　　　　　　　　D. 一个非 0 值

3. 下面的程序执行后,文件 test 中的内容是(　　)。(2001 年 9 月)

```
# include < stdio. h>
void fun(char * fname.,char * st).
{ FILE * myf; int i;
  myf = fopen(fname,"w" );
  for(i = 0;i < strlen(st); i++)fputc(st[i],myf);
  fclose(myf);
}
void main()
{ fun("test","new world"; fun("test","hello,"0;)
```

    A. hello,　　　　　B. new worldhello,　　C. new world　　　　D. hello,rld

4. 有以下程序:

```
# include < stdio. h>
void main()
{ FILE * fp; int i = 20,j = 30,k,n;
 fp = fopen("d1. dat""w");
 fprintf(fp," % d\n",i);fprintf(fp," % d\n"j);
 fclose(fp);
 fp = fopen("d1. dat", "r");
 fp = fscanf(fp," % d % d",&k,&n); printf(" % d % d\n",k,n);
 fclose(fp);
}
```

    程序运行后的输出结果是(　　)。(2002 年 9 月)

    A. 20 30　　　　　　B. 20 50　　　　　　C. 30 50　　　　　　D. 30 20

二、填空题

1. 以下程序段打开文件后,先利用 fseek()函数将文件位置指针定位在文件末尾,然后调用 ftell()函数返回当前文件位置指针的具体位置,从而确定文件长度,请填空。(2001 年 9 月)

```
FILE * myf; ling f1;
myf = _____ ("test.t","rb");
fseek(myf,0,SEEK_END); f1 = ftel(myf);
fclose(myf);
printf("% d\n",f1);
```

2. 下面程序把从终端读入的 10 个整数以二进制方式写到一个名为 bi.dat 的新文件中,请填空。(1999 年 4 月)

```
# include < stdio,h>
 FILE * fp;
 void main()
{ int i,j;
  if((fp = fopen(_____, "wb")) == NULL) exit(0);
  for(i = 0; i < 10; i++)
 { scanf("% d",&j);
 fwrite(&j,sizeof(int),1,_____);
  }
 fclose(fp);
}
```

3. 以下程序用来统计文件中字符个数,请填空。(2002 年 4 月)

```
# include "stdio.h"
void main()
{ FILE * fp; long num = 0L;
  if((fp = fopen("fname.dat","r")) == NULL)
  { pirntf("Open error\n"); exit(0);}
   while(_____)
  { fgetc(fp); num++;}
  printf("num = % 1d\n",num - 1);
  fclose(fp);
}
```

4. 以下程序中用户由键盘输入一个文件名,然后输入一串字符(用 # 结束输入)存放到此文件中形成文本文件,并将字符的个数写到文件尾部,请填空。(1999 年 9 月)

```
# include < stdio.h>
  main( )
  { FILE * fp;
    char ch,fname[32];
    int count = 0;
    printf("Input the filename : ");
    scanf("% s",fname);
    if((fp = fopen(_____ ,"w + ")) == NULL) {
       printf("Can't open file: % s \n",fname); exit(0);
    }
       printf("Enter data: \n");
       while((ch = getchar())!= "＃")
       { fputc(ch,fp); count++;}
       fprintf(_____,"\n % d\n", count);
       fclose(fp);
  }
```

5. 以下程序的功能是：从键盘上输入一个字符串，把该字符串中的小写字母转换为大写字母，输出到文件 test. txt 中，然后从该文件读出字符串并显示出来，请填空。（1998 年 9 月）

```
void main()
{ FILE * fp;
  char str[100]; int i = 0;
  if((fp = fopen("text. txt", _____)) == NULL)
    { printf("can't open this file. \n");
      exit(0);
    }
  printf("input astring:\n"); gest(str);
   while (str[i]) {
       if(str[i] > = 'a' &&str[i] < = 'z')
           str[i] = _____;
           fputc(str[i], fp);
           i++;
   }
   close(fp);
   fp = fopen("test. txt", _____);
   fgets(str, 100, fp);
   printf(" % s\n", str);
   fclose(fp);
}
```

项目 11　基于 51 单片机竞赛抢答器设计
——C 语言的高级应用

技能目标　理解如何利用 C 语言实现实时控制程序的编程方法。

知识目标　使用 C 语言开发计算机控制程序，可以利用 C 语言结构化编程技术、直接访问内存的特征，使控制程序的编写变得简单容易，程序的可维护性好。本项目涉及如下的知识点。

- 位运算；
- C 语言与汇编语言的混合编程。

完成该项目后，达到如下的目标。

- 熟悉二进制位运算；
- 理解高级语言与 C 语言程序设计的基本方法；
- 理解 C51 程序设计的基本方法。

关键词　位（bit）、汇编语言（assembly language）

在实时控制的软件编程中，汇编语言程序效率高，对硬件的操控性更强，体积小，但不易维护，可移植性差；C 语言结构性好，具有很好的移植性和可维护性。在程序设计中，常利用汇编语言与高级语言的各自特点混合编程。在单片机开发中，利用 C51 进行软件开发，快捷、高效。本项目将设计一个基于 51 单片机的 8 位竞赛抢答器，利用 C 语言和 51 单片机汇编混合编程，实现其相应的功能。

任务 11.1　文件的加密与解密
——位运算及应用

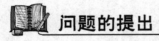 **问题的提出**

在计算机内部，程序的运行、数据的存储及运算都是以二进制的形式进行的。一个字节由 8 个二进制位组成。位运算是指进行二进制位的运算，是 C 语言有别于其他高级语言的一种强大的运算，它使得 C 语言具有某些低级语言的功能，使程序可以进行二进制的运算，所以 C 语言被称为面向机器的高级语言。在单片机、嵌入式系统中广泛用到位运算的知识。位运算在其他方面也有广泛的用途，如利用位运算进行数据的加密与解密等。

 **相关知识**

11.1.1　位运算

表 11-1 列出了位操作的运算符，位运算符的操作对象为整型或字符型数据。下面一一列举说明。

表 11-1　位操作的运算符

位运算符	含　义	运算对象数	举　例
&	按位与	双目	a & b，a 和 b 中各位按位进行"与"运算
|	按位或	双目	a | b，a 和 b 中各位按位进行"或"运算
～	按位取反	单目	～a，对变量 a 中全部二进制位取反
^	按位异或	双目	a ^ b，a 和 b 中各位按位进行"异或"运算
<<	左移	双目	a << 2，a 中各位全部左移 2 位，右边补 0
>>	右移	双目	a >> 2，a 中各位全部右移 2 位，左边补 0

1. 按位与（&）

运算符"&"将其两边数据对应的各个二进制位分别进行"与"运算，即二者都为 1 时结果为 1，否则为 0。

运算规则：0&0=0，0&1=0，1&0=0，1&1=1。

例如：

a = 1 0 1 1 1 0 1 0（十六进制为 ba）
b = 0 1 1 0 1 1 1 0（十六进制为 6e）
a&b = 0 0 1 0 1 0 1 0（十六进制为 2a）

可以发现，任何一位与 1"与"运算时，结果保持原值；与 0"与"运算时，结果皆为 0。

🔔**注意**：不可将按位与运算符"&"和逻辑与运算符"&&"相混淆。对于运算符"&&"，其运算对象是以数据类型的值为单位的，当"&&"两边操作数为非 0 值时，表达式的运算结果为 1；但对于"&"运算符，是以二进制位为单位，运算时需要将"&"两边的操作数转化成二进制数，对应二进制位相与运算。

可以运用与运算的这种性质，实现下面的功能。

（1）将某数清零。如果想使某数为 0，只要用 0 与其进行按位与即可。当然，也可以将某数中的某些位清零。

例如，设 unsigned int a;，将 a 的第 2 位置 0，可让 a 与 0xfb 按位与即可，即 a = a&0xfb。

（2）**提取数据中的某些位，屏蔽掉另外一些位。**

例如，有 a=01111011，若想取 a 的低 4 位数，则可使 a 与 0x0f 进行按位与运算，这样就取得 a 的低 4 位。

又如，用按位与操作实现宏 is_odd，它判断某个整数是否为奇数：

```
#define is_odd(x) (1&(unsigned)(x))
```

373

【案例 11-1】 输入一个数,判断此数是否为奇数。

```
#define is_odd(x) (1&(unsigned)(x))
#include < stdio. h>
void main()
{
 unsigned num;
 printf("输入一个整数");
 scanf(" % d",&num);
 if (is_odd(num))
 printf(" % d 是奇数\n",num);
 else
 printf(" % d 是偶数\n",num);
}
```

程序执行结果:

```
输入一个整数123
123是奇数
```

程序说明:程序中 1&(unsigned)(x)语句将 x 与 1 进行按位与运算,因为偶数的二进制表示的最低位是 0,所以按位与后结果为 0,而奇数的二进制表示的最低位为 1,所以和 1 进行按位与后为 1。

2. 按位或(|)

运算符"|"将两边对应的二进制位分别进行"或"运算,即二者之中只要有一个为 1 时结果就为 1,两者都为 0 时结果才为 0。

运算规则:$0|0=0,0|1=1,1|0=1,1|1=1$。

例如:

```
a = 1 0 0 1 1 0 1 0 (十六进制为 9a)
b = 0 1 0 1 0 1 1 0 (十六进制为 56)
a|b = 1 1 0 1 1 1 1 0 (十六进制为 de)
```

可以发现,任何一位与 0"或"时,其结果就等同于这一位。

按位或运算用来对一个数据的某些二进制位置 1。

例如,x|MASK 的运算结果是将 x 中相应于 MASK 为 1 的那些位置 1(MASK 为常量)。

设 x=5,MASK=03,则 x|MASK=00000101|00000011=00000111。

3. 按位异或(^)

按位异或运算符"^"的作用是判断两个相应位的值是否"相异"(不同),若为异,则结果为 1,否则为 0。

运算规则:$0^{\wedge}0=0,0^{\wedge}1=1,1^{\wedge}0=1,1^{\wedge}1=0$。

例如:

```
a = 1 0 0 1 1 0 1 0 (十六进制为 9a)
b = 0 1 0 1 0 1 1 0 (十六进制为 56)
a^b = 1 1 0 0 1 1 0 0 (十六进制为 cc)
```

由异或运算的性质可以得出以下一些应用。

(1) 让数据的某些位取反,即 0 变为 1,1 变为 0,一些位保持不变。例如:

a = 0 1 1 0 1 0 1 0 (十六进制为 6a)
b = 0 0 0 0 1 1 1 1 (十六进制为 0f)
a^b = 0 1 1 0 0 1 0 1 (十六进制为 65)

可以看出结果中高 4 位和 a 比较保持不变,低 4 位取反。即想让某些位不变就用 0 去异或,要取反的位用 1 去异或。

(2) 按位异或操作可以用来检查两个字是否相同。例如:

if(x^y)
　　… /＊x 和 y 不同＊/

(3) 实现两个数据的交换。例如,要将 a 和 b 的值进行交换,可以用下面的语句。

a = a^b;
b = b^a; /＊b = b^a = b^(a^b) = (b^b)^a = 0^a = a,有 b = a＊/
a = a^b; /＊a = a^b = (a^b)^a = (a^a)^b = 0^b = b,有 a = b＊/

4. 按位取反(~)

按位取反运算符"~"是一个单目运算符,能对一个二进制数的每一位都取反,即 0 变为 1,1 变为 0。例如:

a = 1 0 0 1 1 0 1 0 (十六进制为 9a)
~a = 0 1 1 0 0 1 0 1 (十六进制为 65)

"~"运算符的优先级别比算术运算符、关系运算符、逻辑运算符和其他运算符都高。例如,~a&b,先进行 ~a 运算,然后进行 & 运算。

按位取反操作可用于某些依赖于具体计算机字长的应用中,从而使结果代码是可移植的。

例如,用来将字 x 的低 3 位清零:

x = x&0xfff8;

但这个操作只能应用于 16 位字长的计算机。如果计算机的字长为 32 位,结果将会有所不同。

一个可移植的方法是

x = x&~07;

这种表示方法与机器字长无关,也无须额外开销,因为 ~0x07 是个常量表达式,在编译时求值。当字长为 16 位时,~0x07 = 1111111111111000(二进制);而当字长为 32 位时,~0x07 = 11111111111111111111111111111000(二进制)。

想一想:

printf("~0 = %x\n",~0);

结果会是多少?(在 8 位机、16 位机、32 位机下的结果会不会相同?)

5. 左移运算符(<<)

左移运算符"<<"的功能是将一个数的各个二进制位全部向左平移若干位,左边移出

的部分予以忽略,右边空出的位置补零。例如:

```
a = 00011010 (十六进制为 1a)
a<<2 = 01101000 (十六进制为 68)
```

一个数据,每左移 1 位相当于乘以 2,左移 2 位相当于乘以 4,但此结论只适用于该数左移时被移出的高位中不包含 1 的情况。

左移比乘法运算快得多,有些 C 编译程序自动将乘 2 的运算用左移一位来实现,将乘 2^n 的幂运算处理为左移 n 位。

6. 右移运算符(>>)

a>>2 表示将 a 的各二进制位右移 2 位。

与左移相反,右移运算符">>"的功能是将一个数的各个二进制位全部向右平移若干位,右边移出的部分予以忽略,左边空出的位置对于无符号数补零,对于有符号数,若原符号位为 0,则补 0,若原符号位为 1,则全补 1。也就是右移后保持这个数的正负符号不变。

例如,若变量 a 被定义成 unsigned char,即无符号型,则有

```
a = 10011010 (十六进制为 9a)
a>>2 = 00100110 (十六进制为 26)
```

若变量 a 被定义成 char,即有符号型,则有

```
a = 10011010 (十六进制为 9a)
a>>2 = 11100110 (十六进制为 e6)
```

一个数据每右移 1 位相当于除以 2,右移 2 位相当于除以 4,以此类推。

在右移时,需要注意符号位问题。对于无符号数,右移时左边高位移入 0。对于有符号的值,如果原来符号位为 0(该数为正),则左边也是移入 0,如同上例表示的那样;如果符号位原来为 1(负数),则左边移入 0 还是 1,要取决于所使用的计算机系统。有的系统移入 0,有的系统移入 1。移入 0 的称为**逻辑右移**,即简单右移;移入 1 的称为**算术右移**。

进行算术右移可以将数值除 2,算术左移可以将数值乘 2。

【案例 11-2】 设计一个函数,它返回整型量 x 从右向左数的第 p 位开始的连续 n 位所构成的整数值。

分析:题目要求如图 11-1 所示,求阴影部分 n 位二进制数构成的整数值。

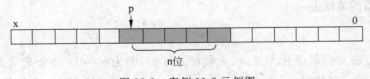

图 11-1 案例 11-2 示例图

实现上述目的可以用以下步骤。

(1) 将阴影部分的 n 位右移到最右端,可用下面方法实现:

$$x >> (p+1-n) \tag{①}$$

(2) 设置一个低 n 位全为 1,其余全为 0 的数。可用下面的方法实现:

$$\sim(\sim 0 << n) \tag{②}$$

注意该表达式的计算过程:

0:0000…000000

～0:1111…111111

设 n＝4,则～0＜＜n:1111…110000

～(～0＜＜n):0000…001111

(3) 将式①、式②进行 & 运算,即

$$x\gg(p+1-n)\& \sim(\sim0\ll n)$$

(4) 假设 x 为 unsigned int,则 x 的二进制位数为 sizeof(x)＊8,则 p＜0 或 p＞＝ sizeof (x)＊8 是错误的。显然 n 的取值范围是 n＞0&&n＜＝p+1。

根据以上的分析,设计的程序如下:

```
# include < stdio. h>
# define ERROR ( - 1)
# define ByteLen 8
# define uint unsigned
int getbit(uint x, uint p, uint n)
{ if(p < 0 || p > = sizeof(x) * ByteLen || n < 0 || n > p + 1)
    return (ERROR);
  return((x >> (p + 1 - n))&~(~0 << n));
}
void main()
{ uint x = 0xabcd;
  uint y;
  y = getbit(x, 8, 4);
  printf("x = % x, y = getbit(x,8,4), y = % d\n", x, y);
}
```

程序运行结果:

```
x=abcd,y=getbit(x,8,4), y=14
```

7. 复合位运算符

位运算符与赋值运算符结合可组成新的赋值运算符。

例如:

```
a& = b;                    /* 相当于 a = a&b */
a| = b;                    /* 相当于 a = a|b */
a^ = b;                    /* 相当于 a = a^b */
a >> = b;                  /* 相当于 a = a>>b */
a << = b;                  /* 相当于 a = a<<b */
```

【案例 11-3】　从键盘输入一个正整数,然后按二进制位输出。

```
# include < stdio. h>
# include < conio. h>
void main(){
  int num, mask, len, i;
  len = 8 * sizeof(int);          //求 int 型字节数,并转换成二进制位数
  mask = 1 << (len - 1);          //构造 1 个最高位为 1,其余各位为 0 的屏蔽码
  printf("输入一个正整数");
```

```
    scanf(" % d",&num);
    printf(" % d = ",num);
    for (i = 1;i < = len;i++){
        putchar(num&mask?'1':'0');      //输出最高位
        num << = 1;                      //将次高位移到最高位
        if (i % 4 == 0) putchar(',');    //4 位一组,用逗号分开
    }
    printf("\bB\n");                     //退一格,用 B 覆盖最后一个逗号','
}
```

程序运行结果:

```
输入一个正整数:234
234=0000,0000,0000,0000,0000,0000,1110,1010B
```

程序说明:程序中通过从高位到低位对每一位的测试来判定是 0 或 1,然后输出字符 0 或 1。其测试位的方法利用语句 num&mask,mask 是屏蔽码(最高位为 1,其余各位为 0)。

8. 不同长度的数据进行位运算

如果两个数据长度不同,则在进行位运算时系统会将二者自动按右端对齐。

例如,a&b,这里 a 是 int 型,b 是 long 型,如图 11-2 所示。

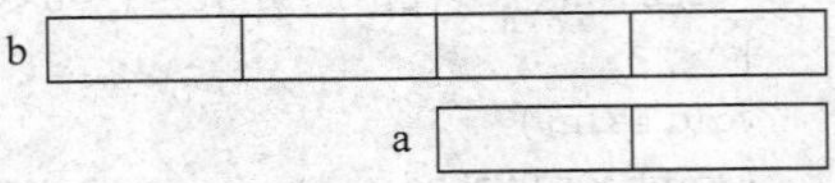

如果长度短的数是正数,则左侧用 0 补满;如果长度短的数是负数,则左侧用 1 补满。在进行位运算时,建议采用无符号整数,尽量不用带符号的数。

图 11-2　不同长度数位的运算

11.1.2　位域(位段)

有些信息在存储时,并不需要占用一个完整的字节,而只需占几个或一个二进制位。例如在存放一个开关量时,只有 0 和 1 两种状态,用一位二进位即可。为了节省存储空间,并使处理简便,C 语言提供了一种数据结构,称为"位域"或"位段"。

所谓"位域"是把一个字节中的二进位划分为几个不同的区域,并说明每个区域的位数。每个区域有一个域名,允许在程序中按域名进行操作,这样就可以把几个不同的对象用一个字节的二进制位域来表示。

1. 位域的定义和位域变量的说明

位域定义与结构定义相似,其形式为

struct 位域结构名
{ 位域列表 };

其中位域列表的形式为

类型说明符 位域名:位域长度

例如:

```
struct bs {
    int a:8;
    int b:2;
```

```
    int c:6;
};
```

位域变量的说明与结构变量说明的方式相同。可采用先定义后说明、同时定义说明或者直接说明这 3 种方式。例如：

```
struct bs
{
   int a:8;
   int b:2;
   int c:6;
}data;
```

说明：data 为 bs 变量，共占两个字节，其中位域 a 占 8 位，位域 b 占 2 位，位域 c 占6 位。

对于位域的定义有以下几点说明。

（1）一个位域必须存储在同一个字节中，不能跨两个字节。如一个字节所剩空间不够存放另一位域时，应从下一单元起存放该位域。也可以有意使某位域从下一单元开始。例如：

```
struct bs {
   unsigned a:4
   unsigned :0 / * 空域 * /
   unsigned b:4 / * 从下一单元开始存放 * /
   unsigned c:4
}
```

在这个位域定义中，a 占第一字节的 4 位，后 4 位填 0 表示不使用，b 从第二字节开始，占用 4 位，c 占用 4 位。

（2）由于位域不允许跨两个字节，因此位域的长度不能大于一个字节的长度，也就是说不能超过 8 位二进位。

（3）位域可以无位域名，这时它只用来做填充或调整位置。无名的位域是不能使用的。例如：

```
struct k {
   int a:1
   int :2 / * 该 2 位不能使用 * /
   int b:3
   int c:2
};
```

从以上分析可以看出，位域在本质上就是一种结构类型，不过其成员是按二进位分配的。

2. 位域的使用

位域的使用和结构成员的使用相同，其一般形式为

位域变量名.位域名

位域允许用各种格式输出。

379

【案例 11-4】 观察程序运行的结果。

```
void main(){
struct bs
  {
    unsigned a:1;
    unsigned b:3;
    unsigned c:4;
  }bit, * pbit;
  bit.a = 1;
  bit.b = 7;
  bit.c = 15;
  printf("%d,%d,%d\n",bit.a,bit.b,bit.c);
  pbit = &bit;
  pbit->a = 0;
  pbit->b& = 3;
  pbit->c| = 1;
  printf("%d,%d,%d\n",pbit->a,pbit->b,pbit->c);
}
```

程序运行结果：

```
1,7,15
0,3,15
```

程序说明：

(1) 程序中定义了位域结构 bs,3 个位域为 a、b、c,说明了 bs 类型的变量 bit 和指向 bs 类型的指针变量 pbit,这表示位域也是可以使用指针的。

(2) 程序中语句 bit.a=1,bit.b=7,bit.c=15 分别给 3 个位域赋值(应注意赋值不能超过该位域的允许范围)。

(3) 语句 printf("%d,%d,%d\n",bit.a,bit.b,bit.c)以整型量格式输出 3 个域的内容。

(4) 语句 pbit=&bit 把位域变量 bit 的地址送给指针变量 pbit。

(5) 语句 pbit->a 用指针方式给位域 a 重新赋值,赋为 0。语句 pbit->b&=3 使用了复合的位运算符"&=",该行相当于

```
pbit->b = pbit->b&3
```

位域 b 中原有值为 7,与 3 作按位与运算的结果为 3(111&011=011),十进制值为 3。同样,程序第 16 行中使用了复合位运算符"|=",相当于

```
pbit->c = pbit->c|1
```

其结果为 15。

(6) 语句 printf("%d,%d,%d\n",pbit->a,pbit->b,pbit->c)用指针方式输出了这 3 个域的值。

11.1.3 任务分析与实施

1. 任务分析

本次任务实现将指定文件加密后生成新文件,也可以将加密后的文件解密生成新文件。

其加密时,将文件逐个字符读出与密钥按位异或,然后写入到文件中;解密的方法相同。在加密和解密时如果与密钥异或后其值为 0,则将其值＋1 或－1,防止与结束标记相同。

2. 任务实施

根据上面的分析,编写如下的代码。

```c
# include < stdio. h >
# include < stdlib. h >
//功能: 将指定文件加密后生成一个新的文件
//参数: input 为待加密的文件名,output 为加密后生成的文件,key 为密钥
void encode(char * input,char * output,char key){
  int ch;
  FILE * fp1, * fp2;
  if((fp1 = fopen(input,"r"))!= NULL){
    if ((fp2 = fopen(output,"w")) == NULL){
      printf("不能打开文件\n");
      exit(0);
    }
    do{
      ch = getc(fp1);
      if (ch == EOF) break;
      ch = ch^key;
      if (ch == EOF)
        ch++ ;
      putc(ch,fp2);
    }while(1);
    fclose(fp1);
    fclose(fp2);
  }
}
//功能: 将指定文件解密后生成一个新的文件
//参数: input 为待解密的文件名,output 为解密后生成的文件,key 为密钥
void decode(char * input,char * output,char key){
  int ch;
  FILE * fp1, * fp2;
  if((fp1 = fopen(input,"r"))!= NULL){
    if ((fp2 = fopen(output,"w")) == NULL){
      printf("不能打开文件\n");
      exit(0);
    }
    do{
      ch = getc(fp1);
      if (ch == EOF) break;
      ch = ch^key;
      if (ch == EOF)
        ch -- ;
      putc(ch,fp2);
    }while(1);
    fclose(fp1);
    fclose(fp2);
  }
```

```
}
void main(){
  char s[80],infile[80],outfile[80],key;
  while (1){
    printf("加密[E], 解密[D],退出[Q]\n");
  gets(s);
   * s = toupper( * s);          //将字符转换为大写
  switch( * s){
   case 'E': printf("输入加密源文件名:\n");
           gets(infile);
           printf("输入加密目标文件名:\n");
           gets(outfile);
           printf("密钥:");
           scanf(" % d",&key);
           encode(infile,outfile,key);
           break;
  case 'D': printf("输入解密源文件名:\n");
           gets(infile);
           printf("输入解密目标文件名:\n");
           gets(outfile);
           printf("密钥:");
           scanf(" % d",&key);
           decode(infile,outfile,key);
           break;
    case 'Q':exit(0);
    default:break;
    }
    }
}
```

任务 11.2 理解混合编程
——高级语言与汇编语言的混合编程

问题的提出

对于一项软件工程而言,首要目标是保证达到软件所需质量;其次是尽可能降低开发成本。高级语言和汇编语言在语言表达能力、表达的方便程度、编程效率和运行效率方面各有特点,这就需要它们相互"取长补短",即混合编程,以便获得最大的综合效益。高级语言与汇编语言的混合编程通常发生在下列情况下:

(1) 需要访问机器的硬件特征,这些特征用高级语言表达比较困难。

(2) 某些程序段需要频繁运行,单次运行速度的提高可显著提高整个系统的效率。

(3) 有现成的汇编语言程序段可用。

**相关知识**

通常有两种方法可以实现 Visual C++ 调用汇编语言。一种方法是在 C++ 语言中直接使用汇编语句，即嵌入式汇编；另一种方法是用两种语言分别编写独立的程序模块，汇编语言编写的源代码汇编产生目标代码 OBJ 文件，将 C++ 源程序和 OBJ 文件组建工程文件，然后进行编译和连接，生成可执行文件 .EXE。

11.2.1　Visual C++ 中嵌入汇编语句的方法

嵌入式汇编又称行内汇编，Visual C++ 提供了嵌入式汇编功能，允许在 C++ 源程序中直接插入汇编语言指令的语句，可以直接访问 C++ 语言程序中定义的常量、变量和函数，而不用考虑二者之间的接口，从而避免了汇编语言和 C++ 语言之间复杂的接口问题，提高了程序设计效率。

嵌入汇编语言指令采用 _asm 关键字，嵌入汇编格式如下：

__asm{ 指令 }

采用花括号的汇编语言程序段形式，具体应用通常采用两种方式。

（1）第一种方式

__asm { 汇编程序段 }

例如：

```
__asm
{
  mov eax,5h
  mov ecx,7h
  add eax,ecx
}
```

（2）第二种方式（每一条汇编语句前添加 __asm 标记）

__asm 汇编语句

例如：

```
__asm mov eax,5h
__asm mov ecx,7h
__asm add eax,ecx
```

在 Turbo C 环境中 C 语言程序含有嵌入式汇编语言语句时，C 编译器首先将 C 代码的源程序（.c）编译成汇编语言源程序（.asm）；然后激活汇编程序 Turbo Assembler，将产生的汇编语言源文件编译成目标文件（.obj）；最后激活 Tlink，将目标文件链接成可执行文件（.exe）。Visual C++ 中嵌入汇编语句的编译没有 Turbo C 那样复杂，它直接支持嵌入汇编方式，不需要独立的汇编系统和另外的连接步骤，因此 Visual C++ 中嵌入汇编比 Turbo C 中嵌入汇编进行编译连接更为简单方便。

【案例 11-5】 编程实现 a＋b 运算。

```
# include < iostream. h >
void main( ){
    unsigned int a,b;
    cout <<"输入整数 a,b:"
    cin >> a;
    cin >> b;
    unsigned int * c = &a;
    __asm                  //下面是内嵌汇编
    {
     mov eax,c;            //c 中存储的 a 的地址 -> eax
     mov eax,[eax];        //a 的值 -> eax
     mov ebx,b;            //可以像这样直接对 ebx 赋值
     add eax,ebx;          //eax + ebx -- > eax
     mov a,eax;            //可以直接将 eax 的值 -> a
    }                      //内嵌汇编部分结束
    cout << a << endl;
}
```

程序运行结果：

```
输入整数a,b:2  3
5
```

程序说明：

（1）程序中定义了指向变量 a 的指针 c,语句 mov eax,c 和 mov eax,[eax]等价于 mov eax,a,注意直接 mov eax,[c]是错误的。

（2）语句 add eax,ebx 也可以写为 lea eax,[eax＋ebx],实现 a＋b。

【案例 11-6】 Visual C++嵌入汇编指令求 2^n,函数 power(int x)用汇编指令实现。

```
# include < stdio. h >
int power(int);
void main()
{ int x;
  printf("Try 2^x,enter the integer(0 < x < 32) for x:");
  scanf(" % d",&x);
  printf("2^ % d = % u\n",x,power(x));
}
int power(int x) / * 求 2^x * /
{
  __asm{
      mov eax,2                  / * eax < -- 2 * /
      mov ecx,x                  / * ecx < -- x * /
      dec ecx                    / * ecx < -- ecx - 1 * /
      shl eax,cl                 / * 将 eax 逻辑左移 cl 次 * /
      mov x,eax;
  }
  return x;
}
```

程序运行结果：

```
Try 2^x,enter the integer(0<x<32) for x:3
2^3=8
```

程序说明：

(1) 程序中利用逻辑左移实现 2^n。

(2) 注意函数 power() 中变量 x 的作用域范围。

11.2.2　采用模块调用的方法

混合编程允许各类设计语言程序独立编写，并由相应的开发环境编译为扩展名为.obj 的目标文件，经过正确连接可生成扩展名为.exe 的可执行文件。为确保各语言间目标代码的安全连接，需对其接口、参数传递、返回值处理、寄存器使用及变量引用做出约定。

(1) 采用一致的调用协议

MASM 汇编语言利用语言类型确定调用协议和命名约定，支持的语言类型有 C、SYSCALL、STDCALL、PASCAL、BASIC 和 FORTRAN。

Visual C++语言具有 3 种调用协议：_cdecl、_stdcall 和_fastcall。Visual C++与汇编语言混合编程通常利用堆栈进行参数传递，调用协议决定利用堆栈的方法和命名约定，两者要一致，通常 Visual C++采用_cdecl 调用协议。

(2) 入口参数和返回参数的约定

不论何种整数类型进行参数传递时都扩展成 32 位，Visual C++中没有远、近调用之分，所有调用都是 32 位的偏移地址，所有的地址参数也都是 32 位偏移地址，在堆栈中占 4 字节。图 11-3 给出了采用 C 语言调用协议的堆栈示意图。参数返回时，对于小于等于 32 位的数据扩展为 32 位，存放在 EAX 寄存器中返回；4～8 个字节的返回值存放在 EDX、EAX 寄存器中返回；更大字节数据则将它们的地址指针存放在 EAX 中返回。

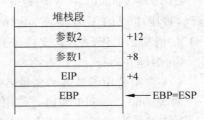

图 11-3　采用 C 语言调用协议时堆栈的内容

【案例 11-7】　编写程序实现 C 程序和汇编代码通过堆栈传递参数。

C 程序部分：

```c
# include < stdio. h >
extern "C" {int sum(int,int);} //外部引用声明
void main()
{
  printf(" % d\n",sum(100,200));
}
```

汇编程序部分（设文件名为 add2num.asm）：

```
      .386p                ;用 32 位指令
      .model flat,c        ;设 flat 模式,选择 C 语言类型
      PUBLIC sum           ;共享过程说明
      .code
sum   proc
      push ebp             ;取堆栈指针
```

```
        mov ebp,esp
        mov eax,[ebp + 8]            ;取参数 100
        add eax,[ebp + 12]          ;加参数 200
        pop ebp                     ;回复 ebp
        ret                         ;返回结果
    sum endp
        end
```

程序运行结果：

```
300
Press any key to continue
```

推荐从 http://www.movsd.com 免费下载 masm32v7.zip 文件,经解压安装后可获得 MASM32 编译环境。

调试过程如下:

① 汇编 add2num.asm 文件。d:\masm32\bin\ml /c /coff add2num.asm,在 d:\masm32\bin\下生成 add2num.obj 文件。

参数说明:/c 命令选项,告诉汇编程序只汇编,不连接;/coff 命令选项,告诉汇编程序只汇编生成符合 COFF(Command Object File Format)格式的目标文件。

② 启动 Visual C++ 6.0,建立一个控制台文件 myadd.dsw,输入 C 源程序,编译有一个错误,将刚生成的汇编模块 add2num.obj 插入到该工程中。方法:单击菜单命令"工程(P)"|"增加到工程(A)"|"文件(F)…",在弹出的对话框中,选定 add2num.obj 确定即可。

③ 编译并运行。

(3) 声明公用函数名和变量名

对 Visual C++ 和汇编语言使用的公用函数和变量应该进行声明,并且标识符应该一致,C++ 语言对标识符区分字母的大小写,而汇编不区分大小写。在 Visual C++ 语言程序中,采用 extern "C"{ }对所调用的函数和变量给予说明。说明形式如下:

对函数的说明:

extern"C"{ 返回值类型 调用协议 函数名称(参数类型表); }

对变量的说明:

extern"C"{ 变量类型 变量名; }

汇编语言程序中供外部使用的标识符应该标识 PUBLIC 属性,使用外部标识符应该用 extern 说明。

【案例 11-8】 编写独立程序,实现经外部引用对 C 定义的 count 变量加 2 的功能。

参考代码及说明如下。

C 程序部分:

```
# include < stdio.h>
extern "C" {int count = 0;}              /* 全局变量定义 */
extern "C" {void add2(void);}            /* 外部引用声明 */
void main()
{
  add2();                                /* 调用 add2 过程 */
```

```
    printf("%d\n",count);                /*输出共享变量*/
}
```

汇编语言部分：

```
.386p                                    ;用 32 位指令
    .model flat,c                        ;设 flat 模式并选 C 语言类型
extern count:word                        ;外部引用声明
PUBLIC add2                              ;共享过程声明
.code                                    ;代码段定义
add2 proc                               ;被调用过程定义
    inc count
    inc count                           ;引用变量+2
    ret                                 ;过程返回
add2 endp                               ;过程结束
    end                                 ;汇编结束
```

程序调试方法同案例 11-7。
程序运行结果：

```
2
Press any key to continue
```

11.2.3　任务分析与实施

1. 任务分析

用汇编过程实现对一组整数的排序，然后由 Visual C++程序提供一组整数，通过调用汇编过程对其进行排序，由 C 程序显示排序结果。

首先由 Visual C++程序提供一组待排序的整数及其整数的个数，然后调用汇编模块对其进行排序，排序后的数组再由 Visual C++程序进行显示。

采用两种方案：一种是将汇编语言嵌入到 C 语言中；另一种是编写独立的汇编语言调用模块。

汇编程序可以采用冒泡法加以实现，汇编的源文件为 sort.asm，并使用一个局部变量[BP-4]作为交换标志，控制其是否继续进行外层循环，运行的结果放在主程序提供的数组中，参数传递采用堆栈来实现，数组 b 的起始地址作为指针参数传到堆栈中，数组元素的个数 a 作为值参，也传到堆栈中。

2. 任务实施

方案 1：将汇编语言嵌入到 C 语言中。

```
#include <stdio.h>
#define array_size 10
void main()
{
 int *p;
 int a,i,b[array_size];
 do {
  printf("\n输入元素个数:");
  scanf("%d",&a);
 }while(a<=0);
```

387

```c
printf("\n 输入数据元素:\n",a);
for (i = 0;i <= a - 1;i++)
  scanf(" % d",&b[i]);
 p = &b[0];
 p -- ;
 __asm
 {
   mov esi,p;
   mov ecx,array_size;
   _outloop:
   mov edx,ecx;
   _inloop:
   mov eax, [ esi + ecx * 4 ];        //一个 int 占 4 字节
   mov ebx, [ esi + edx * 4 ];
   cmp eax, ebx;
   jnb _noxchg;                       //不交换
   mov [ esi + ecx * 4 ], ebx;
   mov [ esi + edx * 4 ], eax;
   _noxchg:
   dec edx;
   jnz _inloop;
   loop _outloop;
 }
 for (i = 0;i < a;i++)
 printf(" % d ",b[i]);
}
```

方案 2：采用模块调用。

下面为 32 位汇编模式下的排序代码。

```asm
;文件名:sort32.asm    模块名:cporc
;入口参数:a,dword(值参);b,dword(地址参数)
;模块功能:对以 B 为起始地址,数组元素个数为 A 的整型数组按升序排序
   .386p
   .model flat,c
   public cprotc
   .code
   cprotc proc
   la0:
     push ebp
     mov ebp,esp
     sub esp,4
     push esi
     mov ebx,[ebp + 8]                ;取参数 B,得到数组 B 的起始地址
     mov ecx,[ebp + 12]               ;取参数 A
      sorta:
          mov esi,0
          mov dword ptr [ebp - 4],0   ;局部参数"0"
          dec ecx
          jcxz finish
      comp:
          mov eax,[ebx + esi]
          cmp eax,[ebx + esi + 4]     ;比较
          jle incs                    ;小于等于转 incs
```

```
        xchg eax,[ebx + esi + 4]
        mov [ebx + esi],eax
        mov dword ptr [ebp - 4],1        ;局部参数"1"
    incs:
        add esi,4
        loop comp
        test dword ptr [ebp - 4],1       ;测试局部参数是否为 0
        jz finish                        ;是 0,转结束
        shr esi,1                        ;除以 4 为下次元素的个数
        shr esi,1
        mov ecx,esi
        jmp sorta
    finish:
        pop esi
        mov esp,ebp
        pop ebp
        ret
    cprotc endp
        end
```

C 参考程序如下(设程序文件名为 main. c):

```
# include < stdio. h>
extern "C" {int cprotc(int * ,int);}
void main()
{
 int a,i,b[100];
 int j = 0;
 do
 {
 printf("\nInput the number of array length:");
 scanf(" % d",&a);
 }while(a < = 0);
 printf("\nInput % d numbers of array:\n",a);
 for (i = 0;i < = a - 1;i++)
   scanf(" % d",&b[i]);
 cprotc(b,a);
 printf("sorted result:\n");
 for (i = 0;i < = a - 1;i++)
 {printf(" % 6d",b[i]);j++;if (j % 12 == 0) printf("\n");
 }
 printf("\n");
}
```

调试过程:

(1) 汇编 sort32. asm 文件。d:\masm611\bin\ml /c /coff .. \asm\sort32. asm,在 d:\masm611\bin\下生成 sort32. obj 文件。

参数说明:/c 命令选项,告诉汇编程序只汇编,不连接;/coff 命令选项,告诉汇编程序只汇编生成符合 COFF(Command Object File Format)格式的目标文件。

(2) 启动 Visual C++ 6.0,建一个控制台文件 mysort. dsw,输入 C 源程序,将汇编模块 sort32. obj 插入到该项目中。

(3) 编译并运行。

任务 11.3 89S51 单片机控制 LED
——C51 程序设计基础

问题的提出

不同于一般形式的软件编程,单片机系统编程建立在特定的硬件平台上,势必要求其编程语言具备较强的硬件直接操作能力。但是,归因于汇编语言开发过程的复杂性,它并不是单片机系统开发的一般选择。而与之相比,C 语言——一种"高级的低级"语言,则成为单片机系统开发的最佳选择。

单片机的 C 语言采用 C51 编译器(简称 C51)。由 C51 产生的目标代码短,运行速度高,所需存储空间小,符合 C 语言的 ANSI 标准,生成的代码遵循 Intel 目标文件格式,而且可与 A51 汇编语言或 PL/M51 语言目标代码混合使用。在众多的 C51 编译器中,Keil 公司的 C 语言编译/连接器 Keil μVision2 软件最受欢迎。

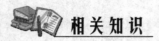
相关知识

11.3.1 C51 编程基础

由于单片机目标机资源受限,不可能在其上建立庞大、复杂的开发环境,因而其开发环境和目标运行环境相互分离。单片机应用软件的开发方式一般是,在宿主机(Host,一般是PC)上建立开发环境,进行应用程序编码和交叉编译,然后宿主机同目标机(Target)建立连接,将应用程序下载到目标机上进行交叉调试,经过调试和优化,最后将应用程序固化到目标机中实际运行,如图 11-4 所示。

图 11-4 目标机、宿主机开发模式

深入理解并应用 C51 对标准 ANSI C 的扩展是学习 C51 的关键之一。大多数扩展功能都是直接针对 8051 系列 CPU 硬件的,大致有以下 8 类。

(1) 8051 存储类型及存储区域;

(2) 存储模式;

(3) 存储器类型声明;

(4) 变量类型声明;

(5) 位变量与位寻址;

(6) 特殊功能寄存器(SFR);

(7) C51 指针;

（8）函数属性。

具体说明如下（8051 为默认 CPU）。

1. Keil C51 扩展关键字

C51 V4.0 以后版本有以下扩展关键字（共 19 个）。

_at_	idata	sfr16	alien	interrupt	small
bdata	large	_task_	code	bit	pdata
using	reentrant	xdata	compact	sbit	data　　sfr

2. 内存区域（Memory Areas）

（1）Pragram Area：由 code 说明可有多达 64KB 的程序存储器。

（2）Internal Data Memory：内部数据存储器可用以下关键字说明。

data：直接寻址区，为内部 RAM 的低 128 字节（00H～7FH）。

idata：间接寻址区，包括整个内部 RAM 区（00H～FFH）。

bdata：可位寻址区，为内部 RAM20H～2FH 单元。

（3）External Data Memory：外部 RAM 视使用情况可由以下关键字标识。

xdata：可指定多达 64KB 的外部直接寻址区，地址范围 0000H～0FFFFH。

pdata：能访问 1 页（256B）的外部 RAM，主要用于紧凑模式（Compact Model）。

（4）Special Function Register Memory：8051 提供 128B 的 SFR 寻址区，可位寻址、字节寻址或字寻址，用于控制定时器、计数器、串口、I/O 及其他部件，可由以下几种关键字说明。

sfr：字节寻址，如 sfr P0＝0x80 表示 P0 口地址为 80H，"＝"后为 0H～FFH 之间的常数。

sfr16：字寻址，如 sfr16 T2＝0xCC 指定 Timer2 口地址 T2L＝0xCC，T2H＝0xCD。

sbit：位寻址，如 sbit EA＝0xAF 指定第 0xAF 位为 EA，即中断允许，还可以有如下定义方法。

sbit OV＝PSW^2（定义 OV 为 PSW 的第 2 位）

sbit OV＝0xD0^2（同上）

或　　bit OV－＝0xD2（同上）

3. 存储模式

存储模式决定了没有明确指定存储类型的变量、函数参数等的默认存储区域，共 3 种。

（1）Small 模式

所有默认变量参数均装入内部 RAM，优点是访问速度快，缺点是空间有限，只适用于小程序。

（2）Compact 模式

所有默认变量均位于外部 RAM 区的一页（256B），具体哪一页可由 P2 口指定，在STARTUP.A51 文件中说明，也可用 pdata 指定。优点是空间较 Small 宽裕，速度较 Small 慢，较 Large 要快，是一种中间状态。

（3）Large 模式

所有默认变量可放在多达 64KB 的外部 RAM 区，优点是空间大，可存变量多；缺点是速度较慢。

提示：存储模式在 C51 编译器选项中选择。

4. 存储类型声明

变量或参数的存储类型可由存储模式指定默认类型,也可由关键字直接声明指定。各类型分别用 code、data、idata、xdata、pdata 说明,例如:

```
data uar1
char code array[ ] = "hello!";
unsigned char xdata arr[10][4][4];
```

5. 变量或数据类型

C51 提供以下几种扩展数据类型。

bit:位变量值为 0 或 1。

sbit:从字节中定义的位变量,0 或 1。

sfr:sfr 字节地址,0~255。

sfr16:sfr 字地址,0~65535。

其余数据类型如 char、enum、short、int、long、float 等与 ANSI C 相同。

6. 位变量与声明

bit 型变量可用于变量类型、函数声明、函数返回值等,存储于内部 RAM 20H~2FH。

🔔 **注意**:

(1) #pragma disable 说明函数和用 usign 指定的函数,不能返回 bit 值。

(2) 一个 bit 变量不能声明为指针,如 bit * ptr 是错误的。

(3) 不能有 bit 数组,如 bit arr[5] 是错误的。

可做如下定义:

```
int bdata i;
char bdata arr[3];
```

7. Keil C51 指针

C51 支持一般指针(Generic Pointer)和存储器指针(Memory Specific Pointer)。

(1) 一般指针

一般指针的声明和使用均与标准 C 相同,不过同时还可以说明指针的存储类型,例如:

long * state;(为一个指向 long 型整数的指针,而 state 本身则依存储模式存放)

char * xdata ptr;(ptr 为一个指向 char 数据的指针,而 ptr 本身放于外部 RAM 区,以上的 long、char 等指针指向的数据可存放于任何存储器中)

一般指针本身用 3 字节存放,分别为存储器类型、高位偏移量、低位偏移量。

(2) 存储器指针

基于存储器的指针说明时即指定了存储类型,例如:

char data * str;(str 指向 data 区中 char 型数据)

int xdata * pow;(pow 指向外部 RAM 的 int 型整数)

这种指针存放时,只需 1 字节或 2 字节就够了,因为只需存放偏移量。

(3) 指针转换

指针在两种类型之间可以转化:

① 当基于存储器的指针作为一个实参传递给需要一般指针的函数时,指针自动转化。

② 如果不说明外部函数原形,基于存储器的指针自动转化为一般指针,导致错误,因而需用"♯include"说明所有函数原形。

③ 可以强行改变指针类型。

8. Keil C51 函数

C51 函数声明对 ANSI C 做了扩展,具体包括以下内容。

(1) 中断函数声明

中断声明方法如下:

```
void serial_ISR () interrupt 4 [using 1]
{
/* ISR */
}
```

为提高代码的容错能力,在没用到的中断入口处生成 iret 语句,定义没用到的中断。

```
/* define not used interrupt, so generate "IRET" in their entrance */
void extern0_ISR() interrupt 0{} /* not used */
void timer0_ISR () interrupt 1{} /* not used */
void extern1_ISR() interrupt 2{} /* not used */
void timer1_ISR () interrupt 3{} /* not used */
void serial_ISR () interrupt 4{} /* not used */
```

(2) 通用存储工作区

通用存储工作区由 using x 声明,见上例。

(3) 指定存储模式

由 small、compact 及 large 说明,例如:

```
void fun1(void) small { }
```

提示:small 说明的函数内部变量全部使用内部 RAM。关键的、经常性的、耗时的地方可以这样声明,以提高运行速度。

(4) ♯pragma disable

在函数前声明,只对一个函数有效。该函数调用过程中将不可被中断。

(5) 递归或可重入函数指定

在主程序和中断中都可调用的函数,容易产生问题。因为 51 和 PC 不同,PC 使用堆栈传递参数,且静态变量以外的内部变量都在堆栈中;而 51 一般使用寄存器传递参数,内部变量一般在 RAM 中,函数重入时会破坏上次调用的数据。可以用以下两种方法解决函数载入。

① 在相应的函数前使用前述"♯pragma disable"声明,即只允许主程序或中断之一调用该函数。

② 将该函数说明为可重入的,如下所示。

```
void func(param...) reentrant;
```

Keil C51 编译后将生成一个可重入变量堆栈,然后就可以模拟通过堆栈传递变量的方法。

由于一般可重入函数由主程序和中断调用,所以通常中断使用与主程序不同的 R 寄存器组。

另外,对可重入函数,在相应的函数前面加上开关"♯pragma noaregs",以禁止编译器使用绝对寄存器寻址,可生成不依赖于寄存器组的代码。

(6) 中断服务程序需要满足的要求

① 不能返回值。

② 不能向 ISR 传递参数。

③ ISR 应该尽可能短小精悍。

9. C51 程序结构

C51 程序结构同标准 C 一样,是由若干个函数构成的,每个函数即是完成某个特殊任务的子程序段。组成一个程序的若干个函数可以保存在一个或几个源文件中,最后再将它们连接在一起。

C 语言模块化程序设计需理解如下概念。

(1) 模块即是一个.c 文件和一个.h 文件的结合,头文件(.h)中是对于该模块接口的声明。

(2) 某模块提供给其他模块调用的外部函数及数据需在.h 中文件中冠以 extern 关键字声明。

(3) 模块内的函数和全局变量需在.c 文件开头冠以 static 关键字声明。

(4) 不要在.h 文件中定义变量。定义变量和声明变量的区别在于,定义会产生内存分配的操作,是汇编阶段的概念;而声明则只是告诉包含该声明的模块在连接阶段从其他模块寻找外部函数和变量。

一个嵌入式系统通常包括两类模块。

(1) 硬件驱动模块,一种特定硬件对应一个模块。

(2) 软件功能模块,其模块的划分应满足低耦合、高内聚的要求。

11.3.2 Keil C51 集成开发环境简介

Keil C51 是目前世界上最优秀、最强大的 51 系列单片机开发应用平台之一,它集成编辑、编译、仿真于一体,支持汇编语言、C 语言的程序设计,界面友好,易学易用。它内嵌的仿真调试软件可以让用户采用模拟仿真和实时在线仿真两种方式对目标系统进行开发。仿真时,除了可以模拟单片机的 I/O 口、定时器、中断外,甚至可以仿真单片机的串行通信。

51 系列单片机使用 Keil 工具开发项目和其他软件工具开发项目极其相似。

(1) 创建一个项目,从器件库中选择目标器件配置工具设置。

(2) 用 C 或汇编语言创建源程序。

(3) 用项目管理器生成用户应用。

(4) 修改源程序中的错误。

(5) 测试连接应用。

Keil C51 集成开发环境的 Demo 版软件可以在 www.keil.com.cn 的相关网页下载,双击 Setup.exe 进行安装。提示选择 Eval(评估)或 Full(完全)方式时,选择 Eval 方式安装,不需要注册码,但有 2KB 大小的限制。如果用户购买了完全版的 Keil C51 软件,则选择

Full 安装，代码量无限制。

（1）启动 Keil C51 软件。通过双击计算机桌面上的 Keil μVision2 快捷方式图标来启动，如图 11-5 所示。

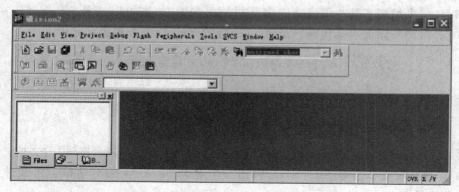

图 11-5 Keil μVision2 IDE 的主界面

（2）新建工程。执行 Keil C51 软件的菜单命令 Project | New Project，弹出一个名为 Create New Project 的对话框，如图 11-6 所示。先选择一个合适的文件夹准备来存放工程文件，比如 E:\Project\LedFlash，其中 LedFlash 是新建的文件夹。

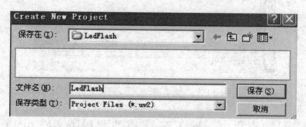

图 11-6 新建 Keil C51 工程

（3）选择 CPU。紧接着，Keil C51 提示选择 CPU 器件。8051 内核单片机最早是由 Intel 公司发明的，后来其他厂商如 Philips、Atmel、Winbond 等先后推出其兼容产品，并在 8051 的基础上扩展了许多增强功能。在这里可以选择 Atmel 公司新推出的 89S52，如图 11-7 所示。

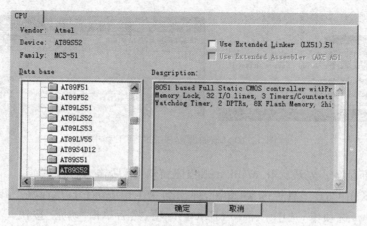

图 11-7 为项目选择 CPU 器件

395

（4）接下来弹出一个如图 11-8 所示的对话框。该对话框提示用户是否要把标准 8051 的启动代码添加到工程中去。Keil C51 既支持 C 语言编程，也支持汇编语言编程。如果打算用汇编语言写程序，则应当选择"否（N）"。如果打算用 C 语言写程序，一般也选择"否（N）"，但是，如果用到了某些增强功能需要初始化配置时，则可以选择"是（Y）"。在这里，选择"否（N）"，即不添加启动代码。至此，一个空的 Keil C51 工程建立完毕。

图 11-8　选择是否要添加启动代码

（5）执行菜单命令 File|New，出现一个名为 Text n（其中 n 表示序号）的文档。

（6）接着执行菜单命令 File|Save，弹出一个名为 Save As 的对话框。将文件名改为 main.c，然后保存，如图 11-9 所示。注意：扩展名".c"不可省略。

图 11-9　保存新建源程序文件

（7）添加源程序文件到工程中。现在，一个空的源程序文件 main.c 已经建立，但是这个文件与刚才新建的工程之间并没有什么内在联系，需要把它添加到工程中去。单击 Keil C51 软件左边项目工作窗口 Target 1 上的"＋"按钮，将其展开。然后右击 Source Group 1 文件夹，会弹出如图 11-10 所示的快捷菜单。单击其中的 Add Files to Group 'Source Group 1'命令，将弹出如图 11-10 所示的对话框，选中 main.c，单击 Add 按钮。

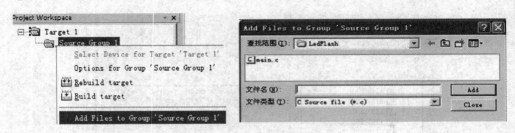

图 11-10　添加源程序文件到工程中

（8）输入源程序。先最大化 main.c 源程序窗口，然后输入程序代码。

（9）单击 Keil C51 工具栏的 ✍ 按钮，弹出名为 Options for Target 'Target 1' 的对话框。选择 Output 选项卡，选中 Create HEX File 项，然后单击"确定"按钮。

（10）单击工具栏的 ![按钮] 按钮编译当前源程序，编译结果会显示在输出窗口内。如果是
"0 Error(s)，0 Warning(s)."，就表示程序没有问题了（至少是在语法上不存在问题了）。
如果存在错误或警告，应仔细检查程序是否与参考程序清单一致。修改后，再编译，直到通
过为止。

（11）编译后的结果会生成 Intel HEX 格式的程序 LedFlash.hex 文件。该文件可以被
专门的芯片烧写工具（编程器）重入并最终烧录到具体的芯片中。

11.3.3 任务分析与实施

1. 任务分析

试用 89S51 单片机控制 8 个 LED 发光管发光，要求轮流发光，产生流水灯的流动效果。

2. 任务实施

（1）流水灯硬件组成

流水灯实际上就是一个带有 8 个发光二极管的单片机最小应用系统，即为由发光二极管、
限流电阻、晶振、复位、电源等电路和必要的软件组成。其具体硬件组成如图 11-11 所示。

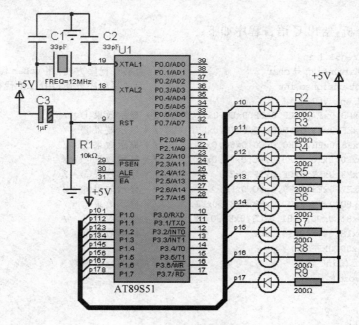

图 11-11 硬件连接图

从原理图中可以看出，如果要让接在 P1.0 口的 LED1 亮起来，那么只要把 P1.0 口的
电平变为低电平就可以了；相反，如果要接在 P1.0 口的 LED1 熄灭，就要把 P1.0 口的电平
变为高电平；同理，接在 P1.1～P1.7 口的其他 7 个 LED 的点亮和熄灭的方法同 LED1。
因此，要实现流水灯功能，只要将发光二极管 LED1～LED8 依次点亮、熄灭，8 只 LED 灯便
会一亮一暗地做"流水"运动了。在此还应注意一点，由于人眼的视觉暂留效应以及单片机
执行每条指令的时间很短，在控制二极管亮灭的时候应该延时一段时间，否则就看不到"流
水"效果了。

（2）软件编程

单片机的应用系统由硬件和软件组成，上述硬件原理图搭建完成上电之后，还不能看到流水灯循环点亮的现象，还需要告诉单片机怎么来进行工作，即编写程序控制单片机管脚电平的高低变化，来实现发光二极管的一亮一灭。

如何实现 8 只 LED 灯从低位（接 P1.0）到高位（P1.7）依次点亮？先让接 P1.0 的 LED 亮，其余 7 只灭，只需给 P1 端口赋值为 11111110b（二进制数），即 P1.0＝0（低电平），P1.7～P1.1 为 1（高电平），延时一小段时间，让人们看清楚。接着给 P1 口赋值 11111101b，这时接 P1.1 的 LED 点亮，其余 LED 灯熄灭，延时一小段时间，这样 LED 灯就从最低点亮，延时，到次低位 LED 点亮。按照此方法，只要更改流水花样数据表的流水数据就可以随意添加或改变流水花样，真正实现随心所欲的流水灯效果。首先把要显示流水花样的一组组数据放在一个数组 display[]中，用下面的算法实现各种流水花样显示。

```
for(i = 0 ; i < 72; i++)
  { P1 = display[i];              //把 display[]数值元素的值赋值给 P1 端口
    delayms(350);                 //延时 350ms
  }
```

综合上面分析，给出 C 语言程序如下：

```
# include < reg51.h>
# define uchar unsigned char         //为书写程序方便,用 uchar 代表 unsigned char
# define uint unsigned int           //为书写程序方便,用 uint 代表 unsigned int
uchar code display[72] = {
0xFE,0xFD,0xFB,0xF7,0xEF,0xDF,0xBF,0x7F,    /*显示效果①*/
0xBF,0xDF,0xEF,0xF7,0xFB,0xFD,0xFE,0xFF,    /*显示效果②*/
0xFE,0xFC,0xF8,0xF0,0xE0,0xC0,0x80,0x00,    /*显示效果③*/
0x80,0xC0,0xE0,0xF0,0xF8,0xFC,0xFE,0xFF,    /*显示效果④*/
0xFC,0xF9,0xF3,0xE7,0xCF,0x9F,0x3F,         /*显示效果⑤*/
0x9F,0xCF,0xE7,0xF3,0xF9,0xFC,0xFF,         /*显示效果⑥*/
0xE7,0xDB,0xBD,0x7E,0xBD,0xDB,0xE7,0xFF,    /*显示效果⑦*/
0xE7,0xC3,0x81,0x00,0x81,0xC3,0xE7,0xFF,    /*显示效果⑧*/
0xAA,0x55,0x18,0xFF,0xF0,0x0F,              /*显示效果⑨*/
0x00,0xFF,0x00,0xFF };
 void delayms(uint ms);                     /*声明延时函数*/
 void main(void)
 {
    uchar i;
    while (1)
    {
    for(i = 0 ; i < 72; i++)
     { P1 = display[i];                      //把 display[]数值元素的值赋值给 P1 端口
       delayms(350);                         //延时 350ms
     }
    }
}
void delayms(uint ms)                        //延时子程序
{ uchar k;
  while(ms -- )
  for(k = 0; k < 120; k++);                  //注意此处的";",表明循环体为空
}
```

当上述程序编写好以后,需要使用 Keil C51 编译软件对其编译,得到单片机所能识别的十六进制代码文件,然后再用 ISP 在线下载线将生成的.HEX 格式文件烧写到 AT89S51 单片机中,最后连接好电路通电,就看到 LED1~LED8 的"流水"效果了。

为方便读者看到流水灯的效果,可使用 Proteus 软件按图 11-11 的硬件原理图画好电路图,再加载刚由 Keil C51 生成的.HEX 文件,单击"运行"按钮,就可以直观地看到流水灯的效果了。有关 Proteus 软件的获得、使用,请参考相关资料,这里不做详细介绍。

项 目 实 践

1. 需求描述

以单片机为核心,设计一个 8 位竞赛抢答器,同时供 8 名选手或 8 个代表队比赛,分别用 8 个按钮 K0~K7 表示。

设置一个系统清除抢答控制开关 S,开关由主持人控制。抢答器具有锁存与显示功能,即选手按按钮,锁存相应的编号,并将优先抢答选手的编号一直保持到主持人将系统清除为止。

2. 分析与设计

（1）硬件设计

设计 8 路抢答器,如图 11-12 所示。Proteus 构建的原理图中用到了数码管、蜂鸣器、三极管、按键、驱动器这些最普通也是最常用的元器件,也用到了总线和总线分支这种布线方式。用 51 单片机的 P1 口输出接一总线驱动器(74LS245),用来驱动一个数码管;用 P3 口作为 8 个抢答信号的输入端;用 P2.0 通过三极管 Q1 来驱动蜂鸣器;用 P2.2 作为抢答器复位信号的输入端。

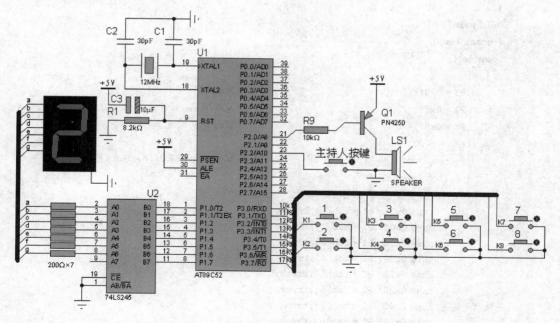

图 11-12　8 路抢答器电路 Proteus 仿真效果图

(2) 软件设计

为了实现上述功能,软件的流程如下:

```
while(1)
    {
        led 初始 0;
        主持人按下开始按键,开始;
        等待参赛选手按键,并将按键编号送数码显示;
        蜂鸣器鸣叫,等待主持人按复位键,进入下次抢答.
    }
```

这是单任务程序的典型架构:①从 CPU 复位时的指定地址开始执行;②跳转至汇编代码 startup 处执行;③跳转至用户主程序 main 执行。

在 main 中完成:①初试化各硬件设备;②初始化各软件模块;③进入死循环(无限循环),调用各模块的处理函数。

根据程序功能要求,设计如下的功能代码。

```c
# include < reg51.h>
    # define uchar unsigned char
    # define uint unsigned int
    uchar code tab[ ] = {0x3f,0x06,0x5b,0x4f,0x66,0x6d,0x7d,0x07,0x7f,0x67 };
                                            //共阴数码管码表
    sbit compere = P2^2;                    //主持人按键
    sbit buzzer = P2^0;                     //蜂鸣器
    void delay(void)                        //键消抖动延时函数
    { uint i;
     for(i = 1000;i > 0;i--) ;
    }
    void main()
    { uchar temp;
      while (1)
      {
          P3 = 0x0ff;                       //无键按下
          P2 = 0xff;                        //关蜂鸣器
          P1 = 0x3f;                        //数码管初始化显示 0
         temp = ~P3;
         if (temp!= 0)                      //有键按下,P3 0ffh,then !P 300
         { switch (temp)
              {//分析键值,并显示到 LED 上
              case 0x01: P1 = tab[1];break;
              case 0x02: P1 = tab[2];break;
              case 0x04: P1 = tab[3];break;
              case 0x08: P1 = tab[4];break;
              case 0x10: P1 = tab[5];break;
              case 0x20: P1 = tab[6];break;
              case 0x40: P1 = tab[7];break;
              case 0x80: P1 = tab[8];break;
              default: break;
```

```
            }
        do {      //有键按下,蜂鸣器鸣叫提示
            delay();
             buzzer = 0;
            delay();
             buzzer = 1;
        } while(compere);                    //等待主持人按复位键
        buzzer = 1;
        }
            delay();
        }
    }
```

3. 实施方案

(1) 用 Proteus ISIS 绘制电路原理图。打开 Proteus ISIS 编辑环境,参照流水灯项目实例的绘制方法,绘制电路原理图,如图 11-12 所示。

(2) 用 Keil C51 对源程序进行编译。参照任务 11.3,创建一个项目,将上述源程序文件添加到项目中,并设置好相关选项,编译该项目,得到相应的 HEX 格式的十六进制文件。

(3) 加载目标代码文件。在 Proteus ISIS 中,双击 AT 89S52 元件,打开 Edit Component 对话框,设置单片机的频率为 12MHz。并在该窗口的 Program File 栏中,选择刚在 Keil 中编译产生的.HEX 文件。

(4) 仿真运行。在 Proteus ISIS 仿真界面中单击 ▶ 按钮,全速启动仿真,此时电路中的 LED 显示 0,单击主持人按键开始,任意单击 K1～K8 按键,其编号锁存到 LED 显示,此刻单击其他按键 K,不能被显示。同时蜂鸣器鸣叫,等待主持人确认并按清除键后,进入下一次循环。图 11-12 为 K2 键按下后的效果。

4. 项目拓展

对该项目的功能进行拓展,使抢答器具有定时抢答功能,且一次抢答的时间由主持人设定(如 9s)。

当主持人启动"开始"键后,定时器进行减计时,同时扬声器发出短暂的声响,声响持续的时间为 0.5s 左右。

参赛选手在设定的时间内进行抢答,抢答有效,定时器停止工作,显示器上显示选手的编号和抢答的时间,并保持到主持人将系统清除为止。

小　结

相关知识重点:

(1) 位运算。

(2) C 语言与汇编语言的混合编程。

相关知识点提示:

(1) 位运算符的操作对象为整型或字符型数据,其运算包括位与、或、非、异或。利用位运算可以实现对数据的屏蔽、置 0、置 1、取反等操作。

利用位域把一个字节中的二进位划分为几个不同的区域,常用来保持同一控制对象的状态。

(2) 利用 C 语言与汇编语言的混合编程,可以各自的特征提高编程效率和执行效率。其混合编程的方式主要有两种:一种方法在 C 语言中直接嵌入汇编;另一种方法是用两种语言分别编写独立的程序模块,采用模块调用。

(3) C51 产生的目标代码短,运行速度高,所需存储空间小,符合 C 语言的 ANSI 标准。对于现在的单片机控制技术常采用 C51 进行编程,提高编程效率。

习　题

一、选择题

1. 整型变量 x 和 y 的值相等,且为非 0 值,则以下选项中,结果为零的表达式是(　　)。(2001 年 9 月)

    A. x || y　　　　　　B. x|y　　　　　　C. x & y　　　　　　D. x ^ y

2. 以下程序的输出结果是(　　)。(2002 年 4 月)

```
void main()
{ char x = 040;
  printf(" % 0\n",x << 1);
}
```

    A. 100　　　　　　B. 80　　　　　　C. 64　　　　　　D. 32

3. 有以下程序:

```
void main()
{ unsigned char a,b,c;
  a = 0x3; b = a|0x8; c = b << 1;
  printf(" % d % d\n",b,c);
}
```

    程序运行后的输出结果是(　　)。(2002 年 9 月)

    A. −11　12　　　B. −6　−13　　　C. 12　24　　　D. 11　22

4. 设 char 型变量 x 中的值为 10100111,则表达式 (2+x)^(～3) 的值是(　　)。(2003 年 4 月)

    A. 10101001　　　B. 10101000　　　C. 11111101　　　D. 01010101

二、填空题

设二进制数 a 为 00101101,若想通过异或运算 a^b 使 a 的高 4 位取反,低 4 位不变,则二进制数 b 应是 _____。(1996 年 4 月)

三、编程题

用汇编语言编写函数 Display(data),其功能是在当前光标处显示字符串 data,然后,编写一个 C 语言程序调用 Display 来显示字符串的值。

附录 A   C 语言中的运算符表

1 级优先级	( )	圆括号
	[ ]	下标运算符
	−>	指向结构体成员运算符
	.	结构体成员运算符
2 级优先级	!	逻辑非运算符
	~	按位取反运算符
	++	前缀增量运算符
	−−	前缀增量运算符
	+	正号运算符
	−	负号运算符
	（类型）	类型转换运算符
	*	指针运算符
	&	地址与运算符
	sizeof	长度运算符
3 级优先级	*	乘法运算符
	/	除法运算符
	%	取余运算符
4 级优先级	+	加法运算符
	−	减法运算符
5 级优先级	<<	左移运算符
	>>	右移运算符
6 级优先级	< <= > >=	关系运算符
7 级优先级	==	等于运算符
	!=	不等于运算符
8 级优先级	&	按位与运算符
9 级优先级	^	按位异或运算符
10 级优先级	|	按位或运算符
11 级优先级	&&	逻辑与运算符
12 级优先级	||	逻辑或运算符
13 级优先级	?:	条件运算符
14 级优先级	= += −= *= /= %= &= ^= |= <<= >>=	赋值运算符
15 级优先级	,	逗号运算符

附录 B ASCII 对照表

ASCII(American Standard Code for Information Interchange,美国信息互换标准代码)是基于拉丁字母的一套计算机编码系统,主要用于显示现代英语和其他西欧语言。

ASCII 值	控制字符	ASCII 值	控制字符	ASCII 值	控制字符	ASCII 值	控制字符
0	NUT	32	(space)	64	@	96	、
1	SOH	33	!	65	A	97	a
2	STX	34	”	66	B	98	b
3	ETX	35	#	67	C	99	c
4	EOT	36	$	68	D	100	d
5	ENQ	37	%	69	E	101	e
6	ACK	38	&	70	F	102	f
7	BEL	39	,	71	G	103	g
8	BS	40	(	72	H	104	h
9	HT	41	)	73	I	105	i
10	LF	42	*	74	J	106	j
11	VT	43	+	75	K	107	k
12	FF	44	,	76	L	108	l
13	CR	45	—	77	M	109	m
14	SO	46	.	78	N	110	n
15	SI	47	/	79	O	111	o
16	DLE	48	0	80	P	112	p
17	DCI	49	1	81	Q	113	q
18	DC2	50	2	82	R	114	r
19	DC3	51	3	83	X	115	s
20	DC4	52	4	84	T	116	t
21	NAK	53	5	85	U	117	u
22	SYN	54	6	86	V	118	v
23	TB	55	7	87	W	119	w
24	CAN	56	8	88	X	120	x
25	EM	57	9	89	Y	121	y
26	SUB	58	:	90	Z	122	z
27	ESC	59	;	91	[	123	{
28	FS	60	<	92	\	124		
29	GS	61	=	93	]	125	}
30	RS	62	>	94	^	126	~
31	US	63	?	95	—	127	DEL

附录 C C语言常见库函数

1. 分类函数,所在函数库为 ctype.h

int isalpha(int ch)	若 ch 是字母('A'~'Z','a'~'z')返回非 0 值,否则返回 0
int isalnum(int ch)	若 ch 是字母('A'~'Z','a'~'z')或数字('0'~'9')返回非 0 值,否则返回 0
int isascii(int ch)	若 ch 是字符(ASCII 码中的 0~127)返回非 0 值,否则返回 0
int iscntrl(int ch)	若 ch 是作废字符(0x7F)或普通控制字符(0x00~0x1F)返回非 0 值,否则返回 0
int isdigit(int ch)	若 ch 是数字('0'~'9')返回非 0 值,否则返回 0
int islower(int ch)	若 ch 是小写字母('a'~'z')返回非 0 值,否则返回 0
int isprint(int ch)	若 ch 是可打印字符(含空格)(0x20~0x7E)返回非 0 值,否则返回 0
int ispunct(int ch)	若 ch 是标点字符(0x00~0x1F)返回非 0 值,否则返回 0
int isspace(int ch)	若 ch 是空格(' ')、水平制表符('\t')、回车符('\r')、走纸换行('\f')、垂直制表符('\v')、换行符('\n')返回非 0 值,否则返回 0
int isupper(int ch)	若 ch 是大写字母('A'~'Z')返回非 0 值,否则返回 0
int isxdigit(int ch)	若 ch 是十六进制数('0'~'9','A'~'F','a'~'f')返回非 0 值,否则返回 0
int tolower(int ch)	若 ch 是大写字母('A'~'Z')返回相应的小写字母('a'~'z')
int toupper(int ch)	若 ch 是小写字母('a'~'z')返回相应的大写字母('A'~'Z')

2. 数学函数,所在函数库为 math.h、stdlib.h、string.h、float.h

int abs(int i)	返回整型参数 i 的绝对值
double fabs(double x)	返回双精度参数 x 的绝对值
long labs(long n)	返回长整型参数 n 的绝对值
double exp(double x)	返回指数函数 exp 的值
double log(double x)	返回 lnx 的值
double log10(double x)	返回 lgx 的值
double pow(double x,double y)	返回 x^y 的值
double pow10(int p)	返回 10^p 的值
double sqrt(double x)	返回 $\sqrt{x}$ 的值
double acos(double x)	返回 x 的反余弦 arccos(x)值,x 为弧度
double asin(double x)	返回 x 的反正弦 arcsin(x)值,x 为弧度
double atan(double x)	返回 x 的反正切 arctan(x)值,x 为弧度
double atan2(double y,double x)	返回 y/x 的反正切 arctan(y/x)值,y/x 为弧度
double cos(double x)	返回 x 的余弦 cos(x)值,x 为弧度
double sin(double x)	返回 x 的正弦 sin(x)值,x 为弧度
double tan(double x)	返回 x 的正切 tan(x)值,x 为弧度
double cosh(double x)	返回 x 的双曲余弦 cosh(x)值,x 为弧度

double sinh(double x)	返回 x 的双曲正弦 sinh(x)值,x 为弧度
double tanh(double x)	返回 x 的双曲正切 tanh(x)值,x 为弧度
double ceil(double x)	返回不小于 x 的最小整数
double floor(double x)	返回不大于 x 的最大整数
void srand(unsigned seed)	初始化随机数发生器
int rand()	产生一个随机数并返回这个数
double fmod(double x,double y)	返回 x/y 的余数
double frexp(double value,int * eptr)	将双精度数 value 分成尾数和阶
double atof(char * nptr)	将字符串 nptr 转换成浮点数并返回这个浮点数
double atoi(char * nptr)	将字符串 nptr 转换成整数并返回这个整数
double atol(char * nptr)	将字符串 nptr 转换成长整数并返回这个整数
char * ecvt (double value, int ndigit,int * decpt,int * sign)	将浮点数 value 转换成字符串并返回该字符串
char * fcvt (double value, int ndigit,int * decpt,int * sign)	将浮点数 value 转换成字符串并返回该字符串
char * gcvt (double value, int ndigit,char * buf)	将数 value 转换成字符串并存于 buf 中,并返回 buf 的指针
char * ultoa(unsigned long value, char * string,int radix)	将无符号整型数 value 转换成字符串并返回该字符串,radix 为转换时所用基数
char * ltoa (long value, char * string,int radix)	将长整型数 value 转换成字符串并返回该字符串,radix 为转换时所用基数
char * itoa(int value,char * string, int radix)	将整数 value 转换成字符串存入 string,radix 为转换时所用基数
double atof(char * nptr)	将字符串 nptr 转换成双精度数,并返回这个数,错误返回 0
int atoi(char * nptr)	将字符串 nptr 转换成整型数,并返回这个数,错误返回 0
long atol(char * nptr)	将字符串 nptr 转换成长整型数,并返回这个数,错误返回 0
double strtod(char * str,char ** endptr)	将字符串 str 转换成双精度数,并返回这个数
long strtol (char * str,char ** endptr,int base)	将字符串 str 转换成长整型数,并返回这个数

3. 目录函数,所在函数库为 dir. h、dos. h

int chdir(char * path)	使指定的目录 path(如:"C:\\WPS")变成当前的工作目录,成功返回 0
int findfirst (char * pathname, struct ffblk * ffblk,int attrib)	查找指定的文件,成功返回 0,pathname 为指定的目录名和文件名, 如"C:\\WPS\\TXT"
void fumerge(char * path,char * drive, char * dir, char * name, char * ext)	此函数通过盘符 drive(C:、A:等)、路径 dir(\TC、\BC\LIB 等)、文件 名 name(TC、WPS 等)、扩展名 ext(.EXE、.COM 等)组成一个文件 名存于 path 中
int fnsplit (char * path, char * drive, char * dir, char * name, char * ext)	将文件名 path 分解成盘符 drive(C:、A:等)、路径 dir(\TC、\BC\LIB 等)、文件名 name(TC、WPS 等)、扩展名 ext(.EXE、.COM 等),并分 别存入相应的变量中

int getcurdir (int drive, char * direc)	返回指定驱动器的当前工作目录名称 drive 指定的驱动器(0=当前, 1=A,2=B,3=C 等),direc 保存指定驱动器当前工作路径的变量, 成功返回 0
char * getcwd(char * buf,int n)	取当前工作目录并存入 buf 中,直到 n 个字节长为为止,错误返回 NULL
int getdisk()	取当前正在使用的驱动器,返回一个整数(0=A,1=B,2=C 等)
int setdisk(int drive)	设置要使用的驱动器 drive(0=A,1=B,2=C 等),返回可使用驱动器总数
int mkdir(char * pathname)	建立一个新的目录 pathname,成功返回 0
int rmdir(char * pathname)	删除一个目录 pathname,成功返回 0

4. 进程函数,所在函数库为 stdlib. h、process. h

void abort()	通过调用具有出口代码 3 的_exit 写一个终止信息于 stderr,并异常终止程序,无返回值
void exit(int status)	终止当前程序,关闭所有文件,写缓冲区的输出(等待输出),并调用任何寄存器的"出口函数",无返回值

5. 转换子程序,函数库为 math. h、stdlib. h、ctype. h、float. h

char * ecvt (double value, int ndigit, int * decpt,int * sign)	将浮点数 value 转换成字符串并返回该字符串
char * fcvt (double value, int ndigit, int * decpt,int * sign)	将浮点数 value 转换成字符串并返回该字符串
char * gcvt (double value, int ndigit, char * buf)	将数 value 转换成字符串并存于 buf 中,并返回 buf 的指针
char * ultoa (unsigned long value, char * string,int radix)	将无符号整型数 value 转换成字符串并返回该字符串, radix 为转换时所用基数
char * ltoa (long value, char * string, int radix)	将长整型数 value 转换成字符串并返回该字符串,radix 为转换时所用基数
char * itoa(int value,char * string,int radix)	将整数 value 转换成字符串存入 string,radix 为转换时所用基数
double atof(char * nptr)	将字符串 nptr 转换成双精度数,并返回这个数,错误返回 0
int atoi(char * nptr)	将字符串 nptr 转换成整型数,并返回这个数,错误返回 0
long atol(char * nptr)	将字符串 nptr 转换成长整型数,并返回这个数,错误返回 0
double strtod(char * str,char ** endptr)	将字符串 str 转换成双精度数,并返回这个数
long strtol(char * str,char ** endptr,int base)	将字符串 str 转换成长整型数,并返回这个数
int toascii(int c)	返回 c 相应的 ASCII
int tolower(int ch)	若 ch 是大写字母('A'~'Z')返回相应的小写字母('a'~'z')
int toupper(int ch)	若 ch 是小写字母('a'~'z')返回相应的大写字母('A'~'Z')

6. 输入/输出子程序,函数库为 io. h、conio. h、stat. h、dos. h、stdio. h、signal. h

int fgetchar()	从控制台(键盘)读一个字符,显示在屏幕上
int getch()	从控制台(键盘)读一个字符,不显示在屏幕上
int putch()	向控制台(键盘)写一个字符
int getchar()	从控制台(键盘)读一个字符,显示在屏幕上
int putchar()	向控制台(键盘)写一个字符
int getche()	从控制台(键盘)读一个字符,显示在屏幕上
char * cgets(char * string)	从控制台(键盘)读入字符串存于 string 中
Int scanf (char * format [, argument...])	从控制台读入一个字符串,分别对各个参数进行赋值,使用 BIOS 进行输出
int puts(char * string)	发送一个字符串 string 给控制台(显示器),使用 BIOS 进行输出
void cputs(char * string)	发送一个字符串 string 给控制台(显示器),直接对控制台作操作,比如显示器即为直接写频方式显示
int printf (char * format [, argument,...]])	发送格式化字符串输出给控制台(显示器),使用 BIOS 进行输出
int rename(char * oldname,char * newname)	将文件 oldname 的名称改为 newname
int open (char * pathname, int access[,int permiss])	为读或写打开一个文件
int creat (char * filename, int permiss)	建立一个新文件 filename,并设定读写性。permiss 为文件读写性,可以为以下值:S_IWRITE 允许写,S_IREAD 允许读,S_IREAD|S_IWRITE 允许读/写
int read(int handle, void * buf, int nbyte)	从文件号为 handle 的文件中读 nbyte 个字符存入 buf 中
long filelength(int handle)	返回文件长度,handle 为文件号
int setmode(int handle, unsigned mode)	用来设定文件号为 handle 的文件的打开方式
int getftime (int handle, struct ftime * ftime)	读取文件号为 handle 的文件的时间,并将文件时间存于 ftime 结构中,成功返回 0
int setftime (int handle, struct ftime * ftime)	重写文件号为 handle 的文件时间
long tell(int handle)	返回文件号为 handle 的文件指针,以字节表示
int lock(int handle, long offset, long length)	对文件共享作封锁
int unlock (int handle, long offset,long length)	打开对文件共享的封锁
int close(int handle)	关闭 handle 所表示的文件处理,handle 是从 _creat、creat、creatnew、creattemp、dup、dup2、_open、open 中的一处调用获得的文件,处理成功返回 0;否则,返回 −1,可用于 UNIX 系统
FILE * fopen(char * filename, char * type)	打开一个文件 filename,打开方式为 type,并返回这个文件指针。type 可为以下字符串加上后缀:r 读,w 写,a 添加,r+读/写 w+读/写,a+读/添加。可加的后缀为 t、b,加 b 表示文件以二进制形式进行操作,t 没必要使用

续表

int getc(FILE * stream)	从流 stream 中读一个字符,并返回这个字符
int putc(int ch,FILE * stream)	向流 stream 写入一个字符 ch
int getw(FILE * stream)	从流 stream 读入一个整数,错误返回 EOF
int putw(int w,FILE * stream)	向流 stream 写入一个整数
int fgetc(FILE * stream)	从流 stream 读一个字符,并返回这个字符
int fputc(int ch,FILE * stream)	将字符 ch 写入流 stream 中
char * fgets (char * string,int n,FILE * stream)	从流 stream 中读 n 个字符存入 string 中
int fputs(char * string,FILE * stream)	将字符串 string 写入流 stream 中
int fread(void * ptr,int size,int nitems,FILE * stream)	从流 stream 中读入 nitems 个长度为 size 的字符串,并存入 ptr 中
int fwrite(void * ptr,int size,int nitems,FILE * stream)	向流 stream 中写入 nitems 个长度为 size 的字符串,字符串在 ptr 中
int fscanf (FILE * stream, char * format[,argument,...]])	以格式化形式从流 stream 中读入一个字符串
int fprintf (FILE * stream, char * format[,argument,...]])	以格式化形式将一个字符串写给指定的流 stream
int fseek (FILE * stream, long offset,int fromwhere)	把文件指针移到 fromwhere 所指位置的向后 offset 个字节处,fromwhere 可以为以下值:SEEK_SET 文件开头,SEEK_CUR 当前位置,SEEK_END 文件尾
long ftell(FILE * stream)	返回定位在 stream 中的当前文件指针位置,以字节表示
int rewind(FILE * stream)	将当前文件指针 stream 移到文件开头
int feof(FILE * stream)	检测流 stream 上的文件指针是否在结束位置
int fileno(FILE * stream)	取流 stream 上的文件处理,并返回文件处理
int ferror(FILE * stream)	检测流 stream 上是否有读写错误,如有错误就返回 1
void clearerr(FILE * stream)	清除流 stream 上的读写错误
void setbuf(FILE * stream,char * buf)	给流 stream 指定一个缓冲区 buf
int fclose(FILE * stream)	关闭一个流,可以是文件或设备(例如 LPT1)
int fcloseall()	关闭所有除 stdin 或 stdout 外的流
int fflush(FILE * stream)	关闭一个流,并对缓冲区作处理。对读的流,将流内容读入缓冲区;对写的流,将缓冲区内容写入流。成功返回 0
int fflushall()	关闭所有流,并对流各自的缓冲区作处理。对读的流,将流内容读入缓冲区;对写的流,将缓冲区内容写入流。成功返回 0
int access (char * filename, int amode)	检查文件 filename 并返回文件的属性,将属性存于 amode 中。amode 由以下位的组合构成:06 可以读、写,04 可以读,02 可以写,01 执行(忽略的),00 文件存在。如果 filename 是一个目录,函数将只确定目录是否存在。函数执行成功返回 0;否则,返回−1

7. 字符串操作函数

char stpcpy(char * dest,const char * src)	将字符串 src 复制到 dest
char strcat(char * dest,const char * src)	将字符串 src 添加到 dest 末尾
char strchr(const char * s,int c)	检索并返回字符 c 在字符串 s 中第一次出现的位置
int strcmp(const char * s1,const char * s2)	比较字符串 s1 与 s2 的大小,并返回 s1−s2
char strcpy(char * dest,const char * src)	将字符串 src 复制到 dest
char strdup(const char * s)	将字符串 s 复制到最近建立的单元
int stricmp(const char * s1,const char * s2)	比较字符串 s1 和 s2,并返回 s1−s2
char strlwr(char * s)	将字符串 s 中的大写字母全部转换成小写字母,并返回转换后的字符串
char strncat(char * dest,const char * src,size_t maxlen)	将字符串 src 中最多 maxlen 个字符复制到字符串 dest 中
int strncmp(const char * s1,const char * s2,size_t maxlen)	比较字符串 s1 与 s2 中的前 maxlen 个字符
char strncpy(char * dest,const char * src,size_t maxlen)	复制 src 中的前 maxlen 个字符到 dest 中
int strnicmp(const char * s1,const char * s2,size_t maxlen)	比较字符串 s1 与 s2 中的前 maxlen 个字符
char strnset(char * s,int ch,size_t n)	将字符串 s 的前 n 个字符置于 ch 中
char strpbrk(const char * s1,const char * s2)	扫描字符串 s1,并返回在 s1 和 s2 中均有的字符个数
char strrchr(const char * s,int c)	扫描最后出现一个给定字符 c 的一个字符串 s
char strrev(char * s)	将字符串 s 中的字符全部颠倒顺序重新排列,并返回排列后的字符串
char strset(char * s,int ch)	将一个字符串 s 中的所有字符置于一个给定的字符 ch
char strstr(const char * s1,const char * s2)	扫描字符串 s2,并返回第一次出现 s1 的位置
char strtok(char * s1,const char * s2)	检索字符串 s1,该字符串 s1 是由字符串 s2 中定义的定界符所分隔
char strupr(char * s)	将字符串 s 中的小写字母全部转换成大写字母,并返回转换后的字符串

8. 存储分配子程序,所在函数库为 dos. h、alloc. h、malloc. h、stdlib. h、process. h

unsigned long coreleft()	返回未用的存储区的长度,以字节为单位
void * calloc (unsigned nelem, unsigned elsize)	分配 nelem 个长度为 elsize 的内存空间,并返回所分配内存的指针
void * malloc(unsigned size)	分配 size 个字节的内存空间,并返回所分配内存的指针
void free(void * ptr)	释放先前所分配的内存,所要释放的内存的指针为 ptr
void * realloc(void * ptr,unsigned newsize)	改变已分配内存的大小,ptr 为已分配有内存区域的指针,newsize 为新的长度,返回分配好的内存指针

9. 时间日期函数,函数库为 time. h、dos. h

char ＊ctime(long ＊clock)	本函数把 clock 所指的时间(如由函数 time 返回的时间)转换成下列格式的字符串:Mon Nov 21 11:31:54 1983\n\0
double difftime(time_t time2, time_t time1)	计算结构 time2 和 time1 之间的时间差距(以秒为单位)
struct tm ＊gmtime (long ＊clock)	本函数把 clock 所指的时间(如由函数 time 返回的时间)转换成格林威治时间,并以 tm 结构形式返回。struct tm{ int tm_sec; /＊秒,0～59＊/ int tm_min; /＊分,0～59＊/ int tm_hour; /＊时,0～23＊/ int tm_mday; /＊天数,1～31＊/ int tm_mon; /＊月数,0～11＊/ int tm_year; /＊自 1900 的年数＊/ int tm_wday; /＊自星期日的天数 0～6＊/ int tm_yday; /＊自 1 月 1 日起的天数,0～365＊/int tm_isdst; /＊是否采用夏时制,采用为正数＊/}
void getdate(struct date ＊ dateblk)	将计算机内的日期写入结构 dateblk 中以供用户使用。日期存储结构 date:struct date { int da_year; /＊自 1900 的年数＊/char da_day; /＊天数＊/ char da_mon; /＊月数 1＝Jan＊/ }
void setdate(struct date ＊ dateblk)	将计算机内的日期改成由结构 dateblk 所指定的日期
void gettime(struct time ＊ timep)	将计算机内的时间写入结构 timep 中,以供用户使用。struct time { unsigned char ti_min; /＊分钟＊/ unsigned char ti_hour; /＊小时＊/unsigned char ti_hund; unsigned char ti_sec; /＊秒＊/}
void settime(struct time ＊ timep)	将计算机内的时间改为由结构 timep 所指的时间
long time(long ＊tloc)	给出自格林威治时间 1970 年 1 月 1 日凌晨至现在所经过的秒数,并将该值存于 tloc 所指的单元中
int stime(long ＊tp)	将 tp 所指的时间(例如由 time 所返回的时间)写入计算机中

参 考 文 献

[1] 谭浩强.C 程序设计[M]. 4 版. 北京：清华大学出版社,2010.

[2] 郑莉.C++语言程序设计[M]. 2 版.北京：清华大学出版社,2001.

[3] 李勇志.C 语言程序设计(等级考试版)[M]. 北京：清华大学出版社,2008.

[4] 贺亚茹. 汇编语言程序设计[M]. 北京：科学出版社,2005.

[5] 马忠梅. 单片机的 C 语言程序设计[M]. 4 版. 北京：北京航空航天大学出版社,2007.